파브르 곤충기 4

파브르 곤충기 4

초판 1쇄 발행 ㅣ 2008년 5월 20일
초판 4쇄 발행 ㅣ 2018년 5월 30일

지은이 ㅣ 장 앙리 파브르
옮긴이 ㅣ 김진일
사진찍은이 ㅣ 이원규
그린이 ㅣ 정수일
펴낸이 ㅣ 조미현

펴낸곳 ㅣ (주)현암사
등록 ㅣ 1951년 12월 24일 · 제10-126호
주소 ㅣ 04029 서울시 마포구 서교동 481-12
전화 ㅣ 365-5051 · 팩스 ㅣ 313-2729
전자우편 ㅣ editor@hyeonamsa.com
홈페이지 ㅣ www.hyeonamsa.com

글 ⓒ 김진일 2008
사진 ⓒ 이원규 2008
그림 ⓒ 정수일 2008

ISBN 978-89-323-1392-4 04490
ISBN 978-89-323-1399-3 (세트)

파브르 곤충기 4

장 앙리 파브르 지음 | 김진일 옮김
이원규 사진 | 정수일 그림

현암사

신화 같은 존재 파브르,
그의 역작 곤충기

『파브르 곤충기』는 '철학자처럼 사색하고, 예술가처럼 관찰하고, 시인처럼 느끼고 표현하는 위대한 과학자' 파브르의 평생 신념이 담긴 책이다. 예리한 눈으로 관찰하고 그의 손과 두뇌로 세심하게 실험한 곤충의 본능이나 습성과 생태에서 곤충계의 숨은 비밀까지 고스란히 담겨 있다. 그러기에 백 년이 지난 오늘날까지도 세계적인 애독자가 생겨나며, '문학적 고전', '곤충학의 성경'으로 사랑받는 것이다.

남프랑스의 산속 마을에서 태어난 파브르는, 어려서부터 자연에 유난히 관심이 많았다. '빛은 눈으로 볼 수 있다'는 것을 스스로 발견하기도 하고, 할머니의 옛날이야기 듣기를 좋아했다. 호기심과 탐구심이 많고 기억력이 좋은 아이였다. 가난한 집 맏아들로 태어나 생활고에 허덕이면서 어린 시절을 보내야만 했다. 자라서는 적은 교사 월급으로 많은 가족을 거느리며 살았지만, 가족의 끈끈한 사랑과 대자연의 섭리에 대한 깨달음으로 역경의 연속인 삶을 이겨 낼 수 있었다. 특히 수학, 물리, 화학 등을 스스로 깨우치는 등 기초 과학 분야에 남다른 재능을 가지고 있었다. 문학에도 재주가 뛰어나 사물을 감각적으로 표현하는 능력이 뛰어났다. 이처럼 천성적인 관찰자답게

젊었을 때 우연히 읽은 '곤충 생태에 관한 잡지'가 계기가 되어 그의 이름을 불후하게 만든 '파브르 곤충기'가 탄생하게 되었다. 1권을 출판한 것이 그의 나이 56세. 노경에 접어든 나이에 시작하여 30년 동안의 산고 끝에 보기 드문 곤충기를 완성한 것이다. 소똥구리, 여러 종의 사냥벌, 매미, 개미, 사마귀 등 신기한 곤충들이 꿈틀거리는 관찰 기록만이 아니라 개인적 의견과 감정을 담은 추억의 에세이까지 10권 안에 펼쳐지는 곤충 이야기는 정말 다채롭고 재미있다.

'파브르 곤충기'는 한국인의 필독서이다. 교과서 못지않게 필독서였고, 세상의 곤충은 파브르의 눈을 통해 비로소 우리 곁에 다가왔다. 그 명성을 입증하듯이 그림책, 동화책, 만화책 등 형식뿐 아니라 글쓴이, 번역한 이도 참으로 다양하다. 그러나 우리나라에는 방대한 '파브르 곤충기' 중 재미있는 부분만 발췌한 번역본이나 요약본이 대부분이다. 90년대 마지막 해 대단한 고령의 학자 3인이 완역한 번역본이 처음으로 나오긴 했다. 그러나 곤충학, 생물학을 전공한 사람의 번역이 아니어서인지 전문 용어를 해석하는 데 부족한 부분이 보여 아쉬웠다. 역자는 국내에 곤충학이 도입된 초기에 공부를 하고 보니 다양한 종류의 곤충을 다룰 수밖에 없었다. 반면 후배 곤충학자들은 전문분류군에만 전념하며, 전문성을 갖는 것이 세계의 추세라고 해야 할 것이다. 이런 시점에서는 적절한 번역을 기대할 수 없다.

역자도 벌써 환갑을 넘겼다. 정년퇴직 전에 초벌번역이라도 마쳐야겠다는 급한 마음이 강력한 채찍질을 하여 '파브르 곤충기' 완역이라는 어렵고 긴 여정을 시작하게 되었다. 우리나라 풍뎅이를 전문적으로 분류한 전문가이며, 일반 곤충학자이기도 한 역자가 직접 번역한 '파브르 곤충기' 정본을 만들어 어린이, 청소년, 어른에게 읽히고 싶었다.

역자가 파브르와 그의 곤충기에 관심을 갖기 시작한 건 40년도 더 되었다. 마침, 30년 전인 1975년, 파브르가 학위를 받은 프랑스 몽펠리에 이공대학교로 유학하여 1978년에 곤충학 박사학위를 받았다. 그 시절 우리나라의 자연과 곤충을 비교하면서 파브르가 관찰하고 연구한 곳을 발품 팔아 자주 돌아다녔고, 언젠가는 프랑스 어로 쓰인 '파브르 곤충기' 완역본을 우리나라에 소개하리라 마음먹었다. 그 소원을 30년이 지난 오늘에서야 이룬 것이다.

"개성적이고 문학적인 문체로 써 내려간 파브르의 의도를 제대로 전달할 수 있을까, 파브르가 연구한 종은 물론 관련 식물 대부분이 우리나라에는 없는 종이어서 우리나라 이름으로 어떻게 처리할까, 우리나라 독자에 맞는 '한국판 파브르 곤충기'를 만들려면 어떻게 해야 할까" 방대한 양의 원고를 번역하면서 여러 번 되뇌고 고민한 내용이다. 1권에서 10권까지 번역을 하는 동안 마치 역자가 파브르인 양 곤충에 관한 새로운 지식을 발견하면 즐거워하고, 실험에 실패하면 안타까워하고, 간간이 내비치는 아들의 죽음에 대한 슬픈 추억, 한때 당신이 몸소 병에 걸려 눈앞의 죽음을 스스로 바라보며, 어린 아들이 얼음 땅에서 캐내 온 벌들이 따뜻한 침실에서 우화하여, 발랑발랑 걸어 다니는 모습을 바라보던 때의 아픔을 생각하며 눈물을 흘리기도 했다. 4년도 넘게 파브르 곤충기와 함께 동고동락했다.

파브르시대에는 벌레에 관한 내용을 과학논문처럼 사실만 써서 발표했을 때는 정신 이상자의 취급을 받기 쉬웠다. 시대적 배경 때문이었을까? 다방면에서 박식한 개인적 배경 때문이었을까? 파브르는 벌레의 사소한 모습도 철학적, 시적 문장으로 써 내려갔다. 현지에서는 지금도 곤충학자라기보다 철학자, 시인으로 더 잘 알려져 있다. 어느한 문장이 수십 개의 단문으로 구성된 경우도 있고, 같은 내용이 여러 번 반복되기도 하였다. 그래서 원문의 내용은 그대로 살리되 가능한 짧은 단어와 짧은 문장으로 처리해 지루함을 최대한 줄이도록 노력했다. 그러나 파브르의 생각과 의인화가 담긴 문학적 표현을100% 살리기는 힘들었다기보다, 차라리 포기했음을 고백해 둔다.

파브르가 연구한 종이 우리나라에 분포하지 않을 뿐 아니라 아직곤충학이 학문으로 정상적 괘도에 오르지 못했던 150년 전 내외에사용하던 학명이 많았다. 아무래도 파브르는 분류 학자의 업적을 못마땅하게 생각한 듯하다. 다른 종을 연구하거나 이름을 다르게 표기했을 가능성도 종종 엿보였다. 당시 틀린 학명은 현재 맞는 학명을추적해서 바꾸도록 부단히 노력했다. 그래도 해결하지 못한 학명은원문의 이름을 그대로 썼다. 본문에 실린 동식물은 우리나라에 서식하는 종류와 가장 가깝도록 우리말 이름을 지었으며, 우리나라에도분포하여 정식 우리 이름이 있는 종은 따로 표시하여 '한국판 파브르곤충기'로 만드는 데 힘을 쏟았다.

무엇보다도 곤충 사진과 일러스트가 들어가 내용에 생명력을 불어넣었다. 이원규 씨의 생생한 곤충 사진과 독자들의 상상력을 불러일으키는 만화가 정수일 씨의 일러스트가 글이 지나가는 길목에 자리잡고 있어 '파브르 곤충기'를 더욱더 재미있게 읽게 될 것이다. 역자를 비롯한 다양한 분야의 전문가와 함께했기에 이 책이 탄생할 수 있었다.

번역 작업은 Robert Laffont 출판사 1989년도 발행본 파브르 곤충기 Souvenirs Entomologiques(Études sur l'instinct et les mœurs des insectes)를 사용하였다.

끝으로 발행에 선선히 응해 주신 (주)현암사의 조미현 사장님, 책을 예쁘게 꾸며서 독자의 흥미를 한껏 끌어내는 데, 잘못된 문장을 바로 잡아주는 데도, 최선의 노력을 경주해 주신 편집팀, 주변에서 도와주신 여러분께도 심심한 감사의 말씀을 드린다.

2006년 7월
김진일

4권 맛보기

4권은 파브르가 60대 중반 이후에 주로 연구한 내용이다. 나이가 들면서 스스로 철학자라 칭하며 자만심이 늘고 다른 연구 분야에 대한 비하도 서슴지 않았다. 분류학은 학문의 자격도 없고 화학자도 실험 없이는 떠들지 말라는 식이다. 아마도 모든 학문을 독학으로 해결하며 생긴 자만심이 아닌가 한다. 최근 정보 없이, 제대로 알지 못한 채 연구하며 남을 비하한 것 같다. 가령 1890년, 벌 애벌레가 태어날 때 종에 따라 머리 극이나 꼬리 극이 먼저 나온다는 희한한 이야기를 한다(제10장). 하지만 이는 1740년에 제안되고 19세기에 들어와서 빛을 잃은 전성설(前成設)에 근거를 둔 것으로 결국 150년 전의 이론에 빠져 있다는 이야기이다. 분류학이 어떤 학문인지 모르면서 분류학자가 곤충의 기능 대신 구조에 집착한다며 불평했는데, 내심 감탕벌과 가위벌붙이를 같은 분류군으로 묶고 싶었는지도 모르겠다. 하지만 이는 동물을 기관 구조보다 서식 공간으로 분류했던 고대 로마의 플리니우스 같은 사고방식으로 봐야 한다(제9장).

제16장에서는 다윈이 지질학자처럼 유추해 보지 않고 본능이 화석 상태로 보존되지 않는다고 했다며 비난한다. 그러고는 지금껏 자기는 진행단계별로 된 본능 화석을 보지 못했다는 이율배반적인 논

10

리를 펼친다. 진화론을 무리하게 반박하려다가 이상하게 전개되었는지, 옮긴이가 잘못 이해한 것인지 알 수가 없다. 본능만 습성을 좌우할 뿐 진화론은 절대로 불가하다는 생각은 여전하다. 그래도 본능 외에 통찰력이 있어 곤충의 행동에 융통성이 있다고 하였다(제5장). 경험을 받아들여 융통성을 발휘한 것이 통찰력이라면 이미 학습 단계에 와 있음을 이해했어야 하는데 그러지 못한 것 같다. 동물에게 특수감각계가 있다고 인정하면서도 계속 인간을 기준으로 조사하고 해석하는 등 집필에 오류가 많은 것도 이 권의 특징이다.

이 외에도 청보석나나니와 좀대모벌 등 곤충들의 희한한 흙집 짓기, 어리석어 보일 정도로 본능에 충실하다가도 상황에 따라 융통성을 발휘하는 곤충들의 행동, 가장 적은 에너지로 필요한 것을 실현하는 곤충들의 경제학, 사냥벌들의 개성 만점인 마취 기술과 미래를 미리 점쳐 길을 내는 하늘소 애벌레의 신기한 능력 등 들여다볼수록 놀라운 곤충의 능력이 펼쳐진다. 이렇게 관찰을 통해 마련한 여러 이론에 날아든 당시 학계의 비판을 꼼꼼하게 반박한 파브르의 반론도 통쾌하게 이어진다.

차례

일러두기
* 역주는 아라비아 숫자로, 원주는 곤충 모양의 아이콘으로 처리했다.
* 우리나라에 있는 종일 경우에는 ●로 표시했다.
* 프랑스 어로 쓰인 생물들의 이름은 가능하면 학명을 찾아서 보충하였고, 우리나라에 없는 종이라도 우리식 이름을 붙여 보도록 노력했다. 하지만 식물보다는 동물의 학명을 찾기와 이름 짓기에 치중했다. 학명을 추적하지 못한 경우는 프랑스 이름을 그대로 옮겼다.
* 학명은 프랑스 이름 다음에 :를 붙여서 연결했다.
* 원문에 학명이 표기되었으나 당시의 학명이 바뀐 경우는 속명, 종명 또는 속종명을 원문대로 쓰고, 화살표(→)를 붙여 맞는 이름을 표기했다.
* 원문에는 대개 연구 대상 종의 곤충이 그려져 있는데, 실물 크기와의 비례를 분수 형태나 실수의 형태로 표시했거나, 이 표시가 없는 것 등으로 되어 있다. 번역문에서도 원문에서 표시한 방법대로 따랐다.
* 사진 속의 곤충 크기는 대체로 실물 크기지만, 크기가 작은 곤충은 보기 쉽도록 10~15% 이상 확대했다. 우리나라 실정에 맞는 곤충 사진을 넣고 생태 특성을 알 수 있도록 자세한 설명도 곁들였다.
* 곤충, 식물 사진에는 생태 설명과 함께 채집 장소와 날짜를 넣어 분포 상황을 알 수 있도록 하였다.(예: 시흥, 7. V. '92 → 1992년 5월 7일 시흥에서 촬영했다는 표기법이다.)
* 역주는 신화 포함 인물을 비롯 학술적 용어나 특수 용어를 설명했다. 또한 파브르가 오류를 범하거나 오해한 내용을 바로잡았으며, 우리나라와 관련된 내용도 첨가하였다.

청보석나나니

인간의 가옥에 터를 잡고 사는 여러 벌레 중 멋진 모습으로 보나, 희한한 습성으로 보나, 둥지의 구조로 보나 가장 흥미 있는 곤충은 분명히 청보석나나니(Pélopée: Sceliphron)이다. 이들은 혼자서 조용히 자리 잡고 사는 습관이 있어서 우리 집을 드나드는 사람들조차 알 듯 말 듯한 곤충이며 그들의 생활사에 대해서는 아무 말도 할 수가 없다. 너무 조심성이 많아서 언제나 식구들조차 그가 머물렀는지 모를 지경이다. 자고로 명성이란 소란스럽고, 귀찮고, 해로운 자들의 몫이다. 이제 조심성 많은 이 곤충을 망각의 세계에서 끌어내 보자.

추위를 몹시 타는 청보석나나니는 올리브가 무르익고 매미가 울어 주는 햇볕 아래 자리 잡는다. 그래도 새끼들에게는 집 안의 열기를 더 보충해 줄 필요가 있어서 은신처는 대개 문 앞의 늙은 무화과나무가 그늘을 만들어 주고 우물이 있는 농부의 작은 외딴집이다. 녀석들은 타는 듯한 여름 더위를 모두 받으면서도 가능한

한 불이 꺼지지 않게 검불을 자주 넣어 주는 큰 벽난로가 설치된 집을 골라잡는다. 장엄한 성탄절 저녁에 장작이 타고 있는 겨울의 아름다운 아궁이 불길이 선택의 동기였다. 이 곤충은 벽난로가 까맣게 그은 것을 보고 거기가 제게 적당한 곳임을 알아본 것이다. 아궁이가 연기로 반들반들해지지 않는 집은 틀림없이 녀석의 몸을 얼어붙게 할 것이니 신뢰감을 주지 못할 것이다.

7, 8월의 삼복더위가 한창일 때 갑자기 이 손님이 둥지 틀 장소를 찾아온다. 집안 식구들이 분주하게 오가도 녀석에게는 전혀 방해되지 않는다. 사람들은 녀석에게 무심하고 녀석도 사람을 상관치 않는다. 종종걸음으로 다니며 검게 그을린 벽난로 위쪽의 서까래 양쪽 구석과 천장이 연결된 면, 특히 아궁이의 양옆과 홈 속까지도 눈으로 살피고 더듬이로 더듬어 본다. 시찰이 끝나고 장소가 적당한지 알아본 다음 돌아간다. 얼마 후 작은 진흙 덩이를 물고 돌아오는데 그것이 둥지의 첫 기초가 될 것이다.

선택된 자리는 매우 다양하다. 아주 이상한 곳도 흔히 선택되는데 그런 장소는 한결같이 따뜻하다는 온도 조건을 갖추고 있다. 녀석들의 애벌레에게는 한증막 같은 더위가 좋은 모양이다. 제일 좋아하는 곳은 벽난로 아궁이 양옆에 패인 홈으로 50cm가량의 높이까지였다. 이 더운 은신처도 나름대로 불편한 점이 있다. 특히 불을 오래 때는 겨울에는 연기에 찌들어 그곳에 있던 곤충 둥지들이 칠장이가 칠한 것처럼 그을음으로 덮어 버린다. 둥지는 흙손질을 잊고 남겨 둔 울퉁불퉁한 회반죽 부분과 나머지 부분이 뒤섞여서 잘 알아볼 수가 없다. 여러 채의 독방을 불꽃이 와서 핥지만 않

는다면 검은 빛깔의 칠쯤이야 문제가 되지
않는다. 물론 불꽃이 직접 닿으면 죽을
것이다. 그런데 청보석나나니는
그런 위험을 미리 내다본 것 같
다. 옆이 넓어서 숱한 연기가
몰려오는 벽난로에만 제 가족
을 맡길 뿐 열린 아궁이 전
체를 불꽃이 점령할 만큼
좁은 벽난로는 의심한다.

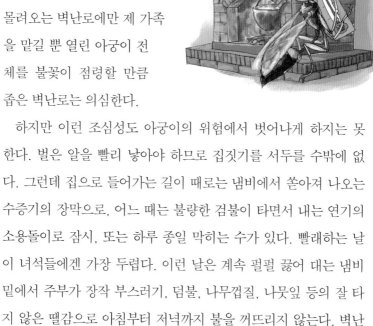

하지만 이런 조심성도 아궁이의 위험에서 벗어나게 하지는 못
한다. 벌은 알을 빨리 낳아야 하므로 집짓기를 서두를 수밖에 없
다. 그런데 집으로 들어가는 길이 때로는 냄비에서 쏟아져 나오는
수증기의 장막으로, 어느 때는 불량한 검불이 타면서 내는 연기의
소용돌이로 잠시, 또는 하루 종일 막히는 수가 있다. 빨래하는 날
이 녀석들에겐 가장 두렵다. 이런 날은 계속 펄펄 끓어 대는 냄비
밑에서 주부가 장작 부스러기, 덤불, 나무껍질, 나뭇잎 등의 잘 타
지 않은 땔감으로 아침부터 저녁까지 불을 꺼뜨리지 않는다. 벽난
로의 연기, 냄비에서 나오는 김, 물통에서 나오는 수증기가 아궁
이 앞에 연기구름을 만들어 놓는다. 어쩌다가 이런 장애물 앞에
있는 청보석나나니를 보고 나는 깜짝 놀라게 된다.

물까마귀는 제 둥지로 가려고 물레방아에서 떨어지는 폭포수의
수막을 가로질러 난다고 한다. 그런데 청보석나나니는 훨씬 더 대
담하다. 진흙 덩이를 입에 물고 구름처럼 빽빽한 연기 막을 뚫고

통과해서 이제는 사라지고 보이지 않는다. 연막 저쪽에서 끊겼다 이어졌다 하는 날카로운 소리, 즉 일하며 흥얼거리는 노랫소리만이 미장이가 작업 중임을 알려 오니, 뭉게구름 뒤에서는 은밀하게 둥지가 지어지는 것이다. 노래가 그치고 뭉게뭉게 피어오르는 수증기 속에서 곤충이 솟아오르는데 마치 맑은 공기 속에서 나오는 것처럼 빠르고 원기 왕성하다. 녀석은 전설의 불도마뱀처럼 불을 극복해 가며 방을 지은 다음, 식량을 채우고 다시 닫기 전에는 온종일 불을 무릅쓰게 될 것이다.

이런 상황은 너무 드물어서 관찰자의 호기심을 충족시킬 수가 없다. 내 마음대로 구름 막을 만들어 위험한 통과에 대한 몇몇 실험을 해보고 싶었다. 하지만 외지에서 간 나는 구경꾼에 지나지 않으니 남의 집안일에 끼어들 수도, 막중한 세탁을 방해할 수도 없었다. 그저 요행의 기회를 엿보는 것으로 그칠 수밖에 없다. 우연한 방문객인 내가 청보석나나니 한 마리를 괴롭히겠다고 불에 손을 댔다가는 그 집 주부가 나를 참으로 한심하다고 생각하겠지! 틀림없이 혼잣말로 "별 괴상한 인간 다 보겠네." 하겠지. 곤충에 전념하는 것이 농부의 눈에는 미치광이의 장난이요, 약간 정신 나간 자의 심심풀이가 아니겠나.

단 한 번 행운이 미소를 보냈으나 이 행운을 이용할 준비가 되어 있지 않았었다. 그렇지만 우리 집 아궁이에서 빨래하는 날 다시 행운이 찾아왔다. 아비뇽(Avignon) 중학교에서 가르치기 시작한 지 얼마 안 되었을 때였다. 2시가 다 되었다. 몇 분 뒤에는 종이 울릴 테고 개구쟁이들 앞에서 라이덴병(Bouteille de Leyd)[1]에 대해

18

설명할 참이었다. 떠날 채비를 하던 바로 그때, 이상한 곤충이 빨래 통에서 발산하는 김을 뚫고 들어가는 것을 보았다. 녀석은 행동이 민첩했고 모양은 날씬한데 긴 실 같은 배 끝이 증류기처럼 생긴 청보석나나니[2]였다. 내 생전 처음으로 유심히 본 곤충이라 이 손님에 대해 좀더 많이 알아보고 싶었다. 그래서 내가 없는 동안 녀석을 잘 감시하고 불안하게 하지 말라고 집안 식구들에게 단단히 일러두었다. 불꽃 바로 옆에서 둥지를 짓는 건축가의 일에 방해되지 않게 불을 지피라고도 했다.

일은 바라던 것보다 훨씬 훌륭하게 진행되었다. 돌아왔을 때 녀석은 넓은 벽난로의 맨틀피스 밑에 설치된 빨래 삶는 통의 김 뒤에서 집짓기를 계속하고 있었다. 방 만들기와 식량의 질을 알아보고 애벌레들의 변화를 지켜보는 등 완전히 새로운 것을 알아볼 욕심이 매우 간절했다. 하지만 오늘은 녀석이 분명히 본능에 따를 곤충임을 잊지 말아야 한다. 다시 말해서 복잡한 실험을 하지 않도록 각별히 조심하고 오직 정상적인 둥지를 얻는 것에만 욕심을 부리기로 했다. 그래서 장애물을 보태는 게 아니라 되레 치워 주었다. 작업장에 연기가 덜 가도록 불을 조절해 가며 옆으로 밀어 놓았다. 그리고 연기를 뚫고 드나드는 그를 족히 2시간은 지켜보았다. 다음 날에는 벽난로가 다시 겨우 겨우, 찔끔찔끔 타고 있었을 뿐 녀석을 방해하는 건 아무것도 없었다. 청보석나나니는 아무 지장 없이 계속 며칠 동안 일해서 내가 바라던 대로 알이 가득 찬 둥지를 완성했다.

1 Leyden jar. 구형 응축 장치로 광구 유리병 안팎 표면에 얇은 금속성 호일을 감싼 것을 말함.
2 『파브르 곤충기』 제3권 14장에서는 종명이 P. tourneur: *Pelopoeus→ Sceliphron spririfex* 였다.

그 뒤 약 40년 동안 다시는 우리 벽난로를 방문하지 않았다. 내가 아는 정보가 짧아 다른 집 벽난로의 청보석나나니가 알려 줄 행운이 필요했다. 훨씬 뒤에, 즉 오랜 실험의 경험 끝에 많은 벌이 보여 준 경향성을 이용할 생각이 떠올랐다. 즉 벌들은 태어난 곳으로 되돌아와 자리 잡는데, 태어날 때 최고로 강하게 받는 인상이 어쩌면 빛 속으로 날아오르던 순간의 인상일지도 모른다는 생각이었다. 그래서 둥지 주변으로 모이는 것 같았다. 겨울에 여기저기서 녀석들의 둥지를 수집했다. 전반적인 관찰에 따라 지금 내 집에서 가장 유리하다고 생각되는 곳, 특히 부엌이나 연구실의 벽난로 아궁이 옆에 붙여 놓았다. 창문 어귀에도 올려놓고 한증막처럼 덥도록 덧문도 닫았다. 은은하게 비치는 천장 구석에도 놓았다. 여름이 오면 내가 택한 각 장소에서 새 세대가 우화할 것이고 그들은 다시 그곳에 자리 잡을 것이다. 적어도 나는 그렇게 생각했었다. 그때는 내가 마음먹은 실험들을 마음대로 하던 시절이었다.

하지만 내 시도는 언제나 실패였다. 녀석들은 한 마리도 제가 태어난 고향으로 돌아오지 않았다. 가장 충실한 녀석마저 잠시 들러 보는 것에 그쳤고 곧 떠나서 다시는 돌아오지 않았다. 청보석 나나니는 혼자서 떠돌아다니는 기질인 모양이다. 예외적으로 유리한 상황이 아니면 외따로 떨어져 집을 짓고 한 세대에서 다음 세대로 넘어가면서 아주 기꺼이 자리를 바꾼다. 우리 마을에는 이 곤충이 제법 흔한데도 둥지는 언제나 하나씩 흩어져 있고 그 근처에는 이전에 살던 집의 흔적이 없다. 이 떠돌이의 기억에는 태어난 곳의 질긴 추억이 남겨지지 않는가 보다. 어미가 지은 오두막

옆에는 누구도 찾아와 집을 짓지 않았다.

물론 내 실패가 다른 원인 때문일 수도 있다. 남쪽 지방인 우리 동네에는 청보석나나니가 분명히 드물지 않다. 청보석나나니는 도시의 하얀 집보다는 연기로 검게 그을린 농부의 집을 더 좋아한다. 초벽을 바르지 않아 햇볕에 황토색이 된, 그리고 흔들거리는 오두막으로 이루어진 우리 마을처럼 이 곤충이 흔한 곳은 어디서도 보지 못했다. 내 은거지가 그렇게 촌스럽지는 않아 웬만큼 우아하고 깨끗했다. 내 하숙생들의 생각에 우리 부엌과 내 연구실은 너무 호화로우니 버리고 저희들 취미에 맞는 이웃집으로 가서 자리 잡았을 법도 하다. 책, 식물, 화석, 곤충들의 공동묘지로 가득찬 박물학자의 작업장에서 살게 했던 녀석들은 이 유식한 사치를 무시하고 떠나 이 빠진 헌 냄비에 심은 꽃무 한 그루가 전부인, 창문이 하나밖에 없는 시커먼 방을 차지하러 갔다. 사치로 행복을 누리겠다는 하찮은 자는 인간밖에 없다. 결국은 나의 개입 없이 어떤 행운이 제공해 주는 자료에 의지할 수밖에 없게 되었다. 때에 따라 여기저기서 본 미미한 내용은 녀석의 용감한 대담성뿐이었다. 녀석은 아궁이 옆에 지어 놓은 제집으로 가려고 때로는 구름 같은 수증기와 연기를 뚫고 지나간다. 얇은 불꽃 막도 감히 뚫고 지나갈까? 이것이 내 벽난로 안의 적응 시험에서 어느 정도 성공한다면 실험해 볼 생각이었다.

청보석나나니가 자신의 안락을 위해서 특별히 아궁이를 좋아하고 택하는 것이 아님은 분명하다. 그런 장소가 녀석에게는 고생스럽고 위험하지만 제 새끼들의 안락을 위해 택하는 것이다. 그의

가족이 잘 자라려면 다른 종류의 벌들이 요구하지 않는 온도, 예를 들어 진흙가위벌(*Chalicodoma*)이나 뿔가위벌(*Osmia*) 따위가 요구하지 않는 높은 온도가 필요하다. 하지만 다른 벌들은 둥근 지붕 밑이나 특별한 보호 장치가 없는 물대(왕갈대) 속에서도 얼마든지 은거할 수 있다. 그러니 녀석들이 좋아하는 온도를 알아보자.

벽난로 맨틀피스 아래의 벽 옆면을 차지한 둥지에 온도계를 설치했다. 불이 중간 정도의 세기로 타고 있을 때, 한 시간 동안 온도계는 35℃에서 40℃ 사이를 오르내렸다. 애벌레들이 자라는 긴 시간 동안 온도가 일정하게 유지되지는 않는다. 계절에 따라, 또한 하루에도 시간에 따라 변한다. 나는 더 확실히 알아보고 싶었고 두 군데를 더 찾아냈다.

첫번 관찰은 발동기를 돌려 비단실을 짜는 방적 회사에서였다. 솥이 거의 천장에 닿아 겨우 50cm 정도밖에 떨어지지 않았다. 그런 천장에, 즉 아주 고온의 물과 수증기로 항상 가득 찬 엄청나게 큰 솥 바로 위에 둥지가 붙어 있었다. 그곳은 온도계가 49℃를 가리키고 있었다. 이 온도는 밤과 공휴일에만 떨어질 뿐 1년 내내 유지되었다.

두 번째는 시골의 한 양조장에서였다. 거기는 청보석나나니를 유혹하기에 아주 훌륭한 두 가지 조건이 갖춰져 있었다. 시골의 조용함과 화덕의 열기였다. 그래서 둥지가 여기저기 닥치는 대로 붙어 있었다. 어떤 물건에든, 심지어는 증류수의 온도를 적어 두는 장부에까지 다닥다닥 붙어 있었다. 그 중 증류기 바로 옆에 있는 것의 온도를 재어 보니 45℃이었다.

몇몇 자료에 나타난 것을 보면 청보석나나니의 애벌레는 40℃ 정도의 온도에 만족한다고 한다. 벽난로에서 타는 불이 만들어 낸 것처럼 일시적인 온도가 아니라 수증기를 뿜어내는 솥이나 증류기에서 발생하는 것처럼 일정한 온도를 말하는 것이다. 진흙으로 지은 집에서 10일 동안 졸고 있는 애벌레에게는 열대지방의 더위가 유리했다. 어떤 씨앗이든 싹이 트려면 종에 따라 어느 정도 높거나 낮은 열이 필요하다. 도토리에서 참나무가 나는 발아보다 훨씬 기묘한 발아로서, 완전한 곤충이 태어날 동물의 씨앗인 애벌레 역시 나름대로의 열을 요구한다. 이 벌의 애벌레에게는 바오밥나무(Adansonia digitata)나 종려나무(Elaeis guineensis)를 싹트게 하는 온도도 지나치지 않다. 추위를 타는 이 종은 도대체 어디서 이리로 왔을까?

불이 적당히 타고 있는 벽난로처럼 그들 근처에서 인위적으로 열대지방의 온도를 만들어 내는 냄비나 화덕은 아주 많은 벌에게 이용되는 횡재였다. 자, 아늑한 더위와 은은한 조명이 있으면 집안 어디에나 녀석들이 자리 잡는다. 어딘가에 출구가 있기만 하면 온실 구석도 좋고 부엌의 천장도, 덧문이 달린 유리창 틀도 좋다. 날마다 햇볕을 쬐어 열이 쌓인 짚더미와 건초가 채워진 헛간의 서까래, 침실의 두터운 벽 어디든 겨울에 애벌레가 따뜻한 은신처를 얻을 수만 있다면 녀석에게는 모두가 다 좋은 곳이다. 삼복 중에 태어났으며 기후학을 잘 아는 이 녀석은 제 가족을 위해서 자신은 보지 못할 혹독한 계절을 예감하는 것이다.

더운 곳을 고르는 데는 아주 꼼꼼한 반면 둥지가 놓일 바닥의 성질에는 전혀 무관심하다. 회를 발랐든 안 발랐든, 벽이 높게 쌓였든 안 쌓였든, 또 석고를 입힌 서까래에라도 방을 무더기로 붙여 놓는다. 하지만 다른 받침도 많이 이용하는데, 때로는 아주 괴상한 것까지 이용한다. 몇몇 괴상한 시설의 예를 들어 보자.

내 노트에는 어느 농가의 벽난로 위에 올려놓은 호리병 속에 지은 집에 관해 언급되어 있다. 농부는 입이 좁은 이 병 안에 사냥용 산탄을 넣어 두었다. 그때는 병이 안 쓰이는 계절이었으며 입은 열려 있었다. 청보석나나니 한 마리가 조용한 그 구석을 적당한 곳으로 여겨 쇳가루 바탕에 집을 지었다. 부피가 큰 그 둥지를 꺼내려면 호리병을 깨뜨려야만 했다.

또 노트에는 어느 증류소의 쌓아 둔 장부에, 추워질 때까지 안 쓰여 벽에 걸려 있던 챙 달린 겨울 모자 속에, 솜틀공인 가위벌붙이(*Anthidium*)의 작품과 등을 맞대고 있는 벽돌 틈에, 귀리 자루의 옆구리에, 또 샘물을 끌어 오는 파이프 끝에 지은 둥지에 대해 적혀 있다.

아비뇽 일대에서 가장 큰 농가 중 하나인 로베르티(Roberty) 씨의 부엌을 조사하다가 훨씬 재미있는 구경을 했다. 아주 넓은 벽난로가 있는 큰 방이었는데, 냄비와 솥들이 나란히 걸려 있는 벽난로에서 사람들이 먹을 수프와 가축들이 먹을 죽이 끓고 있었다. 밭에서 일꾼들이 떼거리로 몰려와 식탁 둘레의 의자에 자리 잡고 단단히 오른 식욕에 내온 음식을 말도 없이 급하게 먹고 있었다. 일꾼들은 반 시간 동안의 휴식을 위해 작업복과 모자를 벗어 벽의 못에 걸어 놓았다. 식사 시간이 그렇게 짧았어도 청보석나나니들이 허름한 옷들을 시찰하고 차지하기에는 넉넉한 시간이었다. 밀짚모자의 안쪽을 가치가 큰 집터로 인정했고 작업복의 주름도 이용 가치가 매우 큰 은신처로 생각했나 보다. 그래서 곧 둥지의 건축 공사가 시작되었다. 농부들이 식탁에서 일어나자 벌써 도토리만큼 불어난 진흙 덩이를 떨어내려고 작업복도, 모자도 털어야만 했다.

사람들이 떠난 다음 식모에게 말을 걸어 보았다. 그녀는 자신이 겪는 괴로운 체험을 털어놓았다. 대담한 파리(벌)들이 무엇이든 모두, 녀석들의 오물로 더럽힌다는 것이다. 창문에 쳐 놓은 커튼이 아주 큰 골칫거리라고 했다. 천장, 벽, 벽난로에 진흙 뭉치를 붙여 놓는 것은 참을 만해도 리넨 제품과 커튼에 붙여 놓는 것은 정말로 사정이 달랐다. 이것을 깨끗한 상태로 유지하려면 날마다 커튼을 흔들고 막대기로 쳐서 고집스럽게 진흙을 물어 오는 벌들을 쫓아내야만 했단다. 그러나 소용이 없었단다. 다음 날은 전날 때려서 부순 작업을 똑같은 열성으로 다시 했다고 한다.

그녀의 불평을 동정하면서도 내 자신은 거기를 마음대로 이용치 못하는 게 몹시 아쉬웠다. 아아! 모든 실내장식 직물에 진흙 칠을 해놓아도 나는 기꺼이 녀석들 마음대로 하게 놔두겠노라! 블라우스나 커튼처럼 흔들리는 받침대에 지은 집이 어떻게 되는지 알아보려고 녀석들 마음대로 하게 내버려 두었을 텐데! 관목진흙가위벌(*Chalicodoma* → *Megachile rufescens*)은 바람의 흔들림에도 걱정 않고 잔가지에 집을 짓는다. 하지만 녀석의 단단한 회반죽 둥지는 받침대를 몽땅 둘러싸서 꽉 달라붙어 요동치지 않는다. 그런데 청보석 나나니의 집은 특별한 접착제도 없이 흔들리는 받침대에 갖다 놓은 단순한 진흙 덩이였다. 사용하면 바로 굳는 수경성(水硬性) 시멘트도 없고 의지할 받침과 한 덩이가 될 설계도도 없다. 이런 방식이 어떻게 적당한 안정성을 유지할 수 있을까? 곡식 포대의 굵은 베 위에 지은 둥지는 조금만 흔들어도 떨어진다. 비록 올이 거친 코에 달라붙었어도 마찬가지였다. 그러니 올 고운 옥양목이 수직으로 걸린, 그리고 바람에 자주 흔들리는 식탁보에 지어 놓은 집은 어떻게 될까? 내 생각에는 인간의 가옥에서 어떤 경우에는 건물에 위험이 닥칠 수 있다는 것을 배우지 못한 건축가의 판단 착오일 것 같다. 오랜 세월의 교훈에도 불구하고 그런 곳에 짓는 판단 착오인 것이다.

건축가는 보류하고 건축물을 알아보자. 건축 재료는 습기가 적당한 흙으로 어디서나 구할 수 있지만 실제로는 진창이나 소택지의 진흙이다. 혹시 근처에 개울이 있으면 그 개울가의 황토를 이용한다. 하지만 자갈투성이의 이 지방에는 그런 보급소가 드물거나 너무 멀다. 따라서 녀석들이 진흙을 가져오는 곳은 개울가가 아니다. 나는 울타리 밖을 나가지 않고도 녀석들의 작업 광경을 마음대로 볼 수 있다. 텃밭에서 시드는 채소를 위해 아침부터 저녁까지 물을 대는 도랑으로 가느다란 물줄기가 흐르면 이웃 농가의 손님 몇 마리가 곧 행운의 소식을 알게 된다. 괴로운 가뭄의 계절에 뜻밖에 발견된 이 귀중한 진흙 광맥을 이용하려고 녀석들이

달려온다. 방금 물이
지나간 빗물받이
홈통을 골라잡는
녀석도, 흐르는 물
을 끼고 가다가 모
세관현상으로 스며든

작업장을 택하는 녀석도 있다. 날개를 떨며 다리는 높이 세우고
까만 배는 노란 뭉치의 끝마디를 한껏 들어 올리고 반들거리는 진
흙의 표면에서 제일 좋은 부분을 큰턱으로 긁어서 떼어 낸다. 옷
을 더럽히지 않으려고 정성스럽게 걷어 올린 주부의 교묘한 자세
같다. 깨끗한 옷과는 정반대인 작업을 이보다 더 잘 처리하지는
못할 것이다. 녀석들은 나름대로 얼마나 정성스럽게 옷을 걷어 올
리는지, 즉 다리 끝과 수확용 연장인 큰턱 끝 외에는 몸 전체를 진
흙에서 얼마나 멀리 떨어지게 했던지 몸을 조금도 더럽히지 않는
다. 이렇게 하여 거의 완두콩만 한 진흙 덩이를 떼어 내면 이빨에
물고 자리를 떠나 제집에 한 켜 보태고 곧 다시 돌아와 진흙을 떼
어 낸다. 흙이 계속 신선하면 가장 뜨거운 대낮이라도 같은 작업
이 계속된다. 근처에는 집을 지으려고 회반죽을 구하는 벌이 항상
있기 마련이니 녀석들의 작업 광경을 하루 종일 볼 수 있다.

　하지만 제일 많이 가는 곳은 마을의 큰 샘 앞이다. 거기는 동네
사람들이 귓바퀴처럼 넓게 마련한 곳으로 노새에게 물을 먹이러
온다. 짐바리 짐승들이 짓밟고 물을 버리기도 하는 바람에 언제나
검은 진흙이 넓게 깔려 있다. 7월의 무더위에도, 세찬 북풍에도 마

르지 않는다. 행인에게는 아주 불쾌한 이 진흙 바닥을 청보석나나니는 아주 좋아해 근처의 사방에서 모여든다. 지저분한 그 진창 앞을 지날 때면 항상 물을 먹는 노새들의 발 사이에서 진흙 덩이를 떼어 내는 몇 마리를 드물지 않게 본다.

이용 장소 자체가 즉시 쓰기에 알맞은 회반죽 상태임을 충분히 알 수 있다. 굵은 알맹이는 그 자리에서 제거해 균질의 반죽이 되게 하는 것 외에 다른 조처는 없다. 흙집을 짓는 다른 곤충들, 예를 들어 진흙가위벌은 다져진 길에서 마른 흙가루를 긁어 침에 적셔 조형이 가능한 재료를 만드는데 침의 어떤 반응 덕분에 흙이 돌처럼 굳는다. 그 녀석들은 물을 조금씩 부어 시멘트 반죽을 하는 미장이 같다. 하지만 청보석나나니는 이런 기술은 쓰지 않는다. 이 녀석들에게는 화학반응의 비밀이 주어지지 않아 떼어 낸 진흙을 그대로 쓴다.

이것을 확인하려고 진흙을 떼어 내는 녀석에게서 몇 알의 환약을 훔쳐 냈다. 그리고 같은 자리의 흙을 내 손가락으로 빚은 환약과 비교해 보았다. 양쪽의 모양이나 특성에 차이가 없음을 알았다. 이 비교는 집을 검사한 결과에서도 확증되었다. 진흙가위벌이 지은 집은 차폐물이 없어도 오랜 눈비의 풍화작용을 견뎌 내는 단단한 벽돌 공사였다. 하지만 청보석나나니의 집은 기상 변화를 전혀 견뎌 내지 못하는 응집력 없는 공사였다. 물 한 방울을 떨어뜨리니 그곳 표면이 물러지며 원래의 진흙 상태로 돌아갔다. 소나기 정도의 물을 뿌렸더니 죽처럼 녹아 버렸다. 마른 흙에 지나지 않는 그 집들은 습기만 차도 곧 진흙으로 되돌아간다.

확실했다. 청보석나나니는 진흙을 시멘트로 개량하지 못한 그 상태대로 쓴다. 이런 둥지는 애벌레가 추위를 타지 않더라도, 차폐물이 없으면 안전하지 못해서 비를 한 번만 맞아도 무너질 것이니 건물 밖에 짓지는 않는다는 이야기가 된다. 온도 문제는 제쳐놓더라도, 나나니가 인가를 특히 좋아하는 이유는 이것으로도 설명된다. 인가에서는 어느 곳보다도 습기에서 보호된다. 벽난로의 맨틀피스 아래는 애벌레들이 요구하는 더위와 함께 건물이 요구하는 건조함이 있다.

청보석나나니 둥지가 처음부터 멋이 없었던 것은 아니다. 즉 마지막 초벽 작업으로 미세구조가 감춰지기 전에도 무미건조한 것은 아니었다. 일련의 독방들로 이루어졌으나 때로는 한 줄로 나란히 정렬되기도 한다. 그래서 둥지 전체는 판(Pan), 즉 목신(牧神)의 음관(音管)인 짧은 피리와 비슷한 모양이 된다. 하지만 층층이 겹쳐지기도 하고 수도 일정치 않을 때가 더 많다. 가장 큰 둥지에서는 독방을 15개나 만든 것도 보았다. 다른 것들은 방이 10개 정도, 어떤 것은 3~4개, 1개뿐인 경우도 있었다. 앞의 수치들은 전체 산란 수에 해당하는 것 같고, 뒤의 것들은 여기저기 분산시킨 부분적 산란인 것 같다. 산란이 분산된 것은 아마도 어미가 다른 곳에서 더 좋은 장소를 발견해서일 것 같다.

독방은 원통 모양을 크게 벗어나지 않았는데 안쪽은 지름이 약간 커진다. 길이는 3cm, 너비는 가장 넓은 쪽이 1.5cm 정도였다. 반죽이 곱고 정성스럽게 닦음질한 표면은 비스듬하게 튀어나온 일련의 끈 모양이 된다. 그래서 끈을 꼬아서 만든 장식품의 술을

노랑점나나니의 집짓기

1. 성충은 주로 7월 말부터 9월에 활동한다. 원통 모양의 집을 지으려고 흙경단을 뭉치고 있다. 시흥, 5. VIII. 04

2. 담벼락 틈새나 벽 위의 합판을 붙여 놓은 곳을 뜯어보면 노랑점나나니 벌집이 발견된다. 집에는 열여섯 개의 방이 나란히 배열되었다. 시흥, 20. XI. 04

3. 8월 중순경 방 하나를 절개해 보니 안에 사냥한 꽃게거미, 깡충거미 무리가 들어 있다. 시흥, 15. VIII. 04

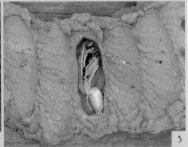

4. 9월 초 사냥한 깡충거미 무리를 다 먹고 성장한 애벌레. 시흥, 10. III. 06

5. 번데기가 성장하여 성충 형태를 다 갖추었다. 시흥, 30. IV. 06

연상시킨다. 끈 하나하나가 집의 기초이며 이미 지어 놓은 방 위쪽에 끝마무리로 쓰인 진흙 덩이가 이런 모양이 된 것이다. 따라서 그것을 세어 보면 청보석나나니가 진흙탕을 몇 번이나 왕래했는지 알 수 있는데, 15~20개가 세어졌다. 결국 이 부지런한 건축가가 독방 하나를 짓는데 건축자재를 20번 정도 가져왔을 것이다. 하지만 부풀어 오른 부분이 항상 한 번 만에 만들어진 것 같지는 않으니 어쩌면 그보다 많이 다녔을 것 같기도 하다.

독방의 장축은 수평이거나 그와 비슷한 방향인데 입구는 항상 위를 향해 열려 있다. 그릇을 엎어 놓지 않아야 그 안의 내용물이 보존되므로 반드시 위를 향해 열려 있어야 한다. 방은 식량인 작은 거미들의 통조림을 담는 항아리에 불과한데 수평이나 약간 위쪽으로 경사져서 그것들이 보존된다. 만일 입구가 아래쪽을 향했다면 쏟아질 것이다. 이렇게 사소한 사정을 자꾸 주절거린 이유는 으레 책에 있는 희한한 오류를 지적하고자 함이다. 어느 책이든 청보석나나니의 둥지 그림을 보면 입구가 아래를 향했다. 잘못된 그림이 계속 반복해서 그려지는데 오늘날까지도 비상식적인 어제의 그림이 재현되고 있다. 누가 맨 처음에 큰 실수를 해서 이 나나니에게 물통 앞의 다나이데스(Danaïdes)[3]처럼 힘든 시련을 겪게 하는지, 즉 밑 빠진 독에 물 붓기를 하게 하는지 모르겠다.

방 하나를 만들고 알에게 필요한 거미를 가득 채운 다음 문을 닫는다. 멋진 둥지 앞면은 독방들의 집합이 충분해졌을 때까지 그대로 유지된다. 하지만 그 다음은 건물을 튼튼하게 하려고 전체

3 『그리스 로마 신화』에 나오는 인물. 『그리스 로마 신화』(현암사, 2002년) 166, 167, 522쪽 참고

방어용 덧칠을 입힌다. 독방을 지을 때 공들였던 섬세함도, 인내력으로 했던 잔손질도, 솜씨마저도 없이 흙손을 휙휙 휘둘러서 막칠을 한다. 진흙 덩이를 가져온 그대로 붙여 놓고 큰턱으로 아무렇게나 몇 번 쓱쓱 문질러서 펴 놓는다. 이렇게 해서 멋진 처음 것들이 거친 덮개 밑으로 사라진다. 등을 맞댄 독방 사이의 홈, 꼬아 놓은 술처럼 볼록볼록했던 것들, 매끈하게 화장된 반죽 따위가 사라진 것이다. 이 상태의 둥지는 우연히 벽에 튀어서 말라붙은 커다란 진흙 덩이 모양으로 볼품없는 혹에 불과하다.

진흙가위벌도 비슷한 방법으로 집을 짓는데 이런 종류의 벌 중 가장 훌륭한 미장이였다. 모래알을 핵처럼 예쁘게 박은 탑 모양의 방들을 자갈 위에 세운 다음 이 예술작품을 거칠게 흙칠 속으로 묻어 버린다. 이 경우든 저 경우든 걸작이 반죽 속에 묻혀서 사라지는데 왜 마무리 작업을 그렇게도 꼼꼼하게 정성 들여서 할까? 루브르 (Louvre) 궁전의 기둥들은 나중에 흙손으로 더럽히려고 그렇게 우뚝 세운 것이 아니다. 그러나 강조는 하지 말자. 애벌레가 자리를 잘 잡았으면 집이 추하든 아름답든 무엇이 중요하랴? 이들 역시 무의식적 예술가의 자가당착을 전적으로 기대해야만 한다.

2 좀대모벌, 그리고 청보석나나니의 식량

무엇보다 뚜렷한 특징인 본능과 습성만 고려한다면 방금 둥지를 보았던 건축가(청보석나나니)만큼이나 훌륭하다는 이름, 즉 찰흙이나 진흙을 다루는 옹기장이라는 별명은 멀지 않은 곳에서 똑같이 거미를 사냥하는 다른 벌인 좀대모벌(Agénies: *Agenia*)이 받아야 할 것이다. 우리 고장의 옹기전에는 점박이좀대모벌(*A. punctum*→ *Auplopus carbonaria*)과 투명날개좀대모벌(*A. hyalipennis*→ *Auplopus albifrons*) 두 종의 예술가가 있다.

좀대모벌은 제아무리 재주가 대단해 봤자 검정색에 보통 집모기보다 겨우 클 정도의 아주 연약한 곤충이다. 이렇게 연약한 도공임을 생각하면 녀석들의 도자기는 참으로 놀랍다. 마치 회전 원반에 올려놓고 돌려서 만든 것과 비교될 정

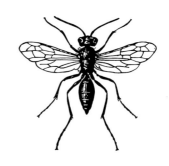

점박이좀대모벌 실물의 2배

도의 균형미로 더욱 놀라운 것이다. 편평한 바닥에서 등을 서로 맞대고 넓게 자리 잡은 청보석나나니의 독방들은 처음처럼 아주 멋지던 입구의 둥근 테두리만 강조된, 즉 대롱 같은 모양에 지나지 않았다. 그런데 거의 따로따로 떨어져서 아주 좁은 자리에 놓인 좀대모벌의 독방들은 처음부터 끝까지 일정하게 볼록한 모양을 유지한 꼬마 항아리로서 마치 아주 작은 한 벌의 식기 같다. 회전 원반 노동자라는 호칭이 필요하다면 청보나나니보다 좀대모벌에게 더 어울릴 것 같다. 진흙을 다루는 어떤 자도 이 녀석들만큼의 솜씨는 갖지 못했다.

점박이좀대모벌의 항아리는 타원형 병 모양으로 서양 버찌 씨만 하다. 투명날개좀대모벌의 항아리는 원뿔 모양인데 옛날 컵처럼 밑은 좁고 입은 넓으며 모두가 안쪽은 반들반들하고 겉은 매우 오톨도톨하다. 도공이 방금 가져온 한 입의 진흙 덩이로 안쪽 벽만 정성스럽게 다듬었고 겉의 불룩불룩한 표면은 초벽의 흙이나 튼튼한 덧칠 따위로 감추지 않은 채 그냥 놔두어서 그렇다. 결국 겉은 청보석나나니가 사선으로 볼록하게 남겨 두었던 술에 해당하는 셈이다. 옹기장이가 방금 병의 목을 만들어 놓은 상태인데 작은 거미 옆구리에 알을 붙여 그 안에 넣고 뚜껑을 닫은 그대로이다. 결국 좀대모벌들의 항아리는 튼튼하지도 않은데 구불

구불한 끝끼리 맞닿게 배치되었든, 무
질서한 무더기로 모였든, 덧칠 따위의
보호 장치가 없다.

투명날개좀대모벌
실물의 약 2.5배

하지만 좀대모벌은 청보석나나니가
모르는 비결을 가지고 있다. 저들의 독
방은 물이 한 방울만 떨어져도 빨리 번
져서 벽을 적시며 사라지나 좀대모벌의
방안은 물방울이 떨어진 자리에 그대로
있을 뿐 벽으로 스며들지 않는다. 따라서 우리네 항아리처럼 녀석
들의 항아리 안쪽에도 유약이 발린 것이다. 우리네 항아리는 옹기
장이가 납의 원료인 방연석(方鉛石)에서 얻은 납 규산염 덕분에 방
수가 된다. 벌의 항아리에 쓰인 방수액은 그의 침일 수밖에 없는
데 몸집이 작은 곤충이니 침이 많지 않아서 밖에까지는 바르지 못
했을 것이다. 실제로 방 하나를 물방울 위에 놓아 보면, 밑에서 꼭
대기까지 수분이 빨리 스며들어 항아리가 죽처럼 무너져 내리는
데 저항력이 강한 안쪽의 얇은 층만은 끝까지 남는다.

좀대모벌이 재료를 어떻게 구해 오는지는 모르겠다. 청보석나
나니처럼 미리 확보된 진흙이나 진창 또는 탄력성 있는 자연의 찰
흙 따위를 뜯어 올까, 아니면 진흙가위벌(Chalicodoma)처럼 조금씩
긁어모은 가루에 침을 부어 시멘트로 반죽할까? 직접 관찰해 봐도
알 수가 없었다. 하지만 독방들의 색깔은 돌이 많은 이곳의 흙처
럼 붉거나 길의 먼지처럼 희끄무레하거나 근처의 이회암(泥灰岩)
처럼 잿빛이다. 결국 재료는 어디서든 성분의 구별 없이 긁어 왔

다는 이야기이다. 그래도 수집 재료가 반죽된 것인지 가루였는지는 확신할 수가 없다.

하지만 방의 안쪽은 방수가 되어 있어서 내 마음은 후자인 가루쪽으로 기운다. 자연의 습기로 이미 젖은 흙은 좀대모벌의 침을 쉽게 흡수하지 못할 것이고, 그래서 방수 특성이 관찰되지 않았을 것이다. 이 점으로 보아 마른 가루를 모아 반죽해서 탄력성 있는 찰흙을 만든 게 틀림없을 것 같다. 그렇다면 물 한 방울에 무너지는 바깥쪽과 안 무너지는 안쪽과의 차이는 어떻게 설명해야 할까? 이 문제는 아주 간단하다. 바깥쪽 재료는 옹기장이가 가끔씩 머금어 오는 물만 이용했고 안쪽 재료는 제 살림살이에 필요한 물질적 재산을 완벽하게 이용한 귀중한 반응물인 순수한 침을 이용했을 것이다. 결국 좀대모벌은 항아리를 만드는 데 두 액체의 저장 장치가 필요하다. 샘에서 물을 가득 채울 호리병인 모이주머니와 방수성 화학 생성물이 아주 조금씩 제조되는 플라스크, 즉 타액(唾液) 분비샘이다.

청보석나나니는 이런 유식한 방법을 모른다. 이미 이겨진 진흙을 뜯어 갈 뿐 나중에 저항력을 키울 만한 무엇인가를 덧바르지 못한다. 녀석들의 방은 물이 닿으면 빨리 스며들어 습기가 안쪽으로 배어들게 된다. 아마도 물이 너무 잘 스며들어서 둥지를 보호하기 위해 두꺼운 초벽이 필요한 것 같다. 각 옹기장이에게 배당된 작업의 몫은 각각이다. 즉 거인들의 몫은 진흙을 두껍게 바르는 것이고 난쟁이들의 몫은 니스 칠 같은 유약을 바르는 것이다.

좀대모벌의 방들은 안쪽에 유약을 발랐어도 물에 너무 쉽게 변질될 수 있고 더욱이 허공에서는 너무 잘 부서져서 무사할 수가 없다. 이들의 방 역시 청보석나나니의 방처럼 차폐물이 필요하다. 차폐물은 여기저기서 만날 수 있어도 우리네 가옥은 제쳐 놓았으니 가냘픈 녀석들이 피신처를 찾아 집 안으로 들어오는 일은 드물다. 나무 그루터기 밑의 작은 구멍, 햇볕이 잘 드는 담장의 틈새, 돌무더기 밑의 낡은 달팽이 껍데기, 대형 하늘소가 참나무에 파놓은 낡은 굴, 줄벌들이 버린 집, 건조한 비탈 쪽으로 뚫린 굵은 지렁이의 갱도, 매미가 올라온 구멍, 요컨대 비를 맞지 않는 집이라면 무엇이든 다 좋다. 투명날개좀대모벌보다 흔한 점박이좀대모벌이 딱 한 번 나를 찾아왔다. 녀석은 온실의 선반 위에 씨를 받으려고 올려놓은 세모꼴 작은 종이봉투 안에 무더기로 항아리를 만들어 놓았다. 이렇게 종이에 집을 지어서 증류소의 장부나 창문의 커튼에 방들을 맡기는 청보석나나니를 생각나게 했다. 둥지 받침의 성질은 상관하지 않는 이 두 종류의 옹기장이는 가끔 아주 이상한 장소를 택했다.

식량을 담아 두는 항아리를 알았으니 이제 그 안에 무엇이 들었는지 알아보자. 청보석나나니 애벌레는 거미를 먹는데 거미는 대모벌이나 좀대모벌도 좋아하는 품목이다. 사냥된 고기는 같은 둥지나 같은 방안에서도 다양했으며 항아리보다 부피가 작은 거미라면 어느 종이든 식량이 되었다. 내 명세서에는 왕거미(Épeire: Araneidae), 공주거미(Ségestrie: Segestria), 깡충거미(Attus: Attus), 꼬마거미(Théridion), 늑대거미(Lycose: Lycosa) 등이 등록되었는데 차림표가 더 필요하면 더 열거할 수 있다. 왕거미가 압도적으로 많은데 아주 자주 보이는 종은 십자가왕거미(Epeira diadema→ Araneus diadematus), 마불왕거미(E. scalaris→Araneus marmoreus)°, 각시어리왕거미(E.→Neoscona adianta)°, 모서리왕거미(E. angulata→A. bicentenarius)°, 와글러늑대거미(E. pallida→Pardosa wagleri) 등인데 흰 점으로 이루어진 삼중 십자가가 등에 있는 십자가왕거미가 가장 자주 보였다.

십자가왕거미가 자주 사냥되었다고 해서 청보석나나니가 이 거미를 특별히 좋아한다고 생각할 수는 없다. 벌은 제집에서 별로 멀지 않은 곳으로 사냥을 다닌다. 이웃의 오래된 담이나 근처의 작은 정원을 조사하다가 나타난 녀석들을 잡는다. 그런데 이렇게 사냥하는 시기가 십자가왕거미에게는 집을 제일 많이 짓는 시기이다. 갈대 사립문으로 둘러쳐진 시골집의 작은 뜰이 옹기장이에게는 소중한 곳이며 양배추 텃밭을 둘러싼 산사나무 울타리 어디든 이 거미가 줄을 치거나 이미 쳐 놓고 그 가운데서 사냥감을 기다리는 중이다. 그리고 교황의 십자가 표시도 보여 준다. 만일 연구용 거미가 필요하다면 집에서 몇 걸음만 나가도 녀석들을 틀림없이 발견할 것이다. 그래서 이 종이 식량 더미의 주류를 이룬 것으로 생각된다.

대개 왕거미가 기본이지만 그들이 없으면 다른 종류의 거미라도 똑같이 접수된다. 파리목 곤충이면, 또한 제힘에 맞으면 어느 종이

든 다 좋아하는 은주둥이
벌(*Ectemnius*)이나 코벌
(*Bembix*)처럼 현명
한 절충주의자가
지금 또다시 확인

되었다. 그렇다고 해서
이런 절충주의를 절대적 원칙으로 삼아서는 안 될 것 같다. 청보석
나나니도 거미들 간에 맛이나 영양 특성이 다름을 안다고 생각해
야 할 것 같다. 개암 맛의 통통한 거미에게 열정을 가졌고 전설적인
라랑드(Lalande) 씨보다 더 섬세한 거미 감정가인 이 벌은 틀림없
이 어떤 종류의 거미가 더 좋다고 평가할 것이다. 또 어떤 종류는
철저히 무시하는데 그 중 하나는 집 안 귀퉁이에 줄을 치는 집가게
거미(*Tegenaria domestica*)였다.

이 거미는 부엌 천장이나 헛간 서까래에서 청보석나나니와 가

꿀벌과 털게거미 꽃잎에
숨어 있던 털게거미가 꿀
따라 온 꿀벌을 낚아채서
안전한 곳으로 물고 가
죽을 때까지 숨통을 조인
다. 제천, 11. IX. '96

까운 이웃이다. 진흙 둥지 바로 옆에 비단실로 짠 은신처가 펼쳐져 있다. 벌은 사냥감이 바로 문 앞에 널려 있으니 멀리 여행하는 대신 집 근처만 몇 번 살펴보면 아주 푸짐하게 사냥할 수 있다. 그런데 왜 그렇게 하지 않을까? 이 요릿감은 그에게 맞지 않다는 이야기이다. 하지만 안 맞는 이유를 설명하기는 매우 어려울 것 같다. 어쨌든 집가게거미의 어린것을 잡으면 필요한 식량을 쉽사리 충족시킬 것 같은데 여러 번 곳간을 조사해 보았으나 이 거미는 한 마리도 없었다. 청보석나나니가 이 거미를 무시하는 것은 우리를 위해서나 녀석을 위해서나 유감스러운 일이다. 주부들의 골칫거리인 거미줄 치는 자들을 일망타진할 담당자가 집 안의 천장 지킴이를 머물도록 내버려 두고 있으니 우리에게도, 녀석에게도 유감인 것이다. 벌은 익충 목록에 올라 좋은 평판을 받으며 농가에서 융숭한 대접을 받는 대신 진흙을 너무 많이 묻혀 놓아 쫓겨나는 신세가 된다.

거미는 독니가 있어서 위험한 사냥감이다. 덩치가 큰 녀석은 적수에게 대담성과 특별한 전술을 요구하는데 청보석나나니는 그런 것들을 철저하게 갖추지 못한 것 같다. 또한 독방의 지름이 좁아서 황띠대모벌(*Batozonellus annulatus*)°이 사냥하는 타란튤라독거미(*Lycosa narbonnensis*)와 비교될 정도의 큰 덩치는 받아들일 수 없다. 황띠대모벌은 힘들이지 않고 잡은 큰 덩치의 희생물을 담장 밑 시멘트 부스러기 사이의 구멍에 보관한다. 항아리 제작은 힘든 일이라 청보석나나니는 새끼에게 필요한 양의 사냥물만 들어갈 정도로 항아리 크기를 줄이는 게 유리하다. 그래서 녀석들은 첫인상이 강해 보이는 거미보다는 변변찮아 보이는 사냥감을 택한다. 언제나 어린것을 택하는데 그것이 새끼 양육에 적당하면 된다. 십자가 왕거미가 완전히 성숙해서 배가 불룩하게 알을 배었을 때는 거의 타란튤라와 맞먹는 크기가 되어 항아리에 들어가지 않는다. 사냥된 것들의 크기는 매우 다양해서 보통 것의 두 배, 또는 더 큰 것도 있다. 하지만 중요한 것은 사냥물이 작은 항아리에 저장될 수 있어야 하는 점이다. 제공된 식품의 크기가 이렇게 다양하니 사냥된 머릿수도 당연히 다양해진다. 어떤 항아리는 12마리의 거미로 가득 찼고 어떤 방은 5~6마리밖에 안 들어 있으며 평균 8마리였다. 호화판 식탁에는 틀림없이 다른 여러 벌처럼 애벌레의 성의 규칙이 작용할 것이다.

모든 포식자(捕食者)를 연구한 결과를 보면 각자의 공격 방법에 두드러진 특색이 있다. 그래서 청보석나나니와 사냥감과의 전투 장면을 보고자 노력했다. 낡은 담장이나 우거진 덤불 같은 사냥터에서 끈질기게 기다렸으나 큰 성과는 얻지 못했다. 그러다가 청보석나나니가 거의 날기를 멈추지 않은 상태에서 정신없이 도망치는 거미를 갑자기 덮쳐서 끌어안고 가져가는 것을 보았다. 다른 사냥꾼들은 침착하게 땅에 내려앉아 자기의 미묘한 수술법대로 섬세한 장치를 작동시켜 조용히 그리고 천천히 침으로 찌른다. 하지만 청보석나나니는 거의 코벌처럼 낚아채서 날아오른다. 채 가는 것이 어찌나 빠르던지, 아마도 날면서 침과 큰턱을 사용할 것이라 생각된다. 숙련된 수술과는 양립할 수 없는 급한 성미의 사냥 방식 역시 작은 거미를 선택하는 경향을 갖게 했을 것이다. 재주가 모자라면 별수 없이 연약한 희생물을 요구하게 된다. 하지만 두 개의 독니를 가진 사냥감은 힘도 있을 것이니 약탈자도 방심했다가는 치명적인 위험이 따를 것이다. 결국 거미는 빨리 손상을 입고 죽었을 것으로 추측하게 된다.

결국은 알이 아직 부화하지 않은 방안의 내용물을 돋보기로 여러 번 검사하게 되었다. 이런 방은 최근에 식량이 비축되었다는 증거이다. 그런데 저장된 희생자들이 수염이나 발목마디를 떠는 것은 전혀 보지 못했다. 그것들의 보존도 쉽지 않아 대략 10일 내외에 곰팡이가 피고 썩는 게 보였다. 따라서 거미는 벌이 항아리에 넣을 때 이미 죽었거나 죽어 가는 녀석들인 것이다. 황띠대모벌의 타란튤라는 7주 동안이나 신선하게 보존되는데 청보석나나니는 이런 교묘한 수술법을 모를까, 아니면 격렬하게 공격해야 하므로 시행할 수 없는 것일까? 죽이지 않고 못 움직이게 하는 전문가가 아니라 움직이지 못하게 죽이는 살육자일까? 윤기를 잃은 희생물들의 모습과 빠른 변질이 살육자라고 대답하는 것 같다.

나는 이런 행동을 보고 놀라지는 않는다. 마취 기술을 발휘하는 곤충이 침 한 방으로 당장 죽이는 지식처럼 놀라운 지식의 또 다른 제물 만들기 곤충을 볼 것이니 놀라지 않는 것이다. 우리는 이렇게 완전한 죽음이 필요한 이유를 알게 될 것이고 본능의 무의식적 행위에 대응하려는 논리적 행위가 심오한 해부학과 생리학적 지식을 요구함도 알게 될 것이다. 하지만 청보석나나니가 거미를 필연적으로 죽여야만 하는 이유는 짐작조차 못하겠다.

오랜 조사 없이도 쉽사리 알 수 있는 것은 청보석나나니가 머지 않아 썩을 시체들을 이용하는 논리적 수단이다. 우선 각 방안에는 여러 마리의 거미가 있다. 그런데 애벌레가 그 중 하나를 큰턱으로 부수다가 놔두고 다른 거미를 공격하면, 놔둔 것은 흉하게 파괴되어 더욱 빨리 부패할 것이다. 하지만 이 토막은 작아서 썩기 전에 모두 먹히며 애벌레가 거미를 한번 물어뜯기 시작하면 다른

털보깡충거미 5, 6월에 야산의 나무나 풀잎을 돌아다니며 작은 곤충을 잡아먹는다. 사진처럼 깡충거미까지도 사냥감이 된다. 시흥, 30. V. '92

것을 건드리지 않는다. 따라서 다른 거미들은 단시간의 섭식 기간 동안 온전하게 남아서 충분히 신선한 상태로 보존될 수 있다. 식량 전체를 구성하는 거미들은 비록 시체 상태이나 며칠 동안은 보존되므로 차례차례 먹히게 된다.

이와 반대의 경우도 생각해 보자. 즉 식사 전체에 충분할 만큼 몸집이 큰 한 마리의 먹이뿐이라는 가정을 해보자. 그러면 상황이 고약해질 것이다. 큰 덩어리를 여기저기 조금씩 집적대면 그것이 다 먹히기 전에 많은 흠집이 생긴다. 흠집은 부패를 촉진시켜 애벌레를 독살하게 된다. 하나뿐인 대형 식품은 먼저 운동을 없애고 다음 유기적 생명이 오래 유지되도록 마비될 필요가 있다. 또한 그런 것을 먹는 애벌레 쪽에서는 덜 중요한 기관에서 좀더 중요한 기관으로, 즉 차례대로의 공략법이 존중된 특수 식사 기법이 요구

된다. 이런 기술은 배벌(*Scolia*)과 조롱박벌(*Sphex*)이 벌써 보여 주었다. 내가 모르는 어떤 이유로 청보석나나니 어미는 마취사 곤충들의 기술을 모르고 애벌레는 대형 식품 먹는 법을 모른다. 그래서 이들이 받은 아주 훌륭한 영감은 가족에게 다량의 소형 사냥물을 주는 것이다. 좁은 창고가 그런 선택을 하게 한 주요 동기는 아니다. 만일 큰 통조림이 더 유리했다면 옹기장이가 큰 항아리를 만들지 못할 이유도 없을 것이다. 무엇보다도 중요한 것은 죽은 식품의 보존이다. 그래서 애벌레가 먹는 단기간의 보존을 위해 이 거미 사냥꾼은 작은 것들만 노획품으로 가져온 것이다.

더욱 훌륭한 게 있다. 최근에 닫힌 방을 열어 보면 언제나 알이 발견되는데 그 알은 마지막에 가져온 거미가 아니라 저 안쪽의 것, 즉 제일 먼저 창고에 넣은 거미 위에서 발견된다. 식량을 처음 비축하기 시작한 둥지를 볼 때마다 독방에는 오직 한 마리뿐인 거미 위에 알이 놓여 있는 것을 보았다. 이 규칙에는 예외가 허용되지 않는다. 청보석나나니는 첫번째 먹이를 준비하고 다시 보충 사냥을 떠나기 전에 그 희생물에다 알을 낳아 붙여 놓는다. 코벌도 이렇게 첫번째로 지하실에 들어간 파리가 알을 받았다.

하지만 이제는 코벌과 일치하는 습관이 없다. 코벌은 애벌레의 성장에 따라 그날그날의 식량 수송을 계속한다. 이 경우는 땅굴 입구를 유동성인 모래 장막으로 막아서 쉽게 실행할 수 있는 방법이다. 어미는 움직이는 모래 장막을 드나들 때 어렵지 않게 뚫고 지나간다. 하지만 청보석나나니는 이렇게 쉽게 통행할 수가 없다. 흙으로 만든 항아리를 일단 덮었다가 다시 그 방으로 들어가려면 마개를 부숴야 하는데 이제는 그것이 말라서 굳었다. 젖은 진흙만 다루는 곤충은 굳은 것의 저항에 힘이 달릴 것이다. 그뿐만이 아니다. 힘들여 부쉈을 때마다 다시 땜질을 해야 하니 이것 역시 어려운 일이다.

그래서 청보석나나니는 날마다 식량을 보급하지 않는다. 식량 더미 쌓기는 가능한 한 빨리 완성시킨다. 사냥감이 많지 않거나 일기가 나쁘면 적당량을 채우는 작업에 여러 날이 걸린다. 하지만 날씨가 좋으면 오후 한나절로 충분하다. 사냥 기간이 상황에 따라 길거나 짧은 것은 중요치 않다. 문제는 알을 낳는 것이다. 첫번째로 가져온 식량 위에 낳아 다행인데 이런 방법은 이미 콩팥감탕벌(*Odynerus reniformis*) 이야기 때(『곤충기』 2권 6장) 잘 설명되었다. 독방의 식량은 방을 모두 채울 때까지 잡혀 온 순서대로 쌓아 놓는다. 그래서 사냥한 날짜가 오래된 것은 밑에, 나중 것은 표면 쪽에 쌓인다. 신선한 것과 썩은 것이 섞일 만큼 무너지는 일도 없다. 이유는 희생물의 긴 다리 덕분이며 그 다리의 뻣뻣한 털들은 대부분 방안의 벽에 걸쳐진다. 애벌레는 쌓인 먹이의 아래쪽에 있을 뿐만 아니라 그곳부터 먹기 시작한다. 결국은 제일 오래된 것부터 차차 덜 오래된 것의 순서로 먹는 것이다. 식량은 식사가 끝날 때까지 항상 이빨 닿는 곳에 있고 썩을 만큼 변질될 시간은 거의 없게 된다.

처음 잡힌 식품이 크든 작든 상관없이 그것 위에 낳은 알은 흰색으로 약간 구부러진 원통 모양인데 길이는 3mm, 너비는 1mm가 조금 못 된다. 알을 낳은 곳은 예외 없이 거미의 복부 옆구리 쪽이다. 갓 태어난 애벌레는 사냥벌들의 일반적인 관습에 따라 알의 머리 쪽이 붙어 있었던 바로 그 자리부터 파먹는다. 그래서 애벌레의 첫 입질은 즙이 제일 많고 가장 연한 부분, 즉 통통한 배와 만나게 된다. 다음은 근육이 많은 가슴으로, 마지막에 다리로 오는데 바싹 말랐어도 사양하지 않는다. 그래서 식사가 끝난 다음에는 쌓였던 거미 무더기에서 남는 것이 거의 없다. 마구 먹어 대는 이 생활이 8~10일간 계속된다.

처음에 짠 순백색의 주머니는 안에 웅크리고 있는 벌레를 제대로 보호하기에는 너무 엉성하게 만들어졌다. 그러나 이 주머니는 훗날 보다 좋은 천을 만들기 위해 우선 적당하게 씨실(가로 건너 짜는 실)을 짜 놓은 것에 불과하며 애벌레는 주머니를 더 튼튼하게 하기 위해 실 잣기로 보충하는 대신 특별한 종류의 래커로 칠을 한다. 결국 애벌레는 실 잣는 방직공 겸 호박단 광택 내기의 직조공이 된다. 육식성 벌들의 제사(製絲) 공장에서는 비단을 좀더 튼튼히 하는 데 두 가지 방법이 있다. 하나는 직물에 모래알을 많이 박아서 고치가 거의 광물질이 되게 하고 비단실은 석재들의 시멘트 노릇만 하게 하는 방법이다. 코벌, 어리코벌(*Stizus*), 구멍벌(*Tachytes*), 뾰족구멍벌(*Palarus*) 따위가 이런 식으로 한다. 다른 방법은 애벌레가 바니시인 유미액을 자신의 위장에서 만들어 거친 견직물의 코에 토해 내는 것이다. 그러면 곧 씨실로 스며든 바니시가 굳어서 멋진 래커가 된다. 다음, 바니시 제조의 화학작용 때 생긴 찌꺼기를 단단하고 거무스름한 똥마개처럼 고치에 깐다. 조롱박벌, 배벌, 나나니(*Ammophila*) 등의 방법인데 이들은 고치의 안쪽 덮개에 여러 겹의 바니시를 입힌다. 은주둥이벌, 노래기벌(*Cerceris*), 진노

나나니 사냥해 온 나방 애벌레를 굴 옆에 잠시 내려놓고 숨겨 놓았던 입구를 여는 중이다. 시흥, 12. VIII. 06

래기벌(*Philanthus*)도 같은 방법을 쓰나 이들은 약한 고치에 한 겹만 입힌다.

청보석나나니는 이 마지막 방식을 따른다. 녀석의 완성된 작품은 호박색 직물로서 얇기나 빛깔, 투명성이 마치 손가락에 닿으면 바스락 소리가 날 듯한 느낌이다. 양파 겉껍질을 연상시키기도 한다. 미래의 날씬한 곤충의 크기에 비하면 고치가 긴 편인데 위쪽은 둥글고 아래쪽은 갑자기 잘린 모양이다. 나중에는 래커 제작소의 찌꺼기인 똥 모양의 검은 마개로 불투명하고 단단해진다.

우화 시기는 당연히 온도에 따라 달라지고 상황에 따라서도 달라진다. 하지만 아직은 내가 이런 것들을 정확히 밝힐 처지가 못 된다. 1~2주의 애벌레 기간이 끝난 다음 7월에 짜인 고치는 8월 중에 성충을 내보내고 8월에 만들어진 고치는 9월에 열린다. 또 어떤 고치는 3개월의 여름 동안 어떤 상태에서 출발했던 겨울을 보내고 6월 말이 되어야 비로소 열린다. 출생증명서의 연구 결과

1년에 3세대가 발생하는 것으로 생각된다. 하지만 이런 3세대의 발생은 대체로 그런 것이지 모두가 항상 그런 것은 아니다. 6월 말에는 고치로 겨울을 지낸 첫 세대가 나오고 8월에는 둘째 세대가, 9월에는 셋째 세대가 나온다. 삼복더위에는 변화가 빨라서 3~4주면 청보석나나니의 한 주기가 충분히 완성되며 9월이면 기온이 떨어져 집짓기가 급히 끝난다. 마지막 세대의 애벌레는 탈바꿈을 하고 더위가 돌아오기를 기다린다.

3 본능의 착오

청보석나나니(*Sceliphron*)에 대한 관찰자로서의 내 임무는 끝났다. 그런데 누가 문헌에 자신의 견해만 잔뜩 늘어놓으면 그 가치에 별로 흥미가 없어짐을 내 자신이 가장 먼저 인정한다. 이 곤충이 우리 집에 드나들고 진흙으로 집을 짓고 식량으로 거미를 보급하며 언뜻 보면 양파 껍질 같은 주머니를 짠다는, 이 모든 세부 사항이 우리에게는 조금도 중요치 않다. 분류학이 전공인 사람은 그의 계보를 약간 밝히려고 날개의 맥상을 기록하는 데까지 열을 올릴 것이다. 하지만 보다 중대한 사상을 풍부하게 지닌 정신의 소유자라면 그런 것은 거의 유치한 수준의 호기심을 키우는 정도로밖에 생각지 않는다. 대단치 않은 영향력에 유익성마저 의심스러운 어떤 사실을 수집하느라고 시간을, 그렇게도 빨리 없어지는 우리의 시간을, 몽테뉴(Montaigne)[1] 의 말처럼 이 생명의 재료(에너지)를 소비할 가치가 있을까? 어떤 곤충의 행위를 그토록

1 Michel Eyquem de Montaigne. 1533~1592년. 프랑스 사상가. '내가 무엇을 아는가?(Que sais je?)'라는 말로 유명하다.

시시콜콜 알아내는 일이 유치한 짓은 아닐까? 훨씬 중대하며 대단히 많은 걱정거리가 우리 목을 조일 뿐 이런 장난에 쓸 만한 여유를 남겨 주지 않는다. 나이를 먹으면서 얻은 경험으로 이렇게 말하게 된다. 나 역시 요란스런 관찰에서 우리가 다룰 수 있는 가장 고귀한 문제에 대해 어떤 희미한 빛을 엿보지 못했다면 연구를 중단하고 이런 결론을 내렸을 것이다.

생명이란 무엇인가? 우리는 결코 생명의 기원까지 거슬러 오를 수 없는 것일까? 한 방울의 단백질로 조직의 전조인 희미한 전율을 일으킬 수는 있을까? 인간의 지능이란 무엇일까? 짐승의 지능과 어떻게 다를까? 본능이란 무엇일까? 두 정신적 적성은 서로 환원될 수 없는 것일까? 하나의 공통 요인으로 귀착하는 것일까? 종(種)들은 변이의 계보에 의해 서로 연결되어 있을까? 종들은 각기 서로 다른 모형이며 오랜 세월의 심한 공격에서 빠르든 늦든 멸망하는 것 외에는 영향 받지 않는 확고한 상패(표지)인가?[2] 이런 문제들은 지식인에게도 고민거리이다. 그런 문제를 풀려는 우리의 노력이 보람 없으니 인지(人智)가 미치지 못하는 혼돈 상태에 빠지라는 권고를 받으면서도 언제까지나 그것들이 고민으로 남아 있다. 오늘날 그 오만하고 대담한 학설은 무슨 문제든 답변한다. 하지만 이론적 견해가 천 개라도 사실 하나만큼의 가치는 없다. 결국 선입관에 의한 편견에서 해방된 사상가에게 확신이 서게 하려면 아직 멀었다. 이런 문제들에 대한 과학적 해결이 가능하든 아니든, 엄청나게 커다란

2 앞의 두 질문을 해결할 분야가 바로 분류학이다. 이를 위해 알려지지 않은 생물종까지 찾아 우선 이름 붙이기부터 시작해야 함을 몰랐던 파브르는 분류학을 완전히 오해했다.

횃불의 아주 확실한 자료들이 필요하다. 곤충학이 비록 분야 자체는 하찮을지라도 거기에 얼마만큼의 몫으로 가치 있게 이바지할 수 있다. 그래서 나는 관찰하는 것이고, 특히 실험을 하는 것이다.

관찰하는 것, 그 자체만도 얼마만큼의 일이다. 하지만 그것만으로는 충분치 않다. 실험을 해야 한다. 정상적인 흐름에 맡겨 두면 동물이 말해 주지 않을 내용을, 직접 개입해서 동물이 알려 줄 수밖에 없게끔 인위적 조건을 만들어야 한다. 동물의 행동은 그들이 추구하는 목적에 도달하려고 기묘하게 짜 맞춰진 것이며, 실행된 목적의 의미가 우리에게 강한 인상을 준 것들의 연관으로 우리의 논리가 예측했던 것을 인정하게 한다. 그때는 동물의 적성의 질과 활동의 기본적 동기를 동물에게 묻는 게 아니라 우리가 품은 견해를 묻는 것이다. 내가 이미 여러 번 증명했듯이 단순한 관찰은 곧잘 속임수가 된다. 그런 자료를 우리 학설의 요구대로 해석하는데 거기에서 진실이 우러나게 하려면 반드시 실험이 개입되어야 한다. 인간의 동물학이 실험적 학문임을 때로는 부정도 했으나 실험만이 지성이라는 어두운 문제를 조금 탐색할 수 있게 한다. 만일 동물학이 기재(記載)와 분류(分類)로만 그친다면 여기에 비난의 근거가 있을 것이다. 기재와 분류는 동물학의 역할에서 가장 작은 부분이다.[3] 동물학은 더 높은 목표를 가졌으며 생명에 대한 어떤 문제를 동물들에게 물어볼 때 그 질문서가 바로 실험이다. 만일 하찮은 내 분야에서도 실험을 소홀히 한다면 가장 강력한 연구 방법을 포기하는 셈이다. 관찰은 문제를 제기하고 실험은 문제를 해결한다. 해결될 수 있는 문제라면 말이다. 실험은 우리에게 완전한 광명을 줄 능력은 없어도, 적어도 헤아릴 수 없고 분명치 않은 한 조각에 얼마간의 빛을 비춰 줄 수는 있다.

청보석나나니를 다시 관찰해 보자. 지금이야말로 실험이라는 방법을 적용할 때이다. 얼마 전에 독방이 완성되었다. 사냥꾼은 첫번째 거미를 가져와 창고에 넣고 배에 알을 붙여 놓았다. 곧 두 번째 출장이다. 녀석이 없는 틈에 방안의 사냥물과 알을 핀셋으로 꺼낸다. 돌아온 녀석은 옹기 기술과 사냥 기술의 유일한 목적인 알이 없어진 이 집을 보고 어떻게 할까?

녀석은 아주 희미한 빛의 빈약한 지능만 있어도 그곳의 알의 유무를, 즉 도둑맞았음을 알아채는 것은 너무나 당연한 일일 것이다. 알만 있었다면 혹시 크기가 작아서 어미의 감찰을 벗어날지도 모른다. 그러나 큰 부피의 거미에다 산란했으니 돌아와서 새 사냥물을 첫번째 사냥물 옆에 내려놓을 때 더듬이와 시각으로 분명히 알아볼 것이다. 큰 물건이 없어졌으니 가장 초보적인 이성(理性)의 희미한 윤곽만 있어도 당연히 알까지 없어졌음을 단정적으로 인정할 것이다. 다시 한 번 말하지만 알이 없어졌으니 새로 알을 낳아서 그 불행한 사태를 바꾸지 않는 한 식량을 더 가져오는 것은 무의미해졌다. 그런 집에서 녀석은 과연 어떻게 할까? 헛간진 흙가위벌(*Megachile pyrenaica*, 피레네진흙가위벌)[4] 이 전에 보여 준 그대로 할 것이다. 하지만 덜 놀라운 상황에서 그럴 것이다. 청보석나나니는 터무니없는 일을 할 것이고 쓸데없

4 파브르는 『파브르 곤충기』 제2권 7장에서 헛간진흙가위벌은 틀린 이름임을 설명해 놓고도 자기가 지은 이 이름을 계속 쓰고 있어서 자주 혼란스럽다.

는 일로 지쳐 버릴 것이다.

　실제로 그는 비통한 일이 없었던 것처럼
두 번째 거미를 가져와서 예전의 쾌활함
과 열성으로 창고에 넣는다. 세 번
째, 네 번째, 또 다른 거미도 가
져온다. 그가 없을 때마다 거미
를 꺼내서 창고를 비워 놓았
다. 이틀 동안 넣고 또 넣어
끝없이 항아리를 채우려는 청보석
나나니의 고집이 계속되었다. 내 인내
력도 항아리 비우기를 이틀 동안이
나 계속했다. 20번째였다. 아마도
이제야 지나치게 반복된 원정으로

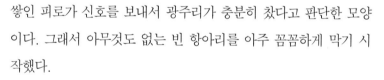

쌓인 피로가 신호를 보내서 광주리가 충분히 찼다고 판단한 모양
이다. 그래서 아무것도 없는 빈 항아리를 아주 꼼꼼하게 막기 시
작했다.

　전에 꽃가루를 털고 달콤한 퓌레를 토해 놓은 항아리 속의 꿀을
꺼내 버렸던 진흙가위벌도 이런 무의식적 행동을 보여 주었다. 그
들은 마치 빈방에 아직 식량이 들어 있는 것처럼 알을 낳고 문을
막았다. 나는 한 가지 문제만 걱정했었다. 즉 솜뭉치로 안쪽 벽을
문지를 때 번들번들한 꿀 자국이 남아서 식량이 없어도 그 냄새가
곤충을 속일지 모른다는 문제였다. 투박한 더듬이는 조용해도 예
민한 후각은 바로 알아차릴 수 있을 것 같아서였다. 마치 콩디야

크(Condillac)[5]의 저 유명한 조상(彫像)처럼 정신적 활동의 유일한 자극제는 장미꽃 향기였다. 곤충의 지능과 그 곤충의 연장은 확실히 다르다. 하지만 꿀벌에게는 꿀 냄새가 다른 반응을 속일 만큼 지배적인 것이 아닐까 하는 자문을 해본다. 어쨌든 식량이 안 들었어도 여전히 좋은 냄새로 가득 찬 항아리 속에 알을 낳는 것은 이런 식으로 설명될 것이며 애벌레가 굶어 죽을 독방을 꼼꼼하게 막는 것 역시 같은 동기에서일 것이다.

나는 궁지에 몰린 반론자의 마지막 수단, 즉 터무니없는 항의를 피하고 싶었다. 그래서 진흙가위벌이 보여 준 부조리한 행위보다 더 좋은 자료를 얻고 싶었는데 방금 청보석나나니가 그것을 보여주었다. 여기는 먹이 냄새를 칠할 수도 없고 또 달리 어미벌에게 식량의 유무를 속일 만한 수단도 없다. 꺼낸 거미가 그 방안에 머물렀었다는 흔적도, 알의 흔적도 남지 않았다. 따라서 벌에게 물체 감지능력이 있다면 방안이 비었음을 분명히 알 수 있다. 그런데도 아무 일 없이, 일상적 행위의 순서를 바꾸지 않았다. 이틀 동안 있어야 할 물건이 일일이 꺼내졌고 20마리의 거미가 하나씩 물려 왔다. 처음부터 없어진 알을 위해 사냥이 끈질기게 계속되었고 마지막에는 정상적인 상황과 똑같이 입구가 정성스럽게 봉해졌다.

이렇게 이상야릇한 일에서 일어난 결과에 대해 말하기 전에 한층 더 충격적인 경험을 말해 보자. 역시 청보석나나니에게는 손해되는 이야기이다. 독방들 무더기를 다 짓고 나면 그 둥지에 초벽을 바르고 거친 진흙 덮개를 입혀서 질그릇

5 Etienne Bonnot de Condillac. 1714~1780년. 프랑스 철학자. 감각론으로 유명하며 장미 냄새를 맡고 조각상이 움직였다는 글을 썼다.

의 우아함을 그 밑으로 사라지게 한다는 말도 이미 했다. 나는 우연히 한 마리가 덮개를 씌우려고 첫번째 진흙 알맹이를 펴는 것을 보았다. 둥지는 회반죽을 바른 벽에 붙어 있었다. 새로운 것을 보게 되리라는 막연한 희망에서 그 둥지를 뜯어낼 생각이 났다. 실제로 새로운 일이 벌어졌다. 감히 예측도 못할 만큼 터무니없는 일이 벌어진 것이다. 우선 둥지는 뜯겨서 내 호주머니 속으로 들어갔고 그 자리에는 진흙 덩이의 가장자리를 표시하는 얇은 그물 조각만 남았다. 이 둘레 안에는 조금씩 남아 있는 진흙 조각 사이로 벽에 발랐던 회반죽의 흰 색깔이 다시 보였다. 이제는 잿빛이 돌던 곤충의 집과는 아주 다른 색이다.

진흙 덩이를 가져온 청보석나나니는 내가 인식할 정도의 망설임조차 보이지 않고 그 빈자리에 내려앉아 덩어리를 내려놓고 조금 펴서 바른다. 작업이 위층까지 진행되지는 않아 항아리를 들어낸 자리에 칠하는 것에 불과했다. 그런

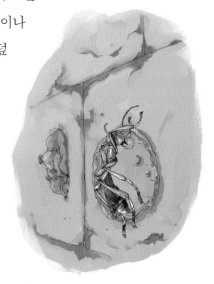

데도 작업에 공을 들이는 열성이나
침착성으로 보아 정말 제집을 덮
는 것으로 믿고 있음에는 의심
의 여지가 없었다. 제 빛깔과
높았던 흙덩이가 없어지고
빤빤한 표면이 생긴 것은 녀
석에게 집이 없어졌음을 알
려 주지 못했다.

이것은 일을 너무 열심히 하

다가 일시적인 부주의로 저지른 경솔함일까? 아마도 이 곤충이 자신의 오류를 알아채고 쓸데없는 작업을 중단하겠지. 그런데 그게 아니었다. 그가 30번가량 돌아오는 것을 보았다. 올 때마다 틀림없이 흙덩이를 가져와서 둥지의 기초와 벽에 남아 있던 흙 자국 그물 안에 펼쳐서 발랐다. 빛깔, 형태, 불룩한 흙덩이 따위의 기억력은 도무지 자신의 둥지였음을 알려 주지 못하는 반면, 세밀한 지형에 대해서는 놀랄 만큼 충실하게 일깨워 준다. 녀석의 기억력은 중요한 것은 기억하지 못하고 부수적인 것은 철저하게 기억한다. 지형으로는 거기에 집이 있으나 건물이 없어졌음은 사실이다. 하지만 건물 받침이던 기초는 남아 있으니 그것이면 충분한 것 같아 보였다. 적어도 청보석나나니는 지금 건물이 놓여 있지 않은 표면에 초벽을 바르려고 진흙 운반에 몸을 아끼지 않고 있다.

전에 진흙가위벌도 나를 매우 놀라게 했었다. 녀석들은 집의 받침돌이 놓였던 지점에 대한 기억력은 정확했으나 건물 자체에 대한 분별력은 없어서 한 녀석의 집을 아주 다른 상태의 집으로 바꾸어 놓아도 하던 일을 중단하지 않았다.[6] 이렇게 빗나간 판단은 청보석나나니가 한술 더 떠서 집터밖에 남지 않은 상상의 건물에다 마지막 흙손질을 했다.

과연 둥근 지붕의 건축가보다 더 우둔한 지능이 있을까? 곤충들의 공통적인 적성은

6 『파브르 곤충기』 제1권에서는 피레네진흙가위벌이 아닌 담장진흙가위벌(Chalicodoma muraria)로 실험했었다. 한편 Rasmont P. 등 학자 5명은 2003년도의 국제학회 간행물에서 파브르가 부른 담장진흙가위벌(muraria)은 조약돌진흙가위벌(M. parietina)의 잘못이라는 논문을 발표하였다. 따라서 전자는 모두 후자의 종명으로 바뀌어야 한다. 그러나 대다수 경우 이 종류는 제3권 이전에 이미 소개되었고 이제부터는 약간만 출현하는데, 정리한 학명으로 번역하면 불합리하며 곤란한 문장이 될 것이다. 그래서 앞으로 등장하는 진흙가위벌도 원문대로 번역한다.

56

종류 간에 큰 차이가 없는 것 같다. 정상적일 때 행하는 행동을 보고 그것에 관한 한 가장 재능이 있다고 생각되었던 곤충도 실험자가 녀석의 본능의 흐름을 방해하면 다른 곤충과 똑같이 아주 열등한 지능을 보였다. 만일 진흙가위벌에게도 적당한 때 비슷한 행동을 시켜 볼 생각이 났었다면 거의 틀림없이 청보석나나니와 같은 무의식적 행동을 보았을 것이다. 원래 초벽을 쌓던 이 벌도 청보석나나니처럼 자갈에서 떼어 낸 둥지 기초에 벽을 쌓았을 것이다. 학설 제조가들이 짐승도 가졌다고 주장하는 희미한 빛의 이성에 대해 나의 신뢰가 크게 흔들려서 별로 칭찬이 아닌 미장이벌에 대한 내 판단이 경솔하다고 생각하지는 않는다.

옹기 제조 기술자는 내 눈앞에서 진흙 알갱이를 30번이나 가져다가 둥지가 떨어져 나간 벽에 펼쳐서 발랐다는 말을 방금 했다. 녀석이 고집통이임을 잘 알고 난 다음 아직도 분주하게 쓸데없는 일을 계속하는 것을 보며 떠났다. 이틀 뒤에 다시 그 자리로 가 보았다. 발라 놓은 진흙 덩이가 완성된 집의 모양과 다르지 않았다.

방금 나는 곤충의 불완전한 지능이 어디서나 거의 같은 한계를 지녔다고 주장했다. 한 곤충이 정확한 판단력이 없어서 벗어날 수 없는 어려움은 다른 곤충도 어느 종이든 벗어나지 못할 것이다. 다양한 자료를 얻어 보려고 나비류에서 새로운 사례를 찾아보기로 했다.

공작산누에나방(Grand-Paon: *Saturnia pyri*)은 이 지방의 나방 중 가장 큰 종이다. 종령(終齡) 송충이는 누런색인데 검정색 털이 둘러싼 청록색 점무늬가 있으며, 편도나무 밑동에서 실로 길쌈한다.

녀석의 튼튼한 고치 짜기 솜씨는 오래전부터 유명하다. 누에나방 (Bombyx du mûrier: *Bombyx mori*)은 고치에서 탈출할 때 위장 속의 특별한 용해제를 고치 벽에 토해 내서 거기를 부드럽게 하고 실의 고무풀 성분을 녹인다. 그래서 머리로 밀면 열리는 출구를 만든다. 이 용해제 덕분에 갇혀 있던 나방은 자신의 비단실 감옥을 앞이나 뒤, 또는 옆이라도 공략할 수 있다. 이는 고치를 가위로 가르고 그 안의 번데기를 이리저리 돌려놓은 다음 다시 꿰매 놓은 고치에서 확인했다. 탈출하려고 뚫어야 할 곳을 내 마음대로 정해 놓아도 토해 낸 액체가 거기의 벽을 빨리 적셔서 부드럽게 했다. 갇혀 있던 녀석은 엉킨 실 사이로 앞다리를 무기처럼 사용하고 이마로 밀어서 정상일 때처럼 쉽게 통로를 만든다.

공작산누에나방은 용해제를 이용해 탈출하는 방법을 갖지 못했다. 그의 위장은 감옥의 담장 허물기에 적당한 부식제 제조 기술이 없다. 고치 속의 번데기를 뒤집어 놓은 다음 다시 꿰매 놓으면 녀석은 탈출 능력이 없어서 죽는다. 뚫을 지점이 바뀌자 해방이 불가능해진 것이다. 따라서 금고 같은 그 고치에서 나오려면 누에나방의 화학적 방법과는 무관한 특별한 방식이 필요하다. 여기서 다른 사람들의 이야기를 들어 보자.

고치의 앞쪽 끝은 원뿔 모양인데 실들이 서로 붙지는 않았다. 나머지는 둥글고 어디나 비단 씨실이 고무풀 같은 물질로 단단히 붙어 있어서 물이 스며들지 않는 질긴 양피지 같다. 앞쪽 실들은 거의 직선으로 뻗어 끝이 한 점으로 모였으나 서로 붙지는 않아 일련의 원뿔 말뚝 울타리 같다. 이 울타리의 공동 바탕은 둥근데 여기는 접착제가 쓰이지 않
았다. 이런 배치는 통발의
아가리 모양인데 달리 적당
하게 표현할 말이 없을 것
같다. 물고기는 버들가지
깔때기를 따라 통발 입구로
쉽게 들어가지만 되돌아 나
오려는 시도를 조금만 해도 좁
은 통로의 말뚝 울타리가 점점 더 촘
촘해져서 무모한 녀석이 다시는 나오지 못하게 한다.

또 다른 비교는 입구의 입 부분이 잘려 원뿔처럼 모아진 철사
다발의 쥐덫이다. 미끼에 끌린 쥐는 살짝만 밀어도 입구를 넓히면
서 들어간다. 하지만 그렇게 말을 잘 듣던 철사들이 나가려 할 때
는 넘을 수 없는 미늘창(끝이 두세 가닥으로 갈라진 창) 같은 장벽이
된다. 이 두 기구는 들어갈 수 있으나 나올 수는 없다. 원뿔 말뚝
울타리를 반대로 배치해서 안쪽에서 바깥쪽으로 향하게 해보자.
그러면 역할도 뒤집혀서 나올 수는 있고 들어갈 수는 없다.

공작산누에나방의 고치가 바로 이런 경우인데 좀더 완벽한 수준
이다. 이 고치의 통발 같은 아가리는 일련의 많은 원뿔이 서로 맞
물리면서 점점 낮아지는 형태이다. 나방이 나오려면 이마로 곧장
밀기만 하면 된다. 그러면 서로 분리된 채 늘어선 여러 겹의 실이
어렵지 않게 열린다. 갇혀 있던 노예가 풀려나면 그 실들이 제자리
로 돌아가 안에 누가 들었는지조차 보여 주지 않는다.

하지만 드나들기가 완전히 자유로운 것은 아니다. 탈바꿈이 진행될 때는 침범당하지 않을 은신처가 필요하다. 그래서 집 안의 대문이 마음대로 나올 수는 있어도 들어갈 때는 닫혀서 악한의 침입을 막아야 한다. 통발 같은 장치가 이 조건을 갖췄으며 공작산누에나방의 안전에는 이런 출입 장치가 필요하다. 이 집에 침입하려는 자가 집중된 실을 밀면 밀수록 더 큰 장애물이 되어 그 많은 울타리 뚫기 시도를 포기하게 된다. 훌륭한 작품은 모두 그렇듯이 방법의 단순함과 결과의 중요성을 결합시킬 줄 아는 이 자물쇠의 비밀을 속속들이 알아도 소용이 없었다. 빈 고치의 입구로 연필을 들여보내려다 번번이 경탄했었다. 안에서 밖으로 밀면 바로 나오지만 밖에서 안으로 밀면 이보다 큰 저항은 없을 정도로 가로막힌다.

이렇게 사소한 일을 말하고 또 말하는 것은 실 말뚝 울타리를 잘 만드는 것이 이 나방에게 얼마나 중요한가를 보여 주기 위함이다. 잘 정돈되지 않고 헝클어져서 밀 때 밀리지 않으면 일련의 맞물린 원뿔의 저항을 극복하지 못할 것이다. 그러면 애벌레의 정확치 못한 솜씨에 희생된 나방이 죽게 될 것이다. 기하학적으로 짓기는 했어도 양이 충분치 못해서 엉성하게 짜인 울타리 은신처라면 외부의 위험에 노출될 것이고 따라서 번데기는 침입자의 먹이가 될 것이다. 졸고 있는 번데기를 노리는 침입자는 아주 많다. 그래서 이 두 가지 효과를 지닌 입구가 애벌레의 생명과 관계된다. 선견지명과 이성적 번득임이 상황을 요구할 때 애벌레가 변형의 재주를 가졌다면 여기에 모두 써먹어야 한다. 어쨌든 애벌레는 자신의 가장 훌륭한 재능을 이 일에서 모두 드러내야 한다. 녀석의 작업 모습을 지켜보자. 그리고 실험을 개입시켜 보자. 그러면 녀석의 이상한 점들을 발견하게 될 것이다.

고치와 출입문 제작은 함께 진행된다. 애벌레가 벽의 어느 부분을 짠 다음 몸을 돌려 끊기지 않은 실로 중심을 향한 말뚝 울타리를 세운다. 이때는 애벌레가 착수한 깔때기의 밑까지 머리를 내밀었다가 다시 들여와 실이 겹쳐지게 한다. 이렇게 머리를 번갈아 이동하여 서로 달라붙지 않는 한 바퀴의 이중 실이 된다. 한 바퀴를 도는 시간이 오래 걸리지는 않는다. 말뚝 울타리를 한 줄 박아 놓은 애벌레는 다시 고치 짜기를 하다가 또다시 깔때기 작업을 계속한다. 이렇게 여러 번 반복하는데 직물이 튼튼하도록 실들을 붙여야 할 때는 고무풀 성분을 많이 분비하고 분리되어야 할 때는 분비를 중단한다.

나올 때 쓰이는 깔때기는 우리가 본 것처럼 계속적으로 만들어지는 게 아니다. 고치 짜기 전체의 진행에 따라 그 일을 단속적으로 실행한다. 실 잣기 기간의 처음부터 끝까지, 즉 비단실 저장소가 바닥나지 않은 한 고치의 나머지 부분도 소홀히 하지 않으면서 깔때기의 기초를 증가시킨다. 기초들은 서로 맞물리는 원뿔 모양으로 나타나는데 그 각이 점점 둔해져서 마지막에 뽑아낸 실은 유난히 낮아 거의 편평한 표면처럼 될 정도였다.

녀석의 작업을 아무도 방해하지 않으면 사물의 원인을 이해하고 정확히 판단한 솜씨가 반대하지 않을 정도로 완전하게 진행된다. 애벌레는 자신이 해놓은 일의 중요성과 겹쳐 놓은 미래의 원뿔 말뚝 울타리의 역할을 조금이라도 상상해 볼까? 이 점을 이제 알게 될 것이다.

애벌레가 벽 쪽의 실 잣기에 골몰하는 동안 입구의 윈뿔 끝을 가위로 잘랐다. 그래서 고치에 구멍이 뻥 뚫렸다. 애벌레는 곧 몸을 돌려 방금 생긴 커다란 구멍으로 머리를 내민다. 바깥을 살피지만 갑자기 일어난 사고에 앞을 내다보기만 하는 것 같다. 가위로 파괴된 재난을 극복하려고 윈뿔을 다시 완전하게 만들 것을 나는 기대했었다. 사실상 애벌레는 얼마 동안 일을 계속했다. 중심 쪽으로 향한 실을 한 줄 세워 놓았다. 그런데 재난에 대한 걱정은 없으며 실 분비 돌기를 다른 곳에 가져다 대고 고치를 두껍게 하는 일을 계속했다.

틈이 생긴 곳에 만들어 놓은 윈뿔은 듬성듬성 세워진 살뿐이라 나는 커다란 의혹을 갖게 되었다. 게다가 높이가 낮아서 처음에 세웠던 윈뿔과는 분명히 다른 모습이었다. 처음에는 수리 공사라고 생각했던 작업인데 실제로는 현재의 제 일을 계속한 것에 지나지 않았다. 괴로움의 시련을 맞이할 이 애벌레는 자기 일에서 방향을 바꾸지 않았다. 위험이 닥쳤어도, 가위질을 했어도, 앞에 세웠던 실에 다시 실을 끼워 놓기 작업만 하는 것이었다.

얼마 동안 녀석이 하는 대로 내버려 두었다. 그리고 입구가 강화되었을 때 다시 잘랐다. 녀석은 역시 통찰력이 없었다. 사라진 윈뿔 대신 훨씬 각도가 낮은 뿔들을 만들어 놓았다. 아주 긴급해졌음에도 불구하고 철저히 수리하려는 시도는 없이 항상 하던 일만 계속했다. 만일 비축된 비단실이 거의 소진되어 소량밖에 남지 않은 재료로 재주껏 수리하느라고 시련을 겪었다면 나는 그 불행한 애벌레를 동정했을 것이다. 하지만 실은 부족하지 않았다. 그런데도 녀석은 어리석게도 이미 튼튼한 고치에다 벽지를 보충하는 데만 재료를 물 쓰듯 했다. 방치해 두면 집 안에 있는 자신을 어느 도둑에게 내줄 판인데 울타리 짓기에 쓰는 것은 인색했다. 멀쩡한 곳에 실을 입히고 또 입히면서도 뚫린 곳에는 보통 때의 분량밖에 쓰지 않았다. 모자라서 아껴 쓰는 게 아니라 늘 하던 일을 맹목적으로 계속하는 것뿐이었다. 아직 기회가 있을 때 오두막집의 수리에 신경 쓰지 않고 이제는 살 수 없게 된 집이니 없어도 될 벽지 바르기에만 전념했다. 그렇게도 대단한 어리석음을 보고 내 동정심은 경악으로 변했다.

세 번째로 다시 원뿔을 절단했다. 서로 맞물린 일련의 원뿔 만들기를 다시 시작할 때가 되자 방해가 없을 때의 작업과 똑같이 원뿔 모양으로 실을 모아 빠진 곳을 메웠다. 그 모양으로 일이 끝나 감을 알 수 있었다. 얼마 동안 고치가 더 강화된다. 다음 휴식이 따르고 허약한 침입자의 접근조차 막지 못할 시원찮은 울타리로 보호된 집 안에서 탈바꿈이 시작된다.

어쨌든 불충분한 말뚝 울타리가 얼마나 위험한지의 인식이 서툰 애벌레는 원뿔을 자를 때마다 사고 전에 하던 곳의 일만 계속했다. 아직은 비축된 실이 풍부하니 얼마든지 부서진 입구를 제대로 보수할 수 있는데 그렇게 하지 않는다. 여러 겹의 원뿔을 새로 만들어 잘려 나간 구멍을 막지 않고 점점 낮아지는 몇 겹의 새 층만 만든다. 그것은 하던 일의 계속이지 없어진 층을 다시 만드는 것은 아니다. 그뿐만이 아니다. 생각 있는 사람이 볼 때는 절대적으로 필요한 이 울타리 쌓기 작업을 애벌레는 별로 걱정하는 것 같지도 않았다. 이 점은 고치 제작을 훨씬 더 급하게 여러 번 번갈아 가며 하는 것으로 알 수 있다. 마치 중대한 돌발 사고, 즉 불법 침입은 없는 것처럼 모든 일이 규정된 순서에 따라서만 진행되었다. 한마디로 말해서 애벌레는 이미 한 번 한 일이니 그것이 부서졌다고 해서 다시 하지는 않는다. 자신이 현재 진행 중인 일에 속하지 않아서 그렇다. 제작해 놓은 것의 첫 부분이 없어졌으나 상관없다. 새 설계만 변함없이 계속되는 것이다.

논쟁의 명확성이 필요하다면 이와 비슷한 예를 더 인용하는 것이 좋을 것 같다. 고도의 완전성을 갖춘 제작물을 만든 애벌레가 혜안의 적성을 부여 받았더라도 그 곤충의 지능에는 이성적 식별력이 확실히 부족한 경우의 예를 들어 보는 것이다. 하지만 지금 당장은 지금까지 언급한 세 가지 사례로 한정하자. 청보석나나니는 알을 기르려고 창고에 식량 쌓기를 계속한다. 이제는 목적이 없어진 사냥을 계속 고집하는데 내 핀셋이 매번 비워 놓은 식량 창고를 채우느라고 그런 것이다. 마지막에는 늘 해오던 대로 빈방을 정성껏 막았다. 아무것도 없는데 봉인하는 것이다. 녀석의 불합리는 이보다 더 심한 짓을 했다. 사라진 둥지가 있던 자리에 초벽을 바르고 상상의 건물 덮기 은폐 작업을 했다. 다시 말해서 지금은 내 주머니 속에 깊숙이 들어 있는 집에다 지붕을 얹었다. 한편 공작산누에나방 애벌레는 미래의 나방이 분명히 죽을 텐데 가위에 잘린 통발 입구를 다시 만들지 않았다. 정상적인 작업 순서를 조금도 변경치 않고 태평하게 실 잣기만 계속한다. 마지막 보호용 줄을 칠 때가 오면 실들을 위험한 틈에 세워 놓기는 해도 부서진 울타리를 보수하지는 않는다. 필요 불가결한 것에는 무관심하고 안 해도 되는 일에는 전념하는 것이다.

이 사실들에서 어떤 결론이 나올까? 내 곤충들의 명예를 위하여 그들에게 어떤 부주의가 있었던 것으로, 또한 전체적인 통찰력이 손상된 게 아니라 개별적으로 어떤 경솔함이 있었던 것으로 믿고 싶다. 즉 그들의 착오가 별도의 예외적인 행동이며 전체의 분별력 있는 행동과는 상관이 없다고 생각하고 싶다. 하지만 맙소사! 그들의 명예 회복을 위한 내 시도를 가장 명백한 사실들이 잠재워 버린다. 실험해 보면 모든 종이 같은 결과를 가져올 것이다. 결국 사실들의 냉혹한 논리로 어쩔 수 없게 된 나는 관찰이 말해 준 결과를 이렇게 표명하련다.

곤충은 자신의 활동에 자유도, 의식도 갖지 못했다. 그들을 위한 외적 기능의 상(相)들은 하나의 내적 기능의 상에 의해 엄격히 조절된다. 예를 들어 소화작용처럼 녀석들은 자신의 무기인 독액을 분비하거나 소화시킨다. 또한 제 고치의 비단실과 거기에 바를 접착제를 분비하듯이 언제나 수단과 목적을 알지 못하면서 미장일을 계속하고, 옷감을 짜고, 사냥하고, 단도로 찌른다. 녀석들은 제 위장의 오묘한 화학을 모르듯이 자신의 놀라운 재능 역시 모른다. 여기에 어떤 중요한 것을 보탤 수도, 빼낼 수도 없다. 자신의 등 쪽에 있는 혈관(=심장)의 맥박 수를 마음대로 늘이거나 줄이지도 못한다.

우연한 시련은 곤충에게 영향을 미치지 못한다. 어떤 곤충이 방해받지 않고 제 일을 하던 중 갑자기 어떤 상황이 벌어져서 업무의 진행에 어떤 변화가 요구되어도 하던 일만 역시 계속할 것이다. 녀석은 경험으로 배우지 못한다. 세월이 흘러도 암흑 속 무지에는 잠깐의 빛조차 비추지 않는다. 녀석들의 재주가 전문 분야에서는 완전하다. 하지만 마치 엄마 젖을 빠는 아기에게 흡입 펌프 재능이 전해지듯이 아주 사소한 새 어려움 앞에서의 무능함 역시 그대로 전해진다. 곤충이 자신의 재능에서 중요한 부분 바꾸기를 바라는 것은 젖먹이가 젖 빠는 법 바꾸기를 바라는 것과 같다. 양쪽 모두 자신들이 무엇을 하는지 모르면서 종족의 보존을 위해 부과된 방식을 꾸준히 이어 나갈 뿐이다. 바로 그들의 무식이 일체의 시도를 금지해서 그런 것이다.

결국 곤충에게는 생각하는 적성이 누락되었다. 생각해 보고 뒤로 돌아가서, 즉 그것 없이는 다음 일이 모든 가치를 잃게 될 앞일로 거슬러 올라가는 적성이 없다. 그의 재간 상(相) 안에서 행해진 모든 행위는 그것이 행해진 것 자체가 가치 있는 것으로 간주된다. 어떤 사고가 그것을 요구해도 곤충은 그 행위로 다시 돌아오지 못한다. 뒷일은 이미 사라진 앞 사건에 대한 생각 없이 따라가는 것뿐이다. 곤충은 맹목적인 자극으로 어떤 한 행위에서 둘째 행위를, 둘째에서 셋째 행위를 시작하는 식으로 일의 완성 단계에 도달한다. 그런데 우발적 상황이 아주 긴급하게 활동의 흐름을 거슬러 올라가도록 요구해 와도 그들에게는 그렇게 거슬러 올라갈 능력이 없다. 그래도 주기 전체를 모두 돌고 나면 논리가 결여된 일꾼에 의해 수행된 업무가 매우 논리적으로 완성된다.

일에 대한 자극은 쾌락의 유혹인데 이것이 곤충의 첫째 원동력이다. 어미는 미래의 애벌레에 대해서 조금도 예견하지 않는다. 가족을 길러야 한다는 의식을 가진 것도, 건축하는 것도 아니며, 사냥하거나 사냥물을 저장하는 것도 아니다. 일의 실제적인 목적은 불가피해서 한 것뿐이고 부차적으로 자극을 주는 목적, 즉 그가 느끼는 쾌락이 그의 유일한 길잡이이다. 청보석나나니는 독방에 거미를 잔뜩 집어넣으면 짜릿한 만족을 느낀다. 그래서 방안의 알이 없어져 식량 비축이 필요 없게 되었어도 계속 침착하게 열성껏 사냥한 것이다. 녀석은 진흙으로 제집의 외벽 바르기를 매우 즐긴다. 그래서 이 칠하기가 쓸데없음을 짐작하지 못하면서 벽에서 떨어진 집터 메우기 작업을 계속하는 것이다. 다른 곤충들도 마찬가지다. 그들의 오판을 비난하겠다면 다윈(Darwin)이 주장한 것처럼 곤충들에게도 조금이나마 이성의 빛이 존재함을 가정해야 할 것이다. 이성의 미미한 빛마저 없다면 비난 행위는 위력이 없다. 그들의 비정상적인 행위는 정상 노선에서 방해를 받은 무의식들이 피할 수 없는 필연적인 결과인 것이다.

4 제비와 참새의 둥지

청보석나나니(*Sceliphron*)로 두 번째 문제가 제기된다. 녀석은 우리
네 집을 드나들고 우리 난로의 열을 찾는다. 둥지는 단단하지 못
하며 물이 잘 스며들어 비에 침해당하고 어느 정도 계속적인 습기
에도 완전히 망가진다. 따라서 둥지를 의지할 마른 곳이 절대적으
로 필요한데 우리 집 안보다 더 좋은 곳은 어디에도 없다. 게다가
추위를 타는 체질이니 따뜻한 은신처도 필요하다. 어쩌면 아직 우
리 풍토에 적응하지 못한 외래 곤충, 즉 대추야자가 익는 고장에
서 올리브 고장으로 이사 온 곤충인지도 모르겠다. 여기는 태양열
이 충분치 못해서 인위적인 아궁이의 기후가 그 족속이 원하는 기
후를 보충해 주는, 즉 아프리카에서 이민 온 녀석인지도 모르겠
다. 다른 포식성 벌들과는 아주 다른 그들의 습성을, 즉 인간과 직
접 이웃하기를 꺼리는 모든 포식성 벌과는 아주 다른 습성을 이렇
게 설명해 본다.

하지만 녀석들이 우리 손님이 되기 전에 어떤 경로를 거쳐서 왔

을까? 기술이 발달하여 인간이 흙집을 지을 수 있게 되기 전까지는 어디에서 살았을까? 벽난로가 있기 전에는 한배의 새끼들을 어디서 깨웠을까? 근처 야산에는 고대인들의 흔적이 많이 남아 있다. 열대지방의 고대 카나카(Canaque, 하와이와 남양군도) 사람들이 규석을 다듬어 무기를 만들고 암염소 가죽을 긁어서 옷을 만들고 나뭇가지와 진흙으로 오두막집을 짓고 살았을 때, 청보석나나니가 벌써 그들의 오두막을 드나들었을까? 검은 흙을 엄지로 꾹꾹 눌러서 모양을 만들어 절반쯤 구운 배뚱뚱이 항아리 속에 둥지를 틀었다가 그런 선택을 오늘날의 후손에게 벽난로 위에 놓인 농부의 호리병을 찾으라는 비결로 전수했을까? 그 시대의 옷걸이였던 사슴의 가지 뿔에 걸린 늑대나 곰의 허름한 가죽 옷 주름 사이에 집을 지었다가 나중에 창문 커튼이나 농부의 작업복 따위를 점령하려고 제 역량을 시험했을까? 집터는 오두막 가운데다 4개의 돌을 놓아 만든 화덕의 연기가 빠져나가도록 원뿔 모양의 구멍 쪽에 나뭇가지를 엮어서 진흙을 입힌 벽을 더 좋아했을까? 지금의 우리 난로만은 못해도 그럭저럭 벽난로 구실을 하기에는 충분했었겠지.

여기서도 녀석들이 정말로 원시의 카나카 사람들과 같은 시대에 살았었다면 그 시원찮은 시작에서 오늘의 장소에 이르기까지, 녀석들은 얼마나 크게 진보했단 말이더냐! 인간의 문명은 녀석들에게도 큰 이익이 되었기에 점점 진보하는 인간의 안락을 제 것으로 만들 줄 알았다는 이야기로다. 지붕과 서까래와 천장이 있는 집을, 그리고 옆 벽면과 굴뚝이 있는 아궁이를 고안한 것을 보고 추위를 타는 그 녀석들은 이렇게 말했겠지. "여긴 정말 좋구나! 우리 천막을 여기다 치자." 낯선 장소였지만 그러면서 서둘러서 그 곳을 차지했다.

훨씬 더 이전으로 거슬러 올라가 보자. 청보석나나니는 오두막 집 전에, 바위 밑 피신처 전에, 또 세상 무대에 가장 늦게 출연한 인간 이전에는 어디에다 집을 지었을까? 이 문제가 흥미 없지는 않음을 곧 느낄 것이다. 창문과 굴뚝이 생기기 전에는 창문제비 (Hirondelle de fenêtre : *Hirundo → Delichon urbica* = 흰털발제비)°와 굴뚝제 비(H. de cheminée: *H. rustica* = 제비)°가 어디에 둥지를 틀었을까? 기와로 지붕을 덮고 벽에 구멍을 뚫기 전에는 그 녀석들의 가족을 위해 어느 오두막을 택했을까?

「시편」작가(Psalmiste)가 이미 '지붕에 홀로 있는 참새처럼(*Sicut passer solitarius in tecto*)'이라고 했다. 다윗 왕 시대에도 지금처럼 한창 더운 여름에 기와 밑에서 슬프게 짹짹거렸다. 그때의 건물도 지금 의 건물과 별로 다르지 않았다. 적어도 참새의 편에서는 그랬다. 그래서 기와 밑의 은신처가 오래전부터 선택되었다. 하지만 낙타 털 오두막밖에 없었던 팔레스티나(Palestine)에서는 참새가 어디를 집터로 정했을까?

로마 시인 베르길리우스(Virgile)가 호위병인 몰로스(molosse) 사 람 둘을 앞세우고 그를 맞이하는 아이네이 아스(Énée)[1]를 찾아간 에반드로스(Évandre)[2] 이야기에서 착한 에반드로스가 이른 아침에 새의 노래로 잠이 깨는 것을 우리에게 보여 준다.

1 트로이 전쟁에서 용맹을 떨친 영웅. 『그리스 로마 신화』(현암 사, 2002년) 337, 443~457 쪽 참조
2 그리스 로마 신화에 등장하며 아이네이아스와 동맹을 맺어 그 에게 도움을 준 인물

아늑한 빛의 지붕 밑에서 새들의 지저귐이
에반드로스를 변변치 못한 침대에서 일으킨다.

(*Evandrum ex humili tecto lux suscitat alma*
Et matutini volucrum sub culmine cantus.)

첫새벽에 라티움(Latium)[3]의 늙은 왕의 지붕 밑에서 지저귀던 새들은 어떤 새였을까? 나는 제비와 참새 둘밖에 생각나지 않는다. 이 둘은 저 음울하던 시대와 똑같이 지금도 내 거처의 변함없는 자명종이다. 에반드로스의 궁궐은 호화롭지 않았다. 시인도 숨김없이, 그것은 형편없는 집이라고 했다. 그뿐만 아니라 가구도 집이 어떠했는지를 알려 준다. 즉 고명한 손님에게 잠자리로 곰 가죽과 낙엽 더미를 주었다.

…… 나뭇잎과 곰 가죽을 깔고 그 위에 눕게 했다.

(…… *Strastisque locavit Effultum foliis et pelle Libysidis ursoe.*)

결국 에반드로스의 루브르(Louvre) 궁전은 다른 오두막보다 조금 컸고 아마도 나무 기둥에 갈대와 진흙으로 벽을 세웠을 것이다. 이런 촌스러운 궁궐에는 초가지붕이 어울렸을 것이다. 아무리 원시적인 집이라도 거기에는 제비와 참새[4]가 있었다. 적어도 시인의 말로는 그랬다. 하지만 이 새들은 인간의 가옥에서 잠자리를 얻기 전에 어디서 살았을까?

---

3 로마 설립의 기반이 된 이탈리아의 지명
4 우리나라 참새는 *Passer montanus*, 유럽산 참새는 *P. domesticus*이다.

참새, 제비, 청보석나나니, 그 밖의 많은 곤충의 솜씨가 인간의 솜씨에 종속될 수는 없다. 그들 각자가 기본적 건축술을 가졌을 것이고 그 기술을 이용할 수 있는 장소라면 최대한으로 이용했을 것이다. 혹시 더 좋은 상황이 나타나면 그것을 이용하고 그렇지 못하면 옛날 관습으로 돌아간다. 옛날 관습의 작업은 불편하겠지만 적어도 항상 가능은 하다.

벽과 지붕의 숙소가 없었을 때 제집 짓는 기술이 어땠었는지 참새가 제일 먼저 알려 준다. 나무에 뚫린 구멍이 녀석에게 훌륭한 집이 된다. 높은 곳에 있으니 경솔한 인간들로부터 보호되고 입구가 좁으니 비를 안 맞고 파인 안쪽은 넓이가 충분하다. 그래서 근처에 낡은 담벼락과 지붕이 많을 때도 즐겨 이용된다. 마을의 꼬마라면 누구든 이 사정을 잘 알아서 그 둥지에서 새알을 매우 자주 서리한다. 빈 나무 구멍, 즉 이것이 참새가 에반드로스의 오두막과 시온(Sion)의 바위 위에 세운 다윗의 요새보다 훨씬 이전에 썼던 처음의 숙소였다.

참새는 그 건축술보다 훌륭한 또 다른 능력이 있다. 깃털, 솜털, 짧은 털 뭉치, 지푸라기, 기타 잡다한 재료를 아무렇게나 쌓아 놓은 조잡한 매트가 넓게 펼쳐졌다. 하지만 그것은 반드시 고정될 필요가 있었을 것이다. 그렇지만 참새는 이런 난제 따위는 비웃으며 가끔씩 대담한 계획을 창출하는데 나는 그 비밀의 동기를 알 수가 없다. 녀석은 나무 꼭대기에 서너 개의 잔가지밖에 없는 둥지를 목표로 했다. 공중에 매달려 흔들리는 부적절한 침대의 집을 얻고 싶어 하는데 이런 집을 짓는 기술은 날실을 걸어 얽어매는 기술에 능통한 직조공, 광주리 제작자, 그리고 옷감 짜는 인간들의 전유물이다. 하지만 녀석도 그런 일을 성공적으로 한다.

참새는 몇 개의 가지가 갈라진 곳에 인가 주변에서 구할 수 있고 제집에 쓸 만한 것이면 무엇이든, 즉 떨어진 걸레 조각, 종잇조각, 실 토막, 양털 뭉치, 짚이나 건초 부스러기, 화본과 식물의 마른 잎, 물레의 토리대에서 버려진 실뭉당이, 공기 중에 오랫동안 노출되어 연해진 나무껍질 따위를 모은다. 이렇게 모아온 것을 서투르지만 서로 얽히게 하여 속이 빈 커다란 공에 작은 구멍이 뚫린 둥지를 완성한다. 둥근 지붕의 두께는 비를 충분히 막아 줄 정도가 되어야 하므로 기와 역할을 하는 공의 부피가 지나치게 커진다. 아무 기술도 없이 매우 거칠게 정돈된 집이다. 하지만 모양이야 어떻든 한 계절을 충분히 견뎌 낼 만큼 튼튼하다. 참새는 처음에 속이 빈 나무가 없으면 이렇게 지었을 것이다. 오늘날은 재료와 시간이 너무 많이 드는 이런 원시적 기술을 사용하는 일이 드물다.

두 그루의 커다란 플라타너스가 우리 집에 그늘을 드리우며 그 가지가 지붕까지 닿았다. 거기는 늦봄부터 여름까지 줄곧 완두콩 씨앗을 뿌린 곳이나 서양버찌에 비해서 너무나도 많은 수의, 또한 여러 세대의 참새가 모여든다. 넓게 푸른빛이 펼쳐진 그곳이 둥지에서 나오면 첫번째 휴게소가 된다. 어린 참새들이 모이를 쪼아 먹으러 날아가기 전에 여기에 모여서 한동안 재잘거린다. 밭에서 돌아오는 배부른 참새 떼도 잠시 머문다. 어미 참새들은 최근에 독립한 새끼들을 감시하며 경솔한 녀석은 타이르고, 겁쟁이는 격려하려고 이곳을 만남의 장소로 정했다. 여기서 부부싸움도 해결되고 그날 일어난 사건을 서로 이야기한다. 아침부터 저녁까지 지붕에서 플라타너스로, 플라타너스에서 지붕으로 끊임없이 오간다. 이렇게 부지런히 드나들어도 참새가 이 나뭇가지에 둥지를 튼 것은 12년 동안 한 번밖에 보지 못했다. 플라타너스에 공중 둥지를 틀기로 결정했던 한 쌍이 다음 해 다시 틀지 않은 것을 보면 그게 썩 만족스럽지는 않았나 보다. 그 뒤로 바람에 흔들리는 공 모양의 큰 둥지를 가지 끝에 매단 참새는 없었다. 기와 밑에 고정적이며 희생이 적은 은신처가 더 좋아서 그렇다.

이제 참새의 기본 기술은 충분히 알았다. 이번에는 제비가 무엇을 알려 줄까? 두 종의 제비, 즉 흰털발제비(*D. urbica*)°와 제비(*H. rustica*)°가 우리네 가옥을 드나든다. 그런데 그들의 학명이나 지방명은 아주 잘못 붙여졌다. 도시(urban)와 시골(rural)이라는 형용사로 전자는 도시제비, 후자는 시골제비라고 지어졌는데 두 형용사가 두 종 모두에게 적용될 수 있다. 도시에 머물거나 시골에 머무는 것 모두가 두 제비에게 공통이다. 창문과 굴뚝이라는 한정사 역시 사실로 확인되는 일은 드물어서 정확성이 떨어졌고 안 맞는 경우도 매우 잦았다. 두 종의 독특한 습성이 서로 다르다면 수용

둥지에 머문 제비 우리나라에는 봄에 왔다가 가을에 남쪽으로 떠나는 여름 철새로서 잠자리나 날파리처럼 공중 활동이 활발한 곤충을 잡아먹는다. 쉴 때는 전깃줄에 여러 마리가 나란히 일정한 간격을 두고 앉아서 계속 "쯧쯧쯧 쭈루르르르" 또는 "삐지 삐지 지지지지 쭈이" 하고 빠르게 지저귄다. 둥지는 진흙과 지푸라기로 추녀 밑에 반쪽짜리 밥그릇이나 사발 모양으로 짓는다.
목포, 18. VI. 06

가능한 모든 문체의 최고 조건인 명확성을 위해서 나는 전자를 벽제비(H. muraille), 후자를 집제비(H. domestique)라고 부르겠다. 그들 사이에 가장 눈에 띄는 차이점은 둥지의 형태이다. 즉 벽제비는 공 모양인데 새가 겨우 드나들 정도의 작고 둥근 문이 있는 둥지를 짓고 집제비는 넓게 벌어진 사발 모양의 둥지를 짓는다.

　벽제비는 집제비보다 덜 친숙해서 결코 우리네 집 안을 둥지 터로 택하지는 않는다. 녀석들의 둥지 터는 경솔한 인간과 멀리 떨어진 건물의 밖으로 높은 지지대가 필요하다. 그런데 녀석들의 진흙 둥지는 거의 청보석나나니의 둥지 수준이라 반드시 습기를 피하고 비를 막아 주는 차폐물이 필요하다. 그래서 가능한 한 집 밖의 지붕 가장자리 아래나 건물 돌출부 밑에 자리 잡는다. 매년 봄, 나는 이 제비의 방문을 받는다. 내 집이 녀석들의 마음에 든 것이다. 이 지방에서 지붕을 올리는 방법이 대부분 그러하듯 우리 집도 집 위에 반원형 기둥처럼 벽돌을 한 겹 쌓은 뒤 그 위에 여러 겹의 벽돌로 지붕을 올렸기에 지붕 가장자리 아랫부분에 벽돌 여러 겹이 노출되어 있다. 그래서 위에 얹힌 벽돌로 비를 피하고 남향의 따뜻한 기운을 잘 받는 일련의 반원 모양 벽감(壁龕)이 길게 이어졌다. 아주 위생적이며 매우 잘 보호되고 게다가 제 둥지의 설계도에 잘 맞는 이런 오두막 가운데서 새는 그저 선택 장소를 망설일 뿐이다. 집단이 아무리 커도 언제든 모두 들어갈 자리가 있어서 그랬다.

이 마을에서 벽제비의 마음에 드는 장소가 여기 말고는 유일하게 기념 건축물의 모양을 한 성당의 일부에서만 찾을 수 있다. 결국 이 제비가 우리 미장이에게 요구하는 것은 건물의 밖에 있으면서도 비를 막아 주는 벽이 유지되는 것뿐이다.

하지만 수직인 바위산은 자연의 벽이다. 거기서 바위 위쪽이 불쑥 불거져 나와 처마처럼 되어 있으면 벽제비는 거기를 우리 지붕의 가장자리처럼 접수할 것이 틀림없다. 사실상 조류학자들은 이 제비가 인가와 멀리 떨어진 산골의 수직 바위에 건조한 조건만 갖추어졌으면 깎아지른 그곳에 공 모양 둥지를 짓는다는 것을 잘 알고 있다.

이 근처에는 지공다(Gigondas) 산이 솟아 있는데 그 산은 내가 본 것 중 가장 이상한 지질학적 구조물이다. 긴 산맥이 너무 가팔라서 접근이 허용되는 곳을 겨우 찾아서 기어올라야 하며 그 꼭대기는 똑바로 서 있기가 겨우 가능한 정도이다. 마치 거인 타이탄(Titans)의 어떤 성벽처럼 가파른 등에 톱날 모양의 꼭대기를 이루고 있는데 발아래는 거대한 판자 모양 바위가 생생하게 펼쳐졌다.

그 고장 사람들은 이 거대한 벽을 톱니라고 부른다. 어느 날 그 밑에서 식물을 채집 하고 있었는데 거친 벽 앞 에서 한 떼의 새가 선회 운 동을 하는 것에 눈길이 끌 렸다. 나는 그들이 벽제비 임을 쉽사리 알아보았다. 조용히 나는데다 배가 흰색 이며 공 모양의 둥지가 바위에

붙어 있어서 충분히 알아본 것이다. 벽제비가 건물의 일부나 지붕 가장자리가 모자라면 깎아지른 바위에 둥지를 튼다는 것을 책 밖 에서는 이번에 처음 확인했다. 우리가 벽돌을 만들기 전 시대에는 이 새가 그렇게 둥지를 틀었을 것이다.

두 번째 종, 즉 집제비의 경우는 문제가 매우 까다롭다. 우리의 후한 인심을 아주 잘 믿고 또 어쩌면 추위를 더 타는 이 녀석들은 될 수 있는 대로 우리네 집 안쪽에 자리 잡는다. 부득이한 경우는 창틀을 끼는 벽 구멍이나 발코니 아래도 녀석들에게는 충분하다. 하지만 더 좋아하는 곳은 광이나 곳간, 마구간, 빈방 따위였다. 같 은 건물에서 사람과 함께 사는 녀석들은 친밀도가 너무 자연스러 울 정도였다. 자리 차지하기에는 청보석나나니 못지않게 겁이 없 어서 농가의 부엌에 자리 잡고 연기에 검게 그을린 서까래에 집을 짓는다. 옹기장이 곤충보다 더 대담해서 객실, 서재, 침실, 제 마

음대로 오갈 수 있는 곳이면 어디든, 또 제대로의 품격을 갖춘 곳이면 무엇이든 제 것으로 삼는다.

매년 봄, 녀석들의 대담한 침공에서 나 자신을 지켜야만 했다. 창고, 지하 창고 입구, 개집, 헛간, 그 밖의 부속 건물은 모두 녀석들에게 기꺼이 내준다. 하지만 욕심 사나운 녀석들의 계획은 그것으로 충분치가 않았다. 녀석들은 내 연구실을 요구했다. 한 번은 커튼걸이 막대에, 또 한 번은 열린 창문턱 가장자리에까지 자리 잡으려 했다. 나는 둥지 기초를 세우는 족족 헐어 버리면서 녀석들을 이해시켜 보려 했다. 창문은 수시로 닫아야 하니 움직이는 그 십자 모양 유리창살이 둥지에 얼마나 위험한지, 집과 새끼들을 으깨 버릴 위험이 얼마나 큰지, 커튼에 진흙을 묻히는 일과 나중에 새끼들의 똥이 얼마나 기분 나쁘게 하는지 따위를 녀석들에게 이해시켜 보려 했지만 모두가 허사였다. 결국 설득에 실패하고 말았다. 결국

은 그 녀석들의 고집스러운 계획에 종지부를 찍고자 창문을 닫아둘 수밖에 없었다. 혹시 너무 이른 시간에 창문을 열면 녀석들이 또다시 일을 시작하겠다고 부리에 진흙을 물고 들어온다.

이토록 고집스럽고 정중한 호의가 내게 얼마나 큰 대가를 치르게 했는지 경험으로

알게 되었다. 만일 책상에 어떤 귀중한 책을 펴 놓았다던가 아침 내내 작업해서 아직 붓 자국이 선명한 버섯 그림을 펴 놓은 채 놔두었다가는 녀석들이 지나가면서 그것에다 진흙 도장을 찍어 놓고 제 똥으로 서명을 남겨 놓을 게 분명하다. 이 작은 불행들로 나는 의심이 많아지고 그 귀찮은 손님에 대해 많이 조심하게 된다.

한번은 유혹에 넘어갔다. 둥지가 벽과 천장이 만나는 안쪽 모서리의 석고(石膏) 쇠시리 위에 자리 잡았다. 그 밑에는 까치발 달린 대리석 탁자가 있었는데 보통 때 참고할 책들을 놓아두는 곳이다. 사건을 미리 예견하고 이 보조 서재를 다른 데로 옮겼다. 부화할 때까지는 모든 일이 거의 잘 진행되었다. 하지만 곧 새끼들이 생기자 모습이 바뀌었다. 6마리의 갓 난 새끼는 먹이가 그냥 지나가는 정도로, 즉시 녹여 소화시켜 버리는 위장 덕분에 게걸스러움을 견디기가 어려웠다. 찰싹! 찰싹! 1분이 멀다하고 구아노(새똥) 비료가 비 오듯 까치발 탁자 위로 쏟아졌다. 아아! 가엾은 내 책들이 만일 거기에 있었다면! 비질을 아무리 해도 암모니아 냄새가 연구실을 가득 채웠다. 게다가 이 또한 얼마나 큰 구속이었더냐! 밤에는 방문을 닫았는데 아비는 밖에서 잔다. 새끼들이 조금 자란 다음에는 어미도 그랬다. 첫새벽이 되자마자 부모새가 창문으로 와서, 또 방문 유리 앞에서 비탄에 잠긴다. 슬퍼하는 부모들에게 창문을 열어 주려니 나는 아직 잠에 취한 눈꺼풀을 비비며 급히 일어나야만 했다. 그렇다. 다시는 유혹에 넘어가지 않겠다. 이제부터 밤에 창문을 닫아야 할 방에는 절대로 제비가 자리 잡는 것을 허락하지 않겠다. 너무 관대했던 호의로 낭패를 보았던 이야기를

귀제비(*Hirundo daurica*)
둥지 마을 부근의 논과 밭에서 생활하는 여름 철새인데 흔하지는 않다. 개인 주택보다는 사찰, 교량, 팔각정 등 콘크리트 구조물에다 짚과 진흙으로 터널식 둥지를 짓는 특징이 있으며 다른 제비처럼 날아다니는 곤충을 잡아먹는다.

써야 하는 이 방에 자리 잡으면 더욱 안 된다.

지금까지 보았듯이 사발 모양의 둥지를 짓는 제비는 우리 집 안에 터를 잡는다는 뜻으로 집제비라는 명칭을 가질 자격이 충분하다. 이 점으로 보면 새들 중 집제비의 존재는 곤충 중 청보석나나니의 존재와 같다. 여기서 참새와 제비의 문제가 다시 제기된다. 집이 생기기 전에는 이 제비가 어디서 살았을까? 건물이 가려 주는 곳 외의 다른 곳에서 녀석들의 집을 본 적이 없고 내가 참고한 저자들도 이 문제에 대해 더 많이 아는 것 같지도 않았다. 인간의 솜씨로 제공된 피신처 외에 이 새가 따로 채택하는 집터에 대해서는 아무도 한마디가 없다. 우리 사회에 오랫동안 드나들고 거기서 안락을 찾았으니 자기 종족의 원시적 관습을 철저하게 잊어버렸을까?

나는 그랬을 것이라는 생각을 쉽게 갖지는 않는다. 동물은 옛날 습성을 다시 기억해 내야 할 정도까지 잊어버리지는 않는다. 일부의 집제비는 오늘날도 어디선가 처음처럼 인간에 의존하지 않는 곳에 둥지를 틀 것이다. 관찰이 이렇게 택한 둥지에 대해 말해 주지는 않았어도 유추해 보면 그럴듯한 확실성이 이 침묵을 보충해 준다. 요컨대 우리의 가옥은 집제비에게 무엇을 주었을까? 소라고 둥 같은 진흙 둥지에 아주 해로운 일기불순, 특히 비를 막아 주는 피신처였다. 그런데 자연 동굴, 패인 곳, 바위가 무너지며 생긴 굴곡 모두가 어쩌면 덜 위생적일지는 몰라도 이들을 수용해 주는 아주 적당한 피신처가 될 것이다. 인간의 가옥이 없었을 때는 제비가 그런 곳에 둥지를 틀었을 것이라는 데는 의심의 여지가 없다. 매머드나 순록과 함께 살던 시대의 인간들은 바위 밑 숙소를 제비와 함께 이용했다. 그리고 사람과 제비는 서로 친밀해졌다. 다음, 발전에 발전을 거듭해서 동굴은 오두막으로 이어졌고 오두막에서 작은 집, 작은 집에서 제대로 된 건물이 뒤따랐다. 이 제비 역시 더 좋은 것을 위해 좋은 것을 버리고 사람을 따라 완전한 집으로 왔다.

새들의 습성에 대한 여담은 끝내고 그동안 얻은 자료를 청보석나나니에게 적용시켜 보자. 인가에서 솜씨를 발휘하는 여러 종류의 동물은 인간이 기술을 발달시켜 주거지를 짓기 이전부터 자연에서 그들의 솜씨를 발휘했을 것이고 그런 점은 지금도 변함없이 이어진다. 벽제비와 참새는 이를 뒷받침할 충분한 증거를 제시해 주었지만 자기만의 비밀을 지키는 데 더 철저한 집제비는 완벽하진 않지만 기의 확신에 가까운 가정을 세울 수 있는 증거를 주었다. 그리고 집제비만큼이나 조상에게서 물려받은 기술에 대해 발설하기를 고집스럽게 꺼리는 청보석나나니의 주요 거주지 문제는 오랫동안 풀지 못한 숙제로 남아 있었다. 우리 벽난로를 열심히 개척하는 이 곤충이 사람과 멀리 떨어졌을 때는 어디에 머물렀을까? 내가 그를 알게 된 것이 30년도 넘었는데 그 문제에 관해서는 언제나 물음표로 끝났었다. 인가 밖에는 청보석나나니의 흔적이 전혀 없었다. 하지만 나는 집제비에 대해서 아주 그럴듯한 해답을 주는 유추의 방법을 써 보았다. 그래서 따뜻한 쪽으로 향한 동굴 속과 바위 밑의 은신처를 찾아보았다. 하지만 한 번도 정보를 얻지 못했다. 이득도 없는 탐구를 여전히 계속하고 있었는데 지칠 줄 모르는 사람에게는 호의적인 우연이 보상해 주는 법이다. 그것도 세 번이나, 그리고 가장 불리할 것으로 추측했던 상황에서였다.

세리냥(Sérignan)의 옛날 채석장에는 수세기 전부터 쌓인 돌무더기가 많다. 여기는 들쥐들의 은신처로서 주변에서 따온 편도, 올리브 씨, 도토리 따위를 푹신한 마른 풀 위에서 깨 먹는다. 주식이 녹말인 이 식사법에 변화를 주어 달팽이도 먹는데 껍데기들은 어느 넓적한 돌 밑에 쌓인다. 버려진 이 조가비 무덤에서 가위벌붙이(*Anthidium*), 뿔가위벌(*Osmia*), 감탕벌(*Odynerus*) 따위의 여러 벌이 제 취미에 맞는 달팽이 소용돌이 속에 집을 짓는다. 나는 이런 보물을 찾느라고 해마다 몇 세제곱미터의 돌무더기를 뒤적이게 마련이다.

이렇게 뒤적이다가 청보석나나니가 지어 놓은 둥지를 세 번이나 만났다. 두 개는 깊은 돌무더기 속에서 두 주먹보다 별로 크지 않은 석회석에 붙어 있었고 세 번째는 둥근 천장처럼 넓고 평평한 돌 밑에서 발견했다. 가옥 밖으로 이사한 이 세 개의 둥지는 집 안의 것들과 전혀 다르지 않았다. 재료는 역시 탄력성 있는 진흙이었고 보호 장치도 같은 진흙으로 덮은 덮개였다. 그게 전부였다. 장소에 따른 위험을 생각해서 개량된 건축이 아니라 벽난로의 벽에다 지은 것과 똑같았다. 첫째 문제는 확실하다. 즉 이 지방에서는 매우 드문 일이나 청보석나나니는 어쩌다가 돌무더기 밑이나 땅과 맞닿지 않은 자연석 밑에 집을 짓는다는 것이다. 녀석들은 우리네 가옥 벽난로의 손님이 되기 전에는 이런 곳에 집을 지었을 것이다.

두 번째 문제를 따져 보자. 돌 밑에서 만난 세 둥지는 비참한 상태였다. 습기가 배어들어 지을 때 썼던 진흙보다 별로 단단한 상태가 아니었다. 쉽게 떼어 낼 수 없을 정도로 물렁물렁했다. 방들은 갈라졌고 색깔과 양파 껍질 같은 투명성으로 쉽사리 알아본 고치는 산산조각이 났다. 내가 발견한 시기에는, 즉 겨울에는 그 안에 있어야 할 애벌레의 흔적도 없었다. 그렇다고 해서 성충이 되어 탈출한 다음 시간이 많이 흘러서 망가진 오두막들이 아니다. 출구의 마개가 정확히 막혀 있는, 즉 아직 닫혀 있는 점으로 알 수 있다. 독방들은 옆구리가 비정상적으로 벌어졌다. 곤충이 해방될 때는 결코 이렇게 난폭하게 문을 부수는 일이 없다. 그것은 분명히 최근, 즉 지난여름에 지은 집이다.

둥지들이 퇴락한 원인은 장소가 충분히 보호받지 못한 상황에 있다. 돌무더기 안으로 비가 스며들고 평평한 돌 밑의 공기는 습기로 가득 찼다. 눈이라도 좀 오는 날이면 불행이 더욱 커진다. 이렇게 시원찮은 집들은 부서지고 무너져 내려 고치들이 부분적으로 드러났다. 흙 덮개로 보호되지 않은 애벌레들은 약자를 거둬들이는 강도들의 희생물이 되었다. 아마도 거기를 지나던 들쥐가 그

연한 애벌레들은 맛있게 먹었겠지.

이 폐허 앞에서 한 가지 의문이 생겼다. 청보석나나니의 원시적인 기술을 이 지방에서 이용할 자가 또 있을까? 옹기장이 곤충이 돌무더기를 찾아 그 속에 둥지를 틀고 제 가족에게 필요한 안전을, 특히 겨울을 누릴 수 있을까? 대단히 의심스럽다. 이런 상황의 둥지가 매우 드물다는 것, 그 자체가 그런 장소에 대한 어미의 혐오감을 나타낸다. 또한 발견한 둥지들의 퇴락한 상태가 그런 위험을 입증하는 것 같다. 청보석나나니가 너무 따뜻하지 못한 기후 탓으로 조상부터 내려온 솜씨를 제대로 발휘하지 못하게 된 점은 이 곤충이 다른 나라에서 왔다는 증거가 아닐지, 또한 줄기차게 오는 비와 특히 눈을 무서워할 필요가 없는 덥고 건조한 나라에서 온 이민자라는 증거가 아닐까?

나는 쉽사리 이 곤충은 아프리카에서 왔다고 생각한다. 이 곤충은 먼 옛날에 스페인과 이탈리아를 단계적으로 거쳐서 우리에게 왔고 올리브가 자라는 지방이 북쪽으로 확산(분산)의 한계가 되었다. 녀석들은 프로방스 지방으로 귀화한 아프리카 곤충이다. 사실상 거기서는 돌무더기 밑에 집을 짓는 일이 흔하다고 한다. 그렇더라도 인가에서 안녕을 얻게 되면 그것을 무시하지는 않을 것이라는 생각이다. 말레이시아에서는 인가에 자주 드나드는 것으로 보고되어 있다. 거기서도 우리 벽난로의 손님과 같은 관습을 가져서 창문 커튼처럼 흔들리는 천을 유별나게 좋아한단다. 청보석나나니들은 세상의 끝에서 끝까지 거미와 진흙 둥지, 그리고 인가의 지붕 밑 피신처를 선택하는 취미가 같았다.

5 본능과 통찰력

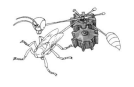

청보석나나니(*Sceliphron*)가 핀셋으로 알도 식량도 남겨 놓지 않은 빈방에다 거미를 꾸준히 채운 다음 규정대로 막고 방금 벽에서 떼어 낸 둥지가 있던 자리를 진흙으로 덮는 것을 보고 우리는 녀석의 지능이 참으로 형편없다는 생각을 하게 된다. 같은 실험의 대상이었던 진흙가위벌(*Chalicodoma*)과 공작산누에나방(*S. pyri*) 애벌레, 다른 여러 곤충도 똑같이 무의식적 행동을 했다. 정상적일 때 요구되는 행동의 순서가 사고를 당해서 이제는 소용없는 일련의 솜씨를 꾸준히 계속했다. 찧을 곡식이 없어도 돌아가기를 멈출 능력이 없는 물레방아처럼 그 녀석들은 일단 충격을 받으면 무가치한 일을 꾸준히 계속한다. 녀석들을 기계라고 불러야 할까? 나는 이런 어리석은 생각을 멀리 날려 버리고 싶다.

서로 모순된 사실들의 불안정한 땅에서는 똑바로 걸을 수가 없다. 걸음을 떼어 놓을 때마다 그 해석이 석탄 갱도 속으로 빠져 들 위험이 있다. 하지만 어떤 사실은 너무나도 명백해서 그것의 증언을 내가 이해하는 그대로 서슴없이 해석한다. 곤충의 정신세계에서는 아주 다른 두 분야를 구별해야 한다. 하나는 엄밀한 의미에서의 본능으로, 곤충이 자신의 목표를 달성하는 데 가장 놀랄 만한 솜씨가 주관하는 무의식적 충격이다. 경험과 모방이 절대로 따를 수 없는 곳에서 본능은 무슨 일이든 엄격한 규칙을 강요한다. 미지의 가족을 위해 어미가 집을 짓게 한 것도, 식량을 비축하도록 권한 것도, 식량이 보존되도록 사냥감의 신경중추를 단검으로 교묘히 찔러 마비시키게 한 것도 본능이었다. 곤충이 만일 분별력 있게 행동했다면 선견지명의 이성과 완전한 지식이 개입된 행동으로 대중을 선동하는 것 역시 본능이다.

이 속성(본능의 능력)은 처음부터 그 나름대로 완전한 것이다. 그렇지 않으면 후손은 없을 것이다. 세월은 거기에다 무엇을 보태지도, 빼지도 못한다. 어떤 특정 종에서 본능이 그러했으면 오늘도 그렇고 미래에도 그대로 남아 있을 것이다. 그래서 동물학상의 모든 특징 중 가장 변하지 않는 특징이 될 것이다. 그 본능이 실행되는 것은 자발적이지도, 의식적이지도 않다. 위장의 소화와 심장의 고동이 자발적이지도, 의식적이지도 않은 것과 같다. 그 작용은 단계가 미리 정해져 있고 반드시 한 작용에 의해 다른 작용이 이끌어진다. 하나가 움직이기 시작하면 그 다음 것도 따라서 움직이게 되는 톱니바퀴와 같은 장치가 연상된다. 이것이 곤충의 기계적인 면이다. 그래서 본능 없이는 실험자가 길 잃은 청보석나나니의 엄청난 무분별을 설명할 수 없을 것이다. 어미젖에 처음 입을 대는 어린양이 젖먹이로서의 까다로운 솜씨를 발휘하는데 자유가 있고 의식이 있어서 이루어지는 것인가? 훨씬 까다로운 곤충의 새끼 양육도 그 솜씨 면에서는 마찬가지다.

그러나 스스로를 모르는 강직한 지식의 순수한 본능만 단독적으로 존재한다면 곤충은 끊임없는 돌발 상황의 충돌 속에 무방비 상태에 놓일 것이다. 일정 기간 내의 두 순간이 똑같지는 않다. 바탕은 그대로 있어도 부차적인 것은 변하여 돌발 사건이 사방에서 불쑥불쑥 튀어나온다. 이렇게 혼잡스럽게 뒤얽힌 가운데서 찾고, 받아들이고, 거절하고, 선택하고, 어느 것을 보다 나은 것으로 판단하여 다른 것을 무시하려면 어떤 안내자가 필요하다. 다시 말해서 이용할 기회가 주어졌을 때 그것을 이용하려면 안내자가 필요하다. 이 안내자를 곤충은 확실히 가지고 있다. 아주 분명하게 가지고 있다. 이것이 곤충의 정신세계에서 두 번째 분야이며 여기서는 곤충도 경험을 의식해서 더 완전해질 수 있다. 이런 불완전한 속성을 너무도 고상한 단어 '지능'이라고 감히 부르지는 못하겠기에 나는 '통찰력', 때로는 '분별력'이라 부르겠다. 곤충은 가장 고상한 그 특권으로 통찰하고 한 물체와 다른 물체를 구별한다. 물론 자신의 기술 범위 안에서이다. 그리고 이것이 거의 전부이다.

순수한 본능 행위와 통찰 행동을 같은 종류로 혼동하는 한 우리는 주어진 문제에 대해 한 발자국도 전진하지 못하면서 계속 격한 논쟁과 끝없는 토론에만 말려들 것이다. 곤충은 자신이 하는 일을 의식할까? 때에 따라 그렇기도 하고 안 그렇기도 하다. 안 그런 경우는 그의 행위가 본능 분야에 속하는 것이고 그런 경우는 통찰 분야에 속하는 것이다. 곤충은 자신의 습성을 개선할 수 있을까?

만일 본능과 부합한 습성이라면 안 된다. 절대로 못한다. 하지만 통찰력과 부합하면 개선할 수 있다. 이런 근본적인 차이를 몇 가지 예로 분명히 밝혀 보자.[1]

청보석나나니는 무른 진흙으로 방을 만들었다. 이것은 이 옹기장이의 변함없는 특성인 본능이다. 그는 집을 언제나 그렇게 지었고, 또 언제까지나 그렇게 지을 것이다. 오랜 세월도 결코 생존경쟁을 알려 주지 않을 것이고 자연선택도 결코 진흙가위벌을 본받아 마른 흙으로 시멘트를 만들도록 권하지 않을 것이다. 진흙집은 비를 막아 줄 차폐물이 필요하다. 처음에는 돌 밑에 숨는 것으로 충분했다. 하지만 이 옹기장이가 더 훌륭한 것을 발견하면 거기가 사람의 집이라도 그곳에 자리 잡는다. 이 행위는 더 완전해질 수 있게 하는 것의 근원인 통찰력에 의한 것이다.

녀석은 새끼들에게 거미를 식량으로 대준다. 이것은 본능이다. 기후, 경도나 위도 차이, 시간의 흐름, 사냥감의 많고 적음 따위는 이 식단에 변화를 주지 못한다. 비록 애벌레는 인간이 제공한 다른 식단에 만족했더라도 마

1 경험을 인식한 것은 이미 학습됨을 의미하며 현대 생물학에서는 통찰력, 학습, 지능을 완전한 별개의 범주로 보지 않는다. 한편 본능이란 용어는 정확히 정의할 수 없는 것으로 보는 경향이 있다. 파브르는 내장기관의 활동이 자율신경계의 지배를 받아 움직인다는 사실을 몰랐기에 이런 운동을 본능적 행동으로 해석했다.

찬가지다. 조상들이 거미 먹이로 성장했고 후계자도 같은 요리를 먹었으니 장래의 후손들도 다른 요리는 모를 것이다. 아무리 유리한 상황이 벌어져도, 가령 그에게 거미만큼의 값어치가 있는 어린 메뚜기를 받아들이라고 설득해 봐야 소용없는 짓이다. 본능이 절대적인 식사법으로 그를 묶어 놓아서 그렇다.

특별히 선호하는 식품, 즉 왕거미가 없으면 먹이를 대주지 못할까? 어떤 거미든 녀석에게는 다 맛있으니 창고를 채워 줄 것이다. 이것은 통찰력이며 상황에 따라서는 이 융통성이 너무 경직된 본능의 약점을 보완해 준다. 이 사냥꾼은 수많은 사냥감 중에서 거미와 거미가 아닌 것을 식별한다. 그래서 제 본능 분야를 이탈하지 않고도 가족에게 식량을 대줄 수 있다.

까다로운 성미의 쇠털나나니(Ammophile hérisée: *Ammophila→ Podalonia hirsuta*)는 한 마리의 커다란 벌레만 가슴과 배의 신경중추 수만큼 침질로 마비시켜서 새끼에게 준다. 괴물을 정복시키는 그 녀석의 수술 실력은 그것을 후천적 습관으로 보려는 일체의 막연한 생각을 가장 완벽하게 반박하는 본능의 징표이다. 우연한 행운이든 조상부터 내려온 유전성이든 처음부터 완전하지 않았을 경우라면, 그리고 시간이 흐르면 괴물 다루는 법이 개선된 기술자로 남겨질 수 있을까? 어느 날 희생된 회색 송충이 대신 다음 날은 초록, 노랑, 알록달록한 벌레가 올 수도 있다. 이것은 옷 빛깔이 아주 다양해도 규정에 맞는 식품임을 제대로 판단하는 통찰력이다.

가위벌(*Megachile*)은 둥글게 자른 나뭇잎으로 꿀 부대를 만들고 가위벌붙이(*Anthidium*)는 종에 따라 솜으로 자루를 만들거나 송진으로 항아리를 만든다. 이런 것은 본능이다. 나뭇잎 자르는 곤충이 처음에는 솜 일을 했을지도 모른다는 이상한 생각을 가질 대담무쌍한 사람은 없을까? 또한 솜틀공 곤충이 옛날에는 라일락이나 장미 잎을 둥글게 잘랐거나, 앞으로 그럴 것이라는 이상한 생각은? 그리고 송진을 뭉치는 곤충이 처음에는 진흙을 반죽했을 것이라는 이상한 생각을 해본 사람은 전혀 없을까? 감히 누가 이런 가상을 해보겠는가? 각자는 거역할 수 없는 자신의 기술 안에 갇혀 있다. 첫째 벌에게는 나뭇잎이, 둘째에게는 솜뭉치가, 셋째에게는 송진이 주어졌다. 이 직업 전선에는 일찍이 교체가 없었고 앞으로도 결코 없을 것이다. 이것은 일꾼들을 그들의 특기 안에 묶어 둔 본능이다. 그들의 작업장에는 경험의 결과인 혁신이나 새로운 방법은 없으며 보통에서 좋은 것으로, 좋은 것에서 훌륭한 것으로 향상하는 재주도 없다. 오늘의 행동도 옛날 행동과 정확히 같고 미래에도 다른 행동은 알지 못할 것이다.

하지만 작업 양식에는 변함이 없어도 재료는 바뀔 수 있다. 솜의 재료 식물은 장소에 따라 종류가 다양하고 잎을 잘라낼 식물도 이용할 장소에 따라 다르다. 송진을 제공하는 나무도 소나무, 실편백, 노간주나무, 서양삼나무, 전나무 따위로 모습이 매우 다양하다. 곤충은 이런 것들을 수집하려 할 때 무엇의 인도를 받을까? 통찰력의 인도를 받을 것이다.

내 생각에는 이런 세밀한 점들이 곤충의 정신 상태에 대한 순수 본능과 통찰력의 기본적 구별점을 밝히기에 충분할 것 같다. 거의 언제나 그렇듯이 이 두 분야를 혼동하면 대화를 할 수 없고 일체의 광명은 끝없는 논쟁의 구름 속으로 사라져 버린다. 재능에 관한 한 곤충은 태어나면서부터 근본적으로 변하지 않는 원칙적 기술을 가졌고 그것에는 통달한 일꾼인 것으로 보자. 그리고 무의식적인 일

피레네진흙가위벌
실물의 1.5배

꾼이 어쩔 수 없는 부차적 상황들의 충돌 속에서 갈피를 잡게 해 주는 약간의 희미한 지능의 빛이 존재하는 것으로 인정하자. 그렇게 하면 우리의 지식 상태가 우리에게 허락하는 것만큼 진리에 가까이 접근될 것이라 생각한다.

본능의 진행 과정이 방해받았을 때의 판단 착오는 그렇다 치고 둥지에 대한 장소와 재료 선택에서는 무엇을 할 수 있는지 알아보자. 이제 청보석나나니에 대해서는 언급을 보류하고 가장 변화가 다양한 곤충에서 각기 다른 예를 참고해 보자.

헛간(＝피레네)진흙가위벌은 습성상 내가 부여해도 좋겠다고 생각한 이름을 받을 자격이 충분하다.[2] 그는 헛간의 기와 안쪽에 대단히 많은 수의 집단으로 자리 잡는데 지붕의 안전을 위협할 정도로 굉장한 집을 짓는다. 집터는 대대로 물려받고 확장되는 유산으로 그 거대한 도시보다 더 열을 올리는 곳도, 자신의 기술을 발휘하기에 더 훌륭한 작업장도 찾지 못한다. 거기에는 널찍한 장소, 건조한 피신처, 적당한 온도, 조용한 은신처

2 원문을 보면 Chalicodome des hangars(*Chalicodoma rufitarsis* Pérez)로 썼다. 프랑스 이름은 *M. pyrenaica*(피레네진흙가위벌)의 이명이며 괄호 안의 학명은 페레(Pérez)가 아니라 지로(Giraud)가 명명한 '붉은발진흙가위벌'을 잘못 표기한 것이다. 『파브르 곤충기』 제2권 7장 참조

가 있다.

하지만 남향으로 활짝 열린 헛간이 매우 드물어서 모든 피레네진흙가위벌이 넓은 기와 밑의 집터를 선택할 장소가 있는 것은 아니다. 행운을 받은 자들에게만 이런 장소가 얻어지는 법이다. 그렇다면 다른 녀석들은 어디서 살까? 여기저기 사방에 흩어져 사는데 우리네 집을 벗어나지 않고 돌, 나무, 유리, 금속, 도료, 시멘트 따위에 둥지를 틀었다. 여름에는 햇볕이 그대로 내리쬐어 한증막 같이 뜨거운 집 밖의 온실도 자주 드나든다. 해마다 수십 마리의 집단이 틀림없이 온실 유리의 창살이 되는 철제 기둥에 짓는다. 좀더 작은 무리는 창문을 끼우는 쇠테나 출입문의 돌림띠(쇠시리) 밑, 벽 또는 항상 열려 있는 덧문 사이의 공간에 자리 잡는다. 아마도 우울한 성격의 소유자들이 집단을 피해 외딴 둥지를 트는 것 같은데 어떤 녀석은 자물쇠 속이나 옥상의 빗물을 흘려보내는 홈통 속에, 또 어떤 녀석은 문과 창문의 쇠시리 틈이나 큰 돌로 간단히 장치된 것 속에서 일하기를 좋아했다. 요컨대 집터로 이용되는 것에는 특별함이 없다. 하지만 아무리 대담한 침입자라도 청보석나나니처럼 집 안으로 들어오는 일은 결코 없고 그 초라한 둥지는 항상 건물의 밖에 있었다. 그렇지만 온실의 경우는 사실상 예외적이다. 여름철 내내 활짝 열려 있는 유리 건물이 피레네진흙가위벌에게는 여느 헛간과 다를 게 없었다. 단지 조금 더 밝다는 것과 안쪽으로 통풍이 안 되어 녀석에게 불신을 주는 것 말고는 별다른 문제가 없다. 그런데도 바깥문의 어귀에만 집을 짓는다. 제 취향에 따라 자물쇠를 무단 점거하여 이용하는 것, 이것이 감히 녀석이 할 수 있는 것의 전부였다. 더 안으로 들어가는 것은 내키지 않는 모험이다.

결국 피레네진흙가위벌은 모두 인가에서 공짜로 셋방살이를 하는 셈이다. 녀석들의 재주는 우리 기술로 만든 것을 이용한다. 또 다른 집은 없을까? 또 있을 것임에는 의심의 여지가 없다. 실제로 옛날 관습에 해당하는 집들이 있다. 생울타리로 보호된 주먹 크기의 돌 위에, 때로는 바깥에 놓인 자갈에까지도 호두알 크기의 독방 무더기를, 때로는 크기와 모양이 녀석의 동료인 담장진흙가위벌(*Ch. muraria*)의 돔과 맞먹는 정도의 지붕을 짓는다.

돌에 의지한 것이 가장 흔하지만 돌이 유일한 것도 아니다. 애벌레가 많지는 않아도 거친 참나무 줄기의 우툴두툴한 껍질 위에 지어 놓은 둥지들을 수집한 적도 있었다. 살아 있는 식물이 받침이 된 둥지 중 특히 눈에 띄는 두 가지를 보자. 첫번째는 사람 다리 굵기의 페루 선인장의 가는 홈 속에 지은 것이고 두 번째는 넓적한 손바닥 선인장 위에 지은 것이다. 벌들은 이 두 다육식물의 무서운 가시 갑옷을 제집의 보호 장치로 생각하여 유혹당했을까?

혹시 그랬을지도 모르겠다. 아무튼 이런 시도를 본받은 녀석은 없었던지 이와 비슷한 둥지를 다시는 보지 못했다. 우연한 이 두 발견에서 확실한 결론 하나가 나온다. 원산지가 아메리카인 두 식물은 프랑스 식물상에는 전례가 없었던 이상한 구조임에도 불구하고 녀석들은 그 앞에서 망설이거나 더듬거리며 연습해 보지는 않았다. 아마도 이 종족 중에서 처음 그 식물을 보았을 텐데 익숙한 자리를 차지하듯이 식물의 세로줄과 넓적한 면을 차지했다. 원산지가 신대륙인 다육식물들도 단번에 토착 식물의 줄기처럼 적합했던 것이다.

조약돌진흙가위벌(*Ch.→ Megachile parietina*)은 받침대의 선택에 전혀 융통성이 없었다. 건조한 이곳 고원지대에서는 땅바닥에 굴러다니는 조약돌이 유일한 받침대로, 예외는 아주 드문 몇 개뿐이었다. 덜 따뜻하고 장기간에 걸쳐 눈이 오는 지방에서는 둥지를 보호해 주는 담장의 받침돌을 더 좋아했다. 끝으로 관목진흙가위벌(*Ch. rufescens*)은 둥근 흙덩이를 백리향, 시스터스, 히이드, 심지어는 참나무, 느릅나무, 소나무에 이르기까지 목본성 식물의 잔가지에 붙여 놓았다. 녀석들에게 적당한 장소 일람표는 거의 목본식물상 전체가 될 것이다.

곤충이 자리 잡는 장소의 다양성은 통찰력이 대단히 긍정적으로 선택하듯 둥지 짓기의 통찰력도 그만큼 다양성을 곁들인다면 보다 주목거리가 될 것이다. 특히 세뿔뿔가위벌(*Osmia tricornis*)의 경우가 그렇다. 녀석은 비에 쉽사리 무너지는 진흙 재료를 쓰므로 방들은 청보석나나니처럼 마른 안쪽 구석이 필요하다. 녀석들은 건조한 공간이 있는 곳을 찾아 깨끗이 청소하는 등의 몇몇 잔손질 후 있는 그대로 사용한다. 선택한 자리를 보면 돌무더기 밑, 특히 경사에 흘러내리지 않도록 돌로 작은 단을 쌓았으나 시멘트는 바르지 않은 곳의 돌 밑에서 죽은 달팽이들이다. 달팽이 껍데기는 활발한 피레네진흙가위벌[3]뿐만 아니라 줄벌들[털보줄벌(*Anthophora pilipes→ plumipes*), 담벼락줄벌(*A. parietina→ plagiata*), 가면줄벌(*A. personata→ fulvitarsis*)]도 이용한다.[4]

드물게 눈에 띄기는 해도 필요한 조건을 갖추었으면 아주 잘 애용되는 갈대(물대)도 잊지 말자. 사실상 자연 상태에서는 원통처럼 속이 빈 식물이라도 벽이 목질부여서 단단하면 구멍을 뚫지 못하는 뿔가위벌에게는 도움이 안 된다. 녀석들이 마디 사이의 갱도를 차지하려면 구멍이 열려 있어야 한다. 그뿐만 아니라 말끔한 토막이 수평으로 놓여야 한다. 그렇지 않으면 비가 스며들어 흙집이 무너지게 된다. 또한 토막이 바닥과 약간 떨어져서 습한 땅과 직접 닿지 않아야 한다. 그래서 뿔가위벌은 대부분의 갈대 토막이 제 터전으로 적당하다는 생각을 하지 않을 것이라 짐작된다. 다만 실험자의 의도적인 개입으로 선택될 뿐이다. 녀석들에게 갈대는 뜻밖의 습득물이다. 사람들이 무화과를 햇볕에 말리려고 갈대를 잘라서 발을 만들기 전에는 그 종족에게 알려지지 않은 집터였다.

사람들이 낫으로 베어 놓은 자연의 둥지를 어째서 버리겠나? 하지만 어떻게 달팽이의 나선 껍데기 대신 원통인 갈대의 굴이 쓰이게 되었을까? 한 가지 주거 형태를 이용하는 종족에서 다른 형태의 주거지로 옮겨간 자가 시험해 보고 버렸다가 다시 쓰면서 세대가

3 서너 문단 전의 설명으로 볼 때 다른 벌을 착각하고 쓴 이름인 것 같다.
4 앞의 2종은 『파브르 곤충기』 제2권 14장부터 여러 번 등장했는데 한국에도 분포하는 종으로 알았던 털보줄벌의 종명은 *pilipes*가 아니라 *plumipes*이다. 편의상 앞으로의 우리말 이름은 바꿈 없이 번역한다. 가면줄벌은 제3권의 17~19장에서 등장했는데 이 종명도 *personata*가 아니라 *fulvitarsis*인 것으로 결론지어졌다.

거듭됨에 따라 그 결과가 더욱 확인되는 단계적 변화를 거쳐서 완성되었을까? 뿔가위벌은 그런 게 아니라 단번에 잘린 갈대가 제게 적당한 것임을 알아채고 옛날의 달팽이 집을 버리고 거기에 자리 잡았을까? 이것은 확인해 봐야 할 일이며 확인해 본 일이기도 하다. 과연 어떻게 되었는지 알아보자.

세리냥 근처의 론(Rhône) 강 계곡에는 마이오세 지층의 특징을 보이는 거친 석회암의 넓은 채석장들이 있는데 아주 오래전부터 채석된 곳이다. 오랑주(Orange)의 고적들, 특히 전에 소포클레스(Sophocle)의 오이디푸스(Oedipe) 왕이 뛰어난 엘리트를 모이게 했던 극장의 어마어마한 정면 재료 대부분은 거기서 캐 온 것이다. 큰 돌의 출처를 확인해 줄 다른 증언들도 있다. 층층이 구덩이를 메운 쓰레기에서 가끔씩 살이 네 개인 바퀴가 새겨진 옛날 마르세유(Marseille) 지방의 은화, 아우구스투스(Auguste)나 티베리우스(Tibère)의 초상화가 그려진 청동 화폐 따위가 발견된다. 여기저기 널린 고물 중에서 허섭스레기와 돌들을 조사했는데 거기는 특히 세뿔뿔가위벌이 달팽이 껍데기를 차지하고 있었다.

너무 건조한 이 채석장들은 거의 황야인 넓은 고원의

대부분을 차지했다. 본래가 태어난 고장에 충실한 뿔가위벌이 이런 조건에서 제가 살았던 돌무더기와 달팽이를 버리고 멀리 떠나서 다른 집터를 찾아 나서지는 않을 것이다. 그곳에 돌무더기가 있는 이상 나선 모양 껍데기 말고는 다른 숙소를 갖지 못할 것이다. 오늘날의 뿔가위벌 세대가 티베리우스 초상이 그려진 청동 화폐나 마살리아(Massalia, 마르세유의 옛 이름) 동전을 잃어버린 석공이 살던 시대의 뿔가위벌 세대와 직접적인 혈통이 아니라는 표시는 전혀 없다. 모든 상황에서 볼 때 채석장의 뿔가위벌은 달팽이를 이용하는 기술에 만성이 되었을 뿐 유전(遺傳)은 갈대가 숙소일지를 모른다고 단언하는 것 같다. 어쨌든 녀석들을 새 둥지 터 앞에 가져다 놓고 볼 일이다.

속에 알이 가득한 달팽이 껍데기를 겨울에 두 타(24개)가량 수집해서 암수 분포 연구 때 했던 것처럼 연구실 캐비닛의 조용한 구석에 놓아두었다. 앞면에 40개의 구멍이 뚫린 작은 벌집에 갈대 토막을 설치했다. 5줄의 종이 대롱 아래에 알이 든 달팽이 껍데기를 늘어놓고 자연 상태를 잘 흉내 내려고 몇 개의 작은 돌도 섞어 놓았다. 뿔가위벌이 기분 좋게 들어가 살게 하려고 속을 깨끗이 비운 한 벌의 달팽이 껍데기도 추가했다. 고향을 떠나지 않는 이 곤충이 집 짓는 시기가 되면 제가 태어난 집 바로 옆의 두 가지 거처, 즉 자기 종족에게 알려지지 않았던 대롱이나 조상의 옛날 저택인 나선 모양 계단 중 하나를 선택할 것이다.

5월 말, 집짓기가 모두 끝난 뿔가위벌들이 내 질문에 답변했다. 대부분은 갈대 속에 자리 잡았고 다른 녀석들은 충실하게 달팽이에 남아 그 껍데기 속에 알을 낳았다. 또 일부는 종이 대롱에 낳았다. 나선 건물에서 원통 건물로 혁신한 첫째 그룹에 대해서는 내가 거리낌 없이 평가할 수 있었다. 벌은 갈대 끝을 얼마 동안 조사하고 쓰기에 적당함을 느끼자 거기에 자리 잡았다. 연습도, 망설임도 없이, 조상의 오랜 관습을 물려받은 소질도 없이 단번에 거기서 주인 행세를 했다. 점점 넓어지는 나선 모양 구멍과는 전혀 다른 평면 위에 직선 방 한 줄을 지어 놓았다.

여기서는 오랜 세월에 걸친 훈련, 과거의 점진적인 습득, 유전적 유산 따위가 뿔가위벌을 교육시키지는 못했다. 이 곤충도 조상들처럼 수습 기간 없이 단번에 자신이 해야 할 일에 정통했다. 적성은 솜씨로 불리는 기질을 물려받았다. 그런데 어떤 적성은 본능에 속해서 불변이고 다른 적성은 통찰력에 속해서 변화가 있다. 공짜로 얻은 집터를 진흙으로 칸막이해서 여러 방으로 나누기, 알이 놓일 방안에 몇 모금의 꿀과 한 뭉치의 꽃가루 넣기, 과거에도 본 일이 없고 미래에도 결코 보지 못할 가족을 위해 어미가 식량과 덮개를 마련해 주기, 이런 일들이 뿔가위벌에게는 본능에서 발현되는 주요 특징이다. 여기에는 모든 것이 미리부터 조화롭게 조절되었을 뿐 절대로 변함이 없다. 곤충이 목적을 달성하려면 자신의 맹목적인 충동을 따라가기만 하면 된다. 하지만 우연히 제공된 공짜 집터는 위생 조건이나 형태, 용적 등이 매우 다양한데 이때도 곤충이 선택 능력과 개조 능력이 없는 본능에만 놓였다면 녀석은 위험한 처지에 놓일 것이다. 뿔가위벌은 복잡한 상황 속에서 곤경을 벗어날 약간의 통찰력을 가지고 있어서 습한 것에서 마른 것을, 약한 것에서 단단한 것을, 노출된 것에서 가려진 것을 구별하게 된다. 그래서 맞닥뜨린 변변치 못한 집터가 수용할 수 있는 것인지 아닌지를 알아보고 이용 가능한 공간의 넓이와 형태에 따라 독방들을 배분할 줄 안다. 이렇게 기술을 약간 바꾸는 것은 필연적이다. 방금 채석장에서 온 뿔가위벌 실험이 증명했듯이 곤충은 어떤 훈련을 받았거나 습관을 들인 적 없이 그 일에 아주 능통했다.

곤충의 능력은 좁은 한계 앞에서 약간의 신축성을 가졌다. 어느 시기에 보여 준 솜씨가 항상 녀석의 수완의 한계는 아니다. 녀석에게는 어떤 때 써먹으려고 숨겨서 간직해 둔 수단이 있다. 때로는 그 수단을 오랜 세대에 걸쳐서 안 써먹을 수도 있다. 하지만 상황이 그것을 요구하면 사전에 시험해 보지 않고도 갑자기 튀어나온다. 마치 자갈(부싯돌) 속에 간직된 잠재적 불똥이 그 앞에 존재하는 빛과는 무관하게 번쩍이는 것과 같다. 참새에 대하여 기와 밑의 둥지밖에 모르는 사람이 나무 꼭대기에 공 모양의 둥지가 매달린 것을 짐작이나 할 수 있을까? 뿔가위벌에 대하여 달팽이 속의 저택밖에 모르는 사람이 갈대 토막, 종이 대롱, 유리관 따위를 집터로 수용하리라는 예상을 했을까? 갑작스런 변덕으로 지붕을 떠나 플라타너스로 갈 생각을 한 이웃의 참새나, 자신이 태어난 나선 모양 집을 무시하고 내 계략이 만들어 놓은 대롱을 찾아가는 채석장의 뿔가위벌이나, 모두가 곤충 솜씨의 변화가 얼마나 급작스럽고 자발적인지를 보여 준다.

6 체력 소모의 경제학

어느 곤충 종족이 잠자고 있는 능력을 이용하려면 어떤 자극을 받아야 할까? 이런 능력의 다양성은 무엇에 좋을까? 뿔가위벌(*Osmia*)이 힘들이지 않고 비밀을 털어놓았으니 원통 모양 둥지에서의 작업을 살펴보자. 녀석들이 선택한 둥지가 갈대 토막이든 대롱이든 구조 문제는 이미 자세하게 설명했으니 여기서는 둥지 짓는 방식의 주요 특성만 요약해 보련다.

우선 갈대(물대)를 지름에 따라 가는 것, 중간 것, 굵은 것의 세 종류로 구별했다. 가는 것은 지름이 좁아서 뿔가위벌이 살림하는 데 불편을 겨우 면하는 정도의 굵기인 것으로

규정했다. 벌이 이미 모아 놓은 꿀떡에다 꿀을 토해 낸 다음 그 자리에서 배에 묻혀 온 꽃가루를 쓸어 내려고 몸을 돌릴 수는 있어야 한다. 만일 통로가 좁아서 꽃가루 털기 자세를 취하는데 바로 돌아서지 못한다면, 즉 이 행위를 하려고 벌이 뒷걸음질로 나왔다가 뒷걸음질로 다시 들어가야 한다면 그 갈대는 너무 좁은 것이다. 이런 갈대는 벌이 즐겨 채택하지 않는다. 중간 것이나 굵은 것은 식료품을 보급하는 곤충에게 완전한 행동의 자유가 보장된 것들이다. 중간 것은 독방의 넓이, 즉 미래 고치의 부피에 알맞은 넓이를 초과하지 않는 굵기이며 굵은 것은 지름이 너무 커서 같은 층에 다른 방을 만들 수 있다.

뿔가위벌이 둥지 터를 선택할 때는 될수록 가는 갈대를 차지한다. 가는 것은 미장일이 가장 많이 줄어들고 갱도는 흙으로 칸막이가 된 일련의 독방들로 나뉘며 일직선으로 배치된다. 어미는 우선 독방의 앞쪽 경계인 칸막이에 꽃가루 뭉치와 꿀을 넣는다. 할당된 식량이 충분하다고 생각하면 그 위에다 산란한다. 다시 진흙 칸막이의 미장일, 식량 비축, 산란이 반복된다. 계속 이런 식으로 충분한 가족이 수용된 대롱은 마지막의 두꺼운 마개로 입구를 막는다. 한마디로 말해서 둥지 싯기 방식은 식량 비축이

완전히 끝나기 전에는 둥지를 봉인하지 않으며 천장 공사 이전 작업은 미장일, 식량 저장, 산란하기가 특징이다.

첫눈에는 이렇게 세세한 문제에 별 주목거리가 없어 보인다. 뚜껑 닫기 전에 항아리 채우기는 당연하지 않은가? 하지만 중간보다 굵은 갈대를 차지한 뿔가위벌은 전혀 다르며 나중에 설명될 작은 집감탕벌(Odynère nidulateur : *O. nidulator* → *Symmorphus murarius*) 역시 다르다. 비록 이런 갈대의 이용이 일상의 관습과는 아주 동떨어진 일이나 감춰졌다가 예외적인 기회에 갑자기 쓰이는 방법의 하나임은 분명하게 드러난다. 만일 갈대가 고치에 필요한 넓이보다 지나치게 넓지는 않아도 꿀을 토하고 꽃가루를 솔질할 때 의지할 벽이 너무 넓으면 벌은 작업 순서를 완전히 바꾼다. 즉 먼저 칸막이를 하고 다음에 식량을 보급한다.

벌은 반죽을 가지러 여러 번 왕래하여 갱도 둘레에 여러 겹의 진흙 가락지를 쌓는다. 마침내 한 옆의 구멍 외에는 완전한 장막이 되는데 고양이 창문 같은 이 구멍은 곤충이 겨우 드나들기에 알맞다. 독방이 이렇게 막혀 거의 완전히 닫힌 상태가 되면 그제야 벌이 식량 비축과 산란 활동을 한다. 때에 따라 앞다리나 뒷다리로 고양이 구멍 같은 둘레에 매달려서 꿀을 토하거나 꽃가루를 턴다. 구멍은 이런 잡다한 행동에 몸을 받쳐 주는 받침대가 되는 것이다. 좁은 갱도에서는 벽이 받침대를 직접 제공해서 칸막이 공사는 식량 더미에 알이 놓인 다음으로 미루어졌다. 하지만 너무 넓은 통로에서는 곤충이 공중에서 공연한 헛수고를 하게 된다. 어쨌든 그래서 식량 보급 전에 작업대인 고양이 구멍을 갖춘 칸막이가 만들어진 것이다. 이 경우는 좀더 비경제적이다. 우선 넓어서 건축 재료가 많이 들며 반죽이 말라서 어느 정도 단단해지기 전에는 쓰일 수 없는 고양이 구멍 만들기 작업에 많은 시간이 든다. 그래서 시간과 힘을 아끼는 뿔가위벌은 가는 갈대가 없을 때만 굵은 것을 접수한다.

굵은 갈대를 접수하게 하려면 아주 중대한 상황이 필요한데 그게 어떤 상황인지 나는 아직 자세히 알 수가 없다. 어쩌면 산란이 시급한데 주변에 적당한 집터가 없어서 큰 집이라도 쓰기로 결정하는 건 아닌지 모르겠다. 대롱을 꽂은 벌집 기구에는 다양한 갈대를 신중하게 따져서 끼워 놓았는데 첫번째(가는 것)와 두 번째(중간 굵기) 범주에 속하는 갈대는 충분히 채워졌다. 하지만 세 번째는 기껏해야 6개밖에 이용하지 않았다.

굵은 대롱에 대한 뿔가위벌의 혐오에는 이유가 있다. 사실상 지름이 크면 작업이 더 오래 걸리며 보다 비경제적이다. 이런 경우를 확인하려면 굵은 대롱에 지어진 둥지를 조사해 보면 된다. 그런 둥지는 단순히 칸막이만 가로놓인 한 줄의 방들이 아니라 조잡한 다면체의 방끼리 어수선하게 서로 등을 맞댄, 즉 방들의 무더기이다. 또한 층층이 쌓으려는 경향은 있어도 방들을 규칙적으로 배치하는 데 필요한 천장 높이가 곤충의 능력 밖이니 그렇게 하지 못한다. 이런 건물은 기하학적으로 아름답지 못하고 경제적으로도 만족스럽지 못하다. 앞에서의 건축물들은 갈대의 내벽이 울타리의 대부분을 제공해서 작업은 그저 독방을 칸막이하는 것에 그쳤다. 그런데 굵은 대롱에서는 공짜로 얻어진 기반 말고는 모든 벽을 흙으로 채워야 한다. 벽, 천장, 다면체의 독방 정면, 모두가 흙 반죽으로 지어져서 진흙가위벌(*Chalicodoma*)이나 청보석나나니 (*Sceliphron*)의 건축물과 거의 맞먹는 많은 재료가 들어간다.

게다가 이런 건물은 불규칙해서 매우 어렵게 공사해야만 한다. 이제 지을 방은 이미 지어진 방들 사이의 오목한 곳을 적당히 볼록해지도록 약간 구부리거나 거기에 적당한 기울기로 벽을 쌓는데 그것들끼리 다양한 각도로 교차하게 된다. 그래서 둥글고 평행인 단순한 칸막이벽의 건축 설계와는 아주 달리 각 방마다 복잡한 설계가 요구된다. 그뿐만이 아니다. 이런 혼합 방식에서는 미리 계산된 순서에 따라 암수의 성을 배분하는 것이 아니라 공사 결과, 이용 가능하게 남겨진 공간의 넓이에 따라 성이 결정된다. 공간의 형편에 따라 세워진 벽이 암컷의 거처로 적당한 넓이의 큰 방, 또는 수컷에게 적당한 작은 방으로 경계를 지어 주어서 그렇다. 이런 집들은 건축자재가 많이 필요하다. 그리고 암컷들 사이의 깊은 층에 수컷을 정착시켜서 먼저 깨어나는 수컷의 탈출구와 암컷의 거실이 가까이 위치하게 된다. 굵은 갈대는 뿔가위벌에게 이런 이중의 단점이 있다. 그래서 나는 녀석들이 굵은 갈대를 거절한다고 확신한다. 그저 다른 갈대가 없는 아주 부득이한 경우에나 수용하는데 이때는 작업량이 늘어나고 암수가 섞이는 점도 마음에 들지 않는다.

그래서 뿔가위벌은 별로 달갑지 않은 달팽이보다 좋은 집터가 나타나면 즉시 그것을 버린다. 하지만 점점 넓어지는 달팽이의 빈 굴이라도 너무 가늘거나 굵은 대롱보다는 잘 선택되는 중간 품목인 셈이다. 처음 몇 바퀴는 너무 좁아서 쓸 수 없는 나선 층이고 중간 부분은 고치를 한 줄로 늘어놓기에 적합한 지름이다. 나선 모양 곡선이라도 직선 구조에서의 작업 방식을 이용하여 갈대에서처럼 훌륭하게 작업이 진행된다. 적당한 거리마다 그 지름에 따라 작업용 구멍이 있기도 없기도 한 둥근 칸막이벽이 세워진다. 이렇게 해서 방 하나가 다른 방과 나란히 경계 지어지는데 처음의 방들은 전적으로 암컷의 몫이다. 그 다음은 한 줄로 만들기에 너무 넓은 마지막 테두리로 이어진다. 이제는 큰 지름의 갈대에서처럼 과도한 미장일, 무질서한 방들의 배치, 그리고 암수 양성의 혼합이 나타난다.

공법 설명은 이 정도로 해두고 다시 채석장의 뿔가위벌 이야기로 돌아가 보자. 달팽이의 오랜 단골손님이었던 그 녀석들에게 달팽이 껍데기와 갈대를 제공했을 때 녀석들은 왜 자기 종족이 전혀 사용해 본 일이 없었을 갈대를 더 좋아했을까? 대부분이 조상의 오두막집은 거들떠보지도 않고 대롱을 열렬하게 채택했다. 일부는 달팽이 속에 지은 것도 사실이나 이들 중 상당수는 큰 공사 없이 약간의 수리만 하면 되는 유산을 이용하려고 자기가 태어난 집으로 되돌아간 것이다. 아직 써 본 일이 없던 대롱을 이렇게 전체가 좋아하는 이유는 어디서 왔을까? 녀석들이 마음대로 이용할 수 있는 두 종류의 집터 중 비용이 덜 드는 집을 고른 것이라고 할 수밖에 없을 것 같다. 녀석들은 낡은 집의 수리로 힘을 절약하고 달팽이 대신 경제적인 갈대를 채택한 것이다.

세계적으로 탁월한 기계는 적어도 경제의 법칙을 좌우한다고 모두가 단정한다. 곤충의 기술도 우리 기술처럼 우수한 기계에 좌우되는 경제법칙을 따를까? 이 문제를 좀더 깊이 파헤쳐 보자. 다른 일꾼, 특히 연장을 잘 갖췄거나, 그렇지는 못해도 힘든 일을 잘 해낼 생각으로 제게 배당된 어려움을 정면으로 공격할 뿐 남의 시설물은 무시하는 곤충을 불러서 증언시켜 보자. 이런 녀석들의 다수는 진흙가위벌이다.[1]

조약돌진흙가위벌(*Megachile parietina*)[2]은 아직 덜 허물어진 낡은 둥지마저 없어질 때까지는 돔 지붕의 새집을 지을 생각이 별로 없다. 헌 집의 정당한 상속권자이며 분명히 자매끼리인 어미들이 서로 악착스럽게 싸워 그 가문의 헌 집을 차지하려 한다. 강자의 권리로 둥지를 차지한 벌은 지붕에 떡 버티고 앉아서 장시간에 걸쳐 날개를 청소하며 싸움의 결과를 기다린다. 혹시 뜻밖의 권리 지망생이 나타나는 날이면 따끔한 주먹질로 당장 내쫓는다. 헌 집들은 살 수 없을 정도의 오막살이가 되기 전까지는 이렇게 이용된다.

피레네진흙가위벌(*M. pyrenaica*)은 이렇게까지 상속에 집착하지는 않아도 제가 태어난 방들을 열심히 이용한다. 엄청난 규모의 기왓장 밑 도시가 여기서부터 시작된다. 집 주인은 착해서 세뿔뿔가위벌(*O. tricornis*)과 라뜨레이유뿔가위벌(*O. latreillii*)에게 일부를 양보한 헌 둥지 청소부터 먼저 한다. 벽에서 떨어진 흙 부스러기를 치운 다음 식량을 채우고 닫는다. 접근이 쉬운 방들을 모두 차지

[1] 문장 표현이 부적절한 것 같다. 앞으로 전개되는 내용을 보면 "······어려움을 정면으로 공격하며, 남의 시설물도 무시하지 않는 곤충을 찾아서 증언시켜 보자. 이런 곤충은 진흙가위벌 외에도 여러 종류가 있다."고 해야 할 것이다.
[2] 현재는 담장진흙가위벌의 학명도 *M. parietina*인 것으로 정리되었다. 결과적으로 이 책에서 취급된 두 종은 사실상 같은 종인 것이다.

한 다음 완전히 새로운 건축을 시작하여 한 벌의 새 방을 건물 위에 더 얹는다. 이렇게 해서 해마다 더 거대해지는 건물이 된다.

관목진흙가위벌(*Ch. rufescens*) 둥지는 호두보다 별로 크지 않은 공 모양이라 처음에는 내가 결단을 내리지 못했었다. 녀석들도 헌 집을 이용할까? 영원히 버릴까? 그런데 오늘, 망설임이 확신으로 바뀌었다. 녀석들도 헌 집을 아주 잘 이용한다. 나는 어떤 둥지의 빈 방에 가족들을 채워 넣는 벌을 여러 번 보았다. 아마도 그 집은 그가 태어난 곳일 것이다. 녀석들에게도 조약돌진흙가위벌처럼 태어난 집으로 돌아옴과 그것을 차지하기 위한 싸움이 있다. 돔을 건축하는 예술가처럼 혼자 사는 녀석 역시 많지 않은 유산을 혼자 사용하려 한다. 하지만 때로는 이례적으로 큰 부피의 둥지가 다수의 거주자를 수용하기에 적합하며 여기

서도 각자는 제 일만 하면서 평화롭게 산다. 만일 집단이 어느 정도 커지고 유산에 2~3년간의 토목공사가 추가되어 후대로 전해지면 호두알 굵기에 비교되던 둥지가 주먹만 한 공 모양이 된다. 어느 소나무에서 무게가 1kg에 달하고 부피는 어린애 머리만 한 관목진흙가위벌 둥지 하나를 얻었다. 지푸라기보다 별로 굵지 않은 가지

가 이 둥지의 지점이었다. 내가 앉아 있던 자리 위에서 흔들리는 그 덩어리를 우연히 보고 가로(Garo)의 불상사가 내 머리를 퍼뜩 스쳤다. 만일 그런 둥지가 나무 위에 많다면 나무 그늘을 찾으려는 사람은 머리가 박살날 위험을 크게 감수해야만 할 것이다.

미장이 다음에는 목수벌이다. 목공일의 동업자 가운데서 가장 건장한 곤충은 어리호박벌(Xylocope: *Xylocopa*)이다. 녀석들은 자줏빛이 도는 날개에 검은 벨벳으로 치장했고 별로 안심이 안 되어 보이는 모습의 매우 굵은 벌이다. 어미 벌은 고사목을 파서 새끼들에게 원통 같은 굴을 만들어 준다. 오랫동안 한곳에 버려져 못 쓰는 서까래, 포도 덩굴의 시렁, 농가의 문 밖에 오랫동안 무더기로 쌓여서 낡아 버린 굵은 장작, 즉 나무줄기나 가지라면 어떤 종류든 녀석들이 즐기는 일터이다. 나무에다 혼자서 조금씩 끈질기게 엄지손가락 굵기의 둥근 갱도를 뚫는데 송곳으로 뚫은 것처럼 깨끗하게 파낸다. 땅바닥에 수북이 쌓인 톱밥이 힘든 작업이었음을 증언한다. 보통 하나의 입구에서 두세 개의 평행 갱도로 파 들어간다. 갱도가 많아지면 전체의 산란을 보유하는 데 필요한 길이가 해결된다. 우화 시기에는 언제나 있게 마련인 연속 탈출의 불편함을 피하기도 한다. 즉 빨리 나오는 녀석들과 느린 녀석들이 서로 방해를 덜 받는다.

둥지가 마련된 어리호박벌은 갈대를 차지한 뿔가위벌처럼 행동한다. 식량을 쌓고, 산란하

어리호박벌 실물의 0.8배

108

고, 톱밥으로 방의 앞쪽을 막는다. 집 전체를 구성하는 두세 개의 갱도에 알이 가득 찰 때까지 계속한다. 이 벌의 작업 일정표에서 식량 쌓기와 칸막이 공사의 순서를 바꿀 수는 없다. 새끼들의 식량을 마련한 어미는 어떤 상황에서도 그들을 각각의 독방에서 기를 뿐 한 마리씩 떼어 놓기를 피할 수는 없다. 다행스런 상황이 있다면 작업에서 가장 힘든 굴 파기 업무만 줄일 수 있는 경우이다. 이 튼튼한 목수가 피로를 염려치는 않더라도 행운의 기회를 이용할 줄은 알까? 즉 자신이 직접 뚫지 않은 집을 이용할 줄 알까?

물론 알고 있다. 어리호박벌도 여러 진흙가위벌처럼 공짜 집을 좋아한다. 아직 쓸 만한 헌 둥지의 경제적인 이점을 잘 알고 있어서 가능하면 선배들 굴의 벽을 긁어 손질한 다음 거기에 자리 잡는다. 오히려 한술 더 떠서 어느 일꾼의 착암기가 작동된 적이 없는 집이라도 기꺼이 받아들인다. 포도 덩굴을 받치려고 오리목과

어리호박벌 마른 나무에 구멍을 뚫고 집을 짓는다. 집 안 여러 개의 방에다 등나무 꽃이나 파꽃 등에서 수집한 꽃가루와 꿀을 채우고 나서 산란한다.
시흥, 10. V. '92

섞어서 짠 굵은 갈대는 비용이 안 들며 호화스런 굴을 제공한다. 이것은 대단한 횡재로 이 굴을 얻는 데 필요한 노동도 없고 있더라도 아주 적다. 사실상 이 곤충은 매듭으로 경계 지어진 공동(공간)을 차지하려고 옆구리에 구멍을 뚫기보다는 사람의 낫에 잘린 구멍을 더 좋아한다. 벌은 뒤쪽 칸막이가 너무 가까워서 독방의 길이가 충분치 못하면 매듭을 뚫는다. 하지만 이 작업은 단단한 규토질(硅土質) 벽에 구멍 뚫기와는 전혀 비교되지 않을 만큼 쉬운 일이다. 이렇게 낫이 짧게 만들어 놓은 현관에다 적은 힘을 들여서 길게 이어진 동굴을 얻는다.

포도 덩굴에서 보았던 일이 생각나서 검둥이(어리호박벌)에게 갈대를 꽂은 내 벌통 숙소를 제공해 보았더니 처음 시도할 때부터 제안을 아주 잘 받아들였다. 봄마다 내 대롱 시리즈로 찾아와 제일 좋은 것을 골라 자리 잡았다. 나 덕분에 최소한으로 줄어든 그 녀석들의 일감은 칸막이 설치로 한정되는데 재료는 통로의 벽을 조금 긁어서 얻는다.

어리호박벌 다음으로 나무를 잘 다루는 목수벌로는 둥지기생가위벌(*Lithurgus*)을 들 수 있는데, 이 지방에는 뿔둥지기생가위벌(*L. cornutus*)과 둥지기생가위벌(*L. chrysurus*)의 2종이 있다. 오직 나무만 다루는 이 녀석들을 어떤 명명법의 착오로 돌을 다루는 석수장이(*Lithurgues*)라는 이름으로 불렀을까? 우연히 좀더 튼튼한 전자가 마구간 문의 아치형 틀

둥지기생가위벌
실물의 1.6배

(홍예) 역할을 하는 굵은 참나무 토막을 뚫고 있는 것을 발견했다. 좀더 많이 분포하는 후자는 아직 서 있는 뽕나무, 벚나무, 편도나무, 포플러 따위의 고사목에 자리 잡는 것을 항상 보아 왔다. 이들의 작품은 어리호박벌 작품의 축소판 같다. 한 개의 입구를 통해 서로 가깝게 몰린 서너 개의 굴로 들어가는데 이 굴들은 톱밥으로 칸막이가 된 독방으로 나뉜다.

둥지기생가위벌도 대형 목수벌의 경우처럼 그런 기회가 오면 힘든 구멍 뚫기를 피할 줄 안다. 나는 녀석의 고치가 헌 공동 침실에도 새 침실에서처럼 들어 있는 것을 자주 보았다. 이 녀석들도 선배들의 작품을 이용해서 힘을 아끼는 경향이 있다. 언젠가는 나도 충분한 집단을 구해서 갈대로 실험해 볼 생각이며 그들도 선택하는 것을 보게 될 것이다. 목수 일을 한 번밖에 보지 못한 뿔둥지기생가위벌에 대해서는 언급을 보류하련다.[3]

　넓게 깎아지른 흙벽의 손님인 광부들, 즉 줄벌(*Anthophora*)도 이런 절약의 경향성을 입증해 준다. 담벼락줄벌(*A. plagiata*), 가면줄벌(*A. fulvitarsis*), 털보줄벌(*A. plumipes*)● 등의 3종이 그 벽의 여기저기에 흩어져서 독방으로 통하는 긴 갱도를 뚫었고 입구는 사철 열

3 리돌구스(*Lithurgus*) 속은 목공일 외에도 벌집에 기생하는 습성이 있어서 '둥지기생가위벌'이라고 했다.

네줄벌 꿀풀(왼쪽)과 파 꽃(오른쪽)에서 새끼에게 먹일 꿀과 꽃가루를 모은다. 둥지는 썩어 가는 고목에 지을 가능성이 있다. 『파브르 곤충기』 제3권 376쪽 사진 참조. 금산, 12. V. 00

려 있다. 새봄이 왔을 때 햇볕에 달궈진 찰흙 덩이 속에 갱도들이 잘 보존되어 있으면 그것을 그대로 새 식구들이 이용한다. 필요한 경우에는 그 갱도에서 여러 갈래로 더 뻗어 나간다. 하지만 미로가 많아져서 보기 흉한 해면처럼 되어 버린 옛 도시가 무너질 위험이 있으면 새로 굴을 파기로 작정한다. 안쪽의 타원형 방들이 하나의 갱도로 빠져나가게 되어 있는 구조도 유익한 것 같다. 줄벌은 최근에 성충이 탈출하다가 무너뜨린 출입구를 수리하는데 벽면을 새로 칠해서 매끈하게 한다. 그러면 다른 일을 안 해도 꿀과 알을 받기

담벼락줄벌 실물의 1.5배

에 적합한 방들이 남게 된다. 방이 모자라는데 그나마 일부는 여러 침입자가 차지해서 빈방이 없으면, 갱도의 연장선상에 새로 파서 방을 더 만들고 나머지 알을 낳는다. 이

붉은머리오목눈이 둥지
덤불 속을 수십 마리씩 무리를 지어 민첩하게 날아다닌다. 둥지는 지상에서 1m 내외 높이의 조릿대나 갈대 줄기에다 짓는다.

렇게 해서 비용을 가장 적게 들이고도 벌 떼의 정착이 얻어진다.

개괄적으로 간략하게 끝내고자 동물학적 범위를 바꿔 보자. 이왕에 참새에 대해 말했었으니 이들의 집짓기 재간을 보자. 초기 둥지는 어느 잔가지의 갈래에 지푸라기, 낙엽, 깃털 따위로 커다랗게 틀어 놓은 둥근 덩어리였다. 이런 둥지는 재료가 많이 든다. 하지만 벽에 뚫린 구멍이나 기와집이 없을 때는 어디서나 이용할 수 있는 방법이다. 그런데 무슨 이유로 공 모양 둥지를 버리기로 결심하게 되었을까? 분명히 뿔가위벌이 더 힘들여 가며 진흙을 써야 하는 달팽이의 나선을 버리고 경제적인 갈대 대롱에 이끌린 경우와 같은 동기에서일 것이다. 참새는 벽의 구멍에 거처를 정함으로써 대부분의 노동에서 해방된다. 여기서는 비를 막아 줄 지붕 만들기도, 바람을 막을 두꺼운 벽 쌓기도 필요 없다. 간단한 깔개만 있으면 될 뿐 나머지는 구멍이 모두 제공한다. 엄청난 경제이니 참새도

뽈가위벌과 별로 다를 게 없다.

원래의 기술을 전혀 안 써먹었다가 망각으로 사라진다고 말할 수는 없다. 그 기술은 그 종의 불멸의 특징이므로 상황이 요구하면 언제든 나타날 준비가 되어 있다. 오늘 태어난 새끼도 옛날의 새끼와 마찬가지로 그 재주를 타고난다. 훈련도 없고, 남의 본보기가 없어도 새끼들은 조상의 적성 기술을 잠재 상태로 지니고 있다. 필요성의 자극이 그 적성을 깨우기만 하면 무위의 기술이 갑자기 행동으로 나타난다. 지붕을 버리고 플라타너스로 옮겨 갔던 암수 한 쌍이 보여 준 것과 같다. 참새가 지금도 종종 나뭇가지에 둥근 둥지를 짓는 것은 가끔 어떤 사람들의 주장처럼 그가 진보한 것이 아니라 되레 더 힘든 옛날 관습으로 돌아간 것이다. 뽈가위벌의 처신도 이와 같다. 이들도 갈대가 없으면 이용이 더 힘들어도 보다 만나기 쉬운 달팽이 껍데기로 만족하는 것이다. 대롱과 벽의 구멍은 진보적이며 달팽이 껍데기와 공 모양 둥지는 원시적이다.

방금 말한 것과 비슷한 사실들이 전체적인 결론을 충분히, 또 명백하게 설명했다고 생각한다. 곤충의 기술에서는 가장 적은 비용으로 필요한 것을 실현하는 경향이 나타난다. 그들은 나름대로의 에너지 경제학을 증명해 보였다. 한편에서는 본능이 그들에게 근본적인 행위를 불변의 기술로 강요하고 또 한편에서는 세밀한 부분에 어느 정도 행동의 자유가 주어져서 유리한 상황을 이용하게 한다. 그래서 기계적 작업의 3요소, 즉 시간, 재료, 에너지를 가장 적게 소비하면서 필요한 목적에 도달하게 한다. 양봉꿀벌(*Apis mellifera*)◦에서 해결된 고등 기하학 문제는 동물계 전체를 지배하는 총체적 법칙 중에서 개별적인 경우에 지나지 않는다. 하지만 이 경우가 훌륭한 것만은 사실이다. 밀랍 구멍에 최소의 칸막이를 쳐서 최대의 기하학적 용량을 확보하는 것보다 놀랄 만한 지식을 가진 것이다. 갈대를 선택함으로써 미장일을 최소로 줄인 뿔가위벌의 둥지 역시 그와 맞먹는다. 진흙을 다루는 곤충이나 밀랍을 다루는 곤충 모두가 같은 경향을 따르고 있으니 모두가 합리적으로 일하는 것이다. 그들은 자신이 무슨 일을 하고 있는지 알고 있을까? 초월적인 문제와 싸우고 있는 꿀벌에 대해서 감히 누가 그렇다고 주장할 수 있겠나? 다른 곤충도 자신의 촌스러운 기술을 발휘하면서 그것에 대해 더 많이 알지는 못한다. 그들에게는 어떤 계산도, 사전 계획도 없다. 오직 전반적인 조화의 법칙에 대한 맹목적인 복종만 있을 뿐이다.

7 가위벌

집터를 선택하는 동물의 재주가 어느 정도의 우연성에만 복종한다면 충분할 수가 없다. 종족의 번영에는 융통성 없는 본능이 채워 주지 못하는 어떤 다른 조건이 필요하다. 예를 들어 방울새는 제 둥지의 바깥층에 지의류(地衣類)를 많이 넣는다. 먼저 이끼, 가는 지푸라기, 가는 뿌리 따위로 침대를, 다음은 깃털, 양털, 솜털 따위의 섬세한 매트를 단단한 틀 속에 고정시키는 것이 녀석의 특유한 방식이다. 하지만 관습에 인정된 지의가 없으면 둥지를 틀지 못할까? 제집을 규정대로 지을 재료가 없으니 한배의 새끼 출산의 기쁨을 포기할까?

그렇지 않다. 방울새는 그렇게 사소한 일에 당황하지 않는다. 녀석은 자재를 잘 알며 그것과 같은 가치의 식물들도 잘 안다. 이 끼의 일종(Évernise→ *Evernia*)인 가는 끈이 없으면 소나무 겨우살이 (Usnées→ *Usnea*)의 긴 털이나 장미꽃 모양의 엽상지의(葉狀地衣, Palmélies→ *Parmotrema*)를 뜯어다 쓰고 스틱트(stictes arrachées: *Sticta*속의 일종)의 막(膜)을 조각내서 뜯어다 쓴다. 더 좋은 것을 찾지 못하면 잎사귀처럼 자란 지의류(cladonie: *Cladonia*) 뭉치라도 만족한다. 실제로 지의학 전문가인 이 새는 근처에 한 종류가 드물거나아주 없으면 형태, 빛깔, 견고성이 아주 다른 종류로도 만족할 줄안다. 아마도 지의가 없으면 불가능한 일이겠지만 내 생각에는 방울새가 그것 없이 지내는 재주도, 어느 거친 이끼든 둥지의 토대로 쓰는 재주도 충분히 가졌다고 본다.

지의를 다루는 장인이 알려 준 것을 섬유 재료를 다루는 다른새들도 반복해 줄 것이다. 각자는 보다 좋아하는 식물상을 가졌는데 구하기가 어렵지 않으면 한결같이 그 식물만 이용한다. 하지만부족할 때는 많은 보조 식물이 있다. 새의 식물학도 조사해 볼 가치가 있다. 각 종의 솜씨로 작성된 식물지(誌) 일람표를 만드는 것도 흥미 있는 일일 것이다. 우리의 주제에서 너무 벗어나지 않게이런 연구의 한 가지만 예를 들어 보자.

이 지방에서 가장 흔한 나무껍질 벗기기 때까치의 일종(Piegriè-che écorcheur: *Lanius collurio*)은 덤불의 가시를 사형장으로 이용하는아주 사납고 괴상한 취미로 주목거리가된다. 녀석은 작은 몸집에 솜털이 막 날까 말까한 새끼 새,작은 도마뱀, 메뚜기, 벌레,풍뎅이 따위를 사냥해서 나무의 가시에 꿰어 연하고 맛있게 만든다. 적어도 내 주변의

시골 사람들은 모르는 이 교수대에 대한 열정에다 식물학적 열정을 악의 없이 덧붙였다. 식물은 너무도 독특해서 그 새의 집에서 알을 꺼낸 사람이면 누구든 사정을 모르는 이가 없을 정도이다. 커다랗게 지어 놓은 그 둥지는 솜털이 잔뜩 퍼져 있는 회색 식물 외에는 다른 것이 거의 없다. 재료는 식물학자들이 단검필라고(*Filago spathulata → pyramidata*)라고 하는 것인데 가끔씩 게르만필라고(*F. germanica → vulgaris*)도 쓰인다. 두 가지 풀이름 모두 프로방스 말로는 때까치 풀이다. 민간에서 쓰는 이 이름은 새가 이 풀을 얼마나 꾸준히 썼는지를 입증해 준다. 관찰에는 별로 신통치 않은 시골 사람에게 깊은 인상을 준 것을 보면 건축자재에 대한 이 새의 선택이 드물 정도로 한결같음이 틀림없다.

취미가 배타적이라서 그럴까? 절대로 그렇지 않다. 필라고가 평야에는 많아도 메마른 언덕에는 드물어서 찾을 수가 없다. 이 새는 멀리 찾아다니지 않고 제가 사는 나무나 덤불 근처에서 적당한 것을 뜯어다 쓴다. 건조한 땅에는 미크로푸스 에렉투스(*Micropus erectus → Bombycilaena erecta*)가 많은데 작은 잎의 털 뭉치처럼 솜털이 많은 작은 꽃무더기가 필라고와 맞먹는다. 이것은 짧아서 얽어매기에는 적합치 않은 게 사실이나 솜털이 많은 다른 풀, 즉 떡쑥의 일종(*Helichrysum stoechas*)의 가늘고 긴 가지를 사이사이에 끼우면 둥지를 지을 수 있다. 이 때까치는 좋아하는 재료가 부족하면 이렇게 해서 곤란을 벗어난다. 식물학적으로 같은 과가 아니라 솜털이 덮인 줄기 중에서 가치가 같은 것을 찾아내 이용할 줄 아는 것이다.

녀석은 국화과 식물에서 벗어나 이것저것을 주워 모을 줄도 안

잔개자리 원산지는 유럽으로 해안가나 도로변 풀밭에 서식한다. 4월부터 5월 사이에 노란색 꽃이 피며 열매 꼬투리가 둥글게 말리는 특성이 있다. 대부도, 18. V. 04

토끼풀 원산지는 유럽이며 목초용으로 도입되었다. 토끼가 잘 먹어서 붙여진 이름이며 주로 길가에 무리를 짓는 다년초 식물이다.

다. 녀석들의 둥지를 희생시켜서 얻어 낸 식물 목록은 다음과 같이 대략 두 종류로 나뉜다. 즉 솜털이 많은 식물과 매끈한 식물로서 전자에 해당하는 것은 메꽃(*Convolvulus cantabrica*), 벌노랑이(*Lotus symmetricus*), 곽향(*Teucrium polium*), 갈대(*Phragmites communis*)의 꽃, 후자에는 잔개자리(*Medicago lupulina*), 토끼풀(*Trifolium repens*), 연리초(*Lathyrus pratensis*), 냉이(*Capsella bursapastoris*), 갈퀴나물(*Vicia peregrina*), 서양메꽃(*C. arvensis*), 프테로데카(*Pterotheca nemausensis*→*Crepis sancta*), 왕포아풀(*Poa pratensis*) 따위가 있다. 둥지의 거의 전체를 이루는 솜털 식물은 메꽃의 일종(*Convolvulus cantabrica*)인데 서양메꽃은 미끄러져 내리는 미크로푸스 무더기를 고정시키는 뼈대 역할을 해준다.

때까치의 식물 목록 전체를 제시하기에는 아직 먼 상태의 조사였으나 수집할 때 어떤 세부 사항이 의외로 깊은 인상을 주었다.

즉 많은 식물에서 꼭대기의 봉오리밖에 발견하지 못했다. 또한 모든 잎이나 줄기가 비록 마르긴 했어도 살아 있는 상태의 초록빛이 보존되어 있었는데 그것은 햇볕에서 빨리 말랐다는 표시이다. 결국 때까치는 약간의 예외를 제외하고는 시간이 지나서 변질된 가랑잎이나 줄기를 가져오는 게 아니라 살아 있는 식물을 자신의 부리로 직접 잘라서 건초를 만든다. 즉 이용하기 전에 햇볕에 말리는 것이다. 나는 어느 날 때까치가 깡충깡충 뛰면서 비스케(Biscaye, 스페인 메꽃)의 줄기를 부리로 쪼는 것을 보았다. 그것을 땅에 떨어뜨려서 깔리게 했다.

새가 둥지 재료를 선택하는 데 그들의 식별력이 얼마나 큰 몫을 차지하는지는 때까치의 증언으로, 또한 우리가 내세울 만한 모든 직조공 새, 광주리 짜는 새, 나무꾼 새들이 보여 주는 증언으로 확인된다. 곤충도 그만한 재주를 타고났을까? 만일 곤충이 식물 재료를 가공한다면 한 종류만 고집할까? 제 분야의 특정 식물 외에는 알지 못할까? 아니면 둥지를 지을 때 자신의 통찰력으로 자유롭게 선택하여 다양한 식물상을 이용할까? 이런 질문들은 잎 자르기 곤충인 가위벌(Mégachile: Megachile)이 훌륭하게 답변해 줄 것이다. 레오뮈르(Réaumur)는 이들의 솜씨를 대단히 상세하게 설명하였다. 여기서 취급하지 않은 세부적인 내용을 알고 싶은 독자는 이 대가의 학술 논문을 참조하기 바란다.

자기 정원을 살필 줄 아는 사람은 어느 날 갑자기 라일락이나 장미 잎들이 이상하게 잘려 나간 것을 눈여겨보게 된다. 어떤 것은 동글게, 어떤 것은 타원형으로 잘린 것이 마치 할 일 없는 사람이 가위질 솜씨를 발휘해 놓은 꽃 장식 같다. 군데군데 둥글게 자른 자리가 거의 잎맥만 남겨 잎을 너무 초라하게 만든 것도 있다. 회색 복장의 가위벌이 이런 모양을 만들어 놓았다. 이들에게는 가위 대신 큰턱이 있고 타원이나 동그라미를 그리는 컴퍼스 대신 관찰력으로 인도되는 몸의 회전이 있다. 잘라낸 잎 조각으로 꿀 반죽과 알을 받을 골무 모양 자루가 만들어진다. 넓게 타원처럼 잘린 것들은 바탕과 벽을 이루고 보다 작고 동글게 잘린 것들은 뚜껑으로 쓰인다. 서로 맞대어 놓은 일련의 자루, 이것이 간단히 말해서 가위벌의 작품이다. 자루의 수는 한 타(12개)가 넘을 수도 있으나 대개는 이보다 적었다.

어미가 만들어 숨겨 놓은 곳에서 꺼내 본 방들은 각각을 나눌 수 없는 하나의 원통 모양이었다. 마치 땅을 파낸 갱도에 잎사귀로 융단을 깐 일종의 대롱 같았다. 사실상 이 대롱은 겉모습과는 달리 손으로 조금만 눌러도 여러 토막으로 나뉘는데 각각은 모두 바탕이든 뚜껑이든 옆방과 독립된 독방이다. 이렇게 저절로 나뉘어서 작업의 진행 순서를 알 수 있게 해주는데 이 작업 역시 다른 꿀벌이나 곤충들이 채택하는 방법과 일치했다. 여러 개의 독방이 나중에 가로놓인 칸막이로 나눠지는 둥지 모양 대신, 서로 분리된 염주 모양의 부대를 만들었다. 하지만 각각의 부대는 다음 것이 시작되기 전에 완성된다.

이 제작물은 적당히 휘게 하면서 그 자리에 받쳐질 케이스가 필요하다. 사실상 일꾼이 만들어 놓은 잎사귀 그대로의 자루는 안정성이 없다. 서로 붙어 있는 게 아니라 단순히 나란히 놓이기만 한 상태라서 모인 방들이 흩어지지 않게 유지해 주던 통로의 떠받침이 없어지면 각각이 곧 분리되어 무너진다. 나중에 애벌레가 고치를 짤 때 조각들 사이의 틈에 비단실 분비액을 조금 떨어뜨려서, 특히 안쪽 조각들을 붙여 놓는다. 그래서 처음에는 무너져 내리던 부대가 단단한 상자가 되며 각 조각들은 전체에서 떨어지지 않게 된다.

은신처는 방어 겸 집합용 틀 역할을 하는데 이것은 어미가 만든 게 아니다. 가위벌 역시 대부분의 뿔가위벌(Osmia)처럼 둥지를 직접 건축하는 기술은 없다. 그래서 빌려 쓸 집이 필요한데 빌릴 곳은 아주 다양하다. 줄벌(Anthophora)의 낡은 땅굴, 굵은 지렁이의 갱도, 하늘소 애벌레가 나무에 뚫은 구멍, 조약돌진흙가위벌(M. parietina)의 오두막, 달팽이 속 세뿔뿔가위벌(O. tricornis)의 헌 집, 어쩌다 만난 갈대 토막, 담벼락 틈새 따위가 모두 가위벌의 둥지로 쓰이는데 각 종은 특유의 취미에 따라 이런저런 집을 골라 잡는다.

정확성을 위해 일반론이 아니라 특정 종을 조사해 보자. 우선 흰띠가위벌(M. à centures blanches : M. albocincta→ picicornis)을 택했다. 녀석의 예외적인 특성 때문이 아니라 내 노트에 이 벌에 관해서 가장 광범한 기록이 남겨져 있기 때문이다. 녀석들의 둥지는 보통의 어느 진흙 비탈에 나 있는 지렁이 굴의 출구이다. 수직이나 비스듬하게 한없이 깊이 내려간 이 지렁이 굴은 벌에게 너무 축축한 환경이다. 그뿐만이 아니라 장차 성충이 되어 태어날 때 깊이 무너져 내리는 곳에서 탈출하려면 위험할 것이다. 따라

흰띠가위벌 실물의 1.6배

서 가위벌은 기껏해야 굴 앞부분의 20cm 정도밖에 이용치 않는다. 굴의 나머지 부분은 어떻게 할까? 나머지의 올라오는 갱도는 적에게 유리한 통로가 되기도 한다. 지하의 어느 약탈자가 그 길로 올라와서 뒷줄의 방부터 공격해 둥지를 파멸시킬 수도 있다.

그런 위험은 예측된 것이라 가위벌은 첫 꿀 부대를 만들기 전에 그들만 사용하는 재료로 튼튼한 장벽을 만들어 통로를 막는다. 즉 잎 조각들을 쌓는데 질서 없이 상당히 많이 쌓아서 대단한 장애물이 되게 한다. 잎사귀 성곽에 나팔 모양으로 둘둘 말아서 마치 옛

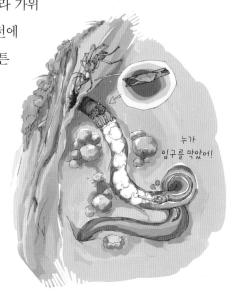

누가 입구를 막았어!

날 막대 과자(oblies)처럼 꼭 끼워 놓은 잎 조각이 수십 장이나 되는 경우를 만나는 일도 드물지 않다. 이 방어 공사에는 섬세한 예술적 감각이 필요치 않을 것 같다. 벌은 잎을 급히 아무렇게나 조각내어 방을 만드는 데 쓰는 틀과는 다른 본으로 잘라 왔다.

이 방호벽의 또 다른 세부 사항이 내게 깊은 인상을 주었다. 즉 솜털이 많고 잎맥이 굵어서 튼튼한 잎들을 구해 온 것이다. 빛깔이 엷고 잔털이 많은 포도나무, 빨간 꽃에 솜털이 좍 덮인 지중해 연안의 관목 시스터스(*Cistus albidus*), 갓 돋아난 털투성이의 털가시나무, 반들반들하지만 가죽처럼 질긴 산사나무의 어린잎, 내가 알기로는 가위벌이 이용하는 유일한 외떡잎식물인 굵은 갈대(*Arundo donax*)의 어린잎들이 보인다. 반대로 독방을 지을 때는 반들반들한 잎, 특히 야생 장미(*Rosa canina*)나 보통 아카시아(*Acacia*)의 잎들이 주로 쓰인 것을 볼 수 있다. 결국 이 곤충은 두 종류의 자재를 구별하는 셈이다. 물론 재료를 아주 엄밀하고 주의 깊게 선택하여 조금도 섞이지 않는 것은 아니다. 튀어나온 잎을 빠른 가위질로 잘라 내 가장자리가 매우 거친 잎들은 방호벽의 근본을 이루었다. 아카시아의 작은 잎들은 그 섬세한 조직과 편편한 가장자리 덕분에 방들의 정밀 작업에 더 어울렸다.

지렁이 굴 뒤쪽에 만들어 놓은 방호벽은 분별력을 갖춘 대비여서 나뭇잎을 자르는 곤충이 칭찬 받을 만하다. 다만 그 방호벽이 때로는 전혀 무의미해서 가위벌의 명성에 유감스러운 일이 되기도 한다. 앞에서 몇 번 예를 들었던 본능의 착오가 여기서도 새로운 양상으로 나타난 것이다. 내 기록들 안에는 여러 갱도가 지면과 나란한 입구까지 잎조각 뭉치로 막혔을 뿐 가위벌이 방 제작은 시늉조차 않고 단순히 초벌 작업만 해놓은 것들이 기념으로 남아 있다. 그것은 전혀 터무니없고 무용지물인 방어 공사였다. 그런데도 벌은 부질없는 그 일을 적당히가 아니라 매우 열심히 했다. 쓸데없이 막아 놓은 땅굴 중 어떤 것에서는 막대 과자에 꿰어 놓듯이 쑤셔 박은 잎 조각이 100개가량 나왔고 150개나 나온 곳도 있었다. 알이 든 집을 방어하는 데는 잎이 25장, 혹은 이보다 적어도 충분했다. 그러면 이 가위벌은 무슨 목적에서 지나치게 많이 쌓아 놓았을까?

나는 그 벌이 둥지의 위험을 인식해서 그 중대성에 대응코자 잎을 지나치게 많이 쌓아 놓았다고 생각하고 싶다. 어쩌면 방을 건설하기 시작하던 순간 갑자기 휘몰아친 북풍이나 혹은 어떤 사고의 희생물이 되어 어쩔 수 없이 그렇게 되었거나, 갑자기 작업 의사가 사라졌는데 그 대처 수단을 몰라서 그렇게 된 것이라고 생각하고 싶다. 증거는 분명하다. 즉 땅굴에 지면과 같은 높이까지 방책이 쳐졌으니 그 자리에는 절대로 한 개의 알조차 들어갈 틈이 없다. 여기서 또다시 자문하게 된다. 이 곤충은 어떤 목적을 달성하고자 고집스럽게 잎을 쌓았을까? 실제로 그에게 목적이 있었을까?

나는 서슴없이 아니라고 대답하련다. 이유는 전에 세뿔뿔가위벌이 알려 주었다. 즉 난소의 기능이 끝난 다음에도 살아남은 녀석이 아직 남은 힘을 쓸데없는 일에 낭비한 이야기를 했었다. 원래 근면한 성격을 타고난 그들에게는 쉬는 것 자체가 짐이다. 한가할 때도 무슨 일이든 해야 하는데 할 일이 없자 비워 둘 갱도에 칸막이를 세워 방을 만들고 빈 갈대를 두껍게 막았다. 얼마 남지 않은 여생의 힘을 이렇게 쓸데없는 일로 소진시킨다. 집을 짓는 꿀벌류나 다른 곤충도 비슷한 행동을 보였다. 가위벌붙이(*Anthidium*)는 전혀 산란하지 않은 땅굴을 막겠다고 수많은 솜뭉치로 대단히 노력한 것을 보았고 진흙가위벌(*Chalicodoma*)이 비축된 식량이나 알이 없는 방들을 규정대로 짓거나 닫는 것을 보았다.

그렇다면 가위벌들이 무용지물인 긴 방호벽을 건설한 것 역시 산란이 끝난 다음에 한 것이며 난소의 기능이 끝난 어미가 건축 활동을 계속한 것이다. 녀석의 본능은 잎을 잘라서 쌓는 것이다. 어미는 이제 쌓아 놓을 이유가 없어졌는데도 충동에 순종해서 일을 계속한 것이다. 알은 없어도 힘은 남아 있다. 이 힘이 처음에 그 종의 보호에 요구되었던 것처럼 소비되는 것이다. 행동의 기계 장치는 행위의 동기가 없어져도 그대로 움직인다. 일종의 관성의 법칙처럼 활동이 계속되는 것이다. 본능에 자극받은 동물의 무분별에 대해 어디서 이보다 더 명백한 증거를 찾아내겠는가?

이제는 정상적인 상태에서 발휘하는 가위벌의 솜씨 이야기로 돌아가 보자. 방호벽 다음에 일련의 독방이 오는데 그 수는 갈대에서의 뿔가위벌처럼 매우 다양했다. 방이 12개짜리인 줄은 드물고 5~6개인 줄이 가장 많았다. 독방 짓기에 쓰려고 모아 놓은 부품의 수 역시 다양했다. 재료는 크게 두 종류였는데 타원형인 것들은 꿀을 담는 방의 재료였고 둥근 것들은 마개용이다. 전자는 대개 8~10개로 모두 타원형 본을 따라 잘랐으나 크기는 다시 두 종류로 나뉜다. 즉 바깥쪽 것들이 좀더 크며 각 가장자리의 1/3이 서로 겹쳐졌다. 아래쪽 끝은 오목한 곡선으로 휘어서 부대의 밑창을 이룬다. 안쪽 것들은 현저히 작은데 벽을 두껍게 하며 앞에서 남겨진 빈자리를 메웠다.

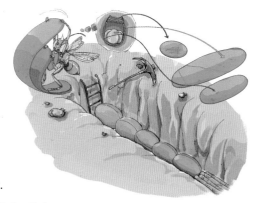

결국 이 잎 자르기 곤충은 해야 할 일에 따라 가위질을 바꿀 줄 안다는 이야기이다. 우선 큰 조각들을 자르는데 이것들은 일을 빨리 진척시키지만 빈틈을 남긴다. 다음은 작은 조각들이 잘려 와서 빈틈에 짜 맞춰진다. 특히 독방의 밑바닥은 손질을 더 해야 한다. 큰 조각들의 휨만으로는 빈틈없는 작은 컵을 만들기가 충분치 않아 벌은 불완전한 이음매에 두세 조각의 타원형 잎사귀를 붙여서 완전한 제작물 만든다.

잎들의 크기가 서로 다른 것에는 또 다른 이점이 있다. 제일 먼저 가져온 바깥쪽의 서너 조각은 가장 길어서 입구에서 비죽이 내밀렸고 다음 것들은 좀더 짧아서 약간 뒤쪽으로 밀려 났다. 이렇게 해서 가장자리의 긴 것이 둥근 조각들의 뚜껑을 떠받치고 그래서 벌이 그것들을 눌러 오목한 뚜껑을 만들어도 꿀에는 닿지 않게 막아 주는 홈이 생긴다. 다시 말해서 입구 울타리에는 잎이 한 줄만 놓여 있고 그 아래쪽은 울타리와 두세 겹으로 붙어서 지름이 줄어들어 아무것도 새지 않게 꽉 막을 수 있다.

항아리의 뚜껑은 둥근 조각으로만 되어 있는데 그 크기는 거의 같아도 수는 일정치 않다. 어떤 때는 두 개밖에 없고 어떤 때는 열 개까지 빽빽이 쌓인다. 때로는 지름이 수학적으로 거의 일정한 조 각들이 가장자리가 아주 둥근 홈 위에 얹히게 된다. 컴퍼스로 그 려서 오려 내도 그보다 훌륭하지는 못할 것 같다. 또 잎 조각이 억 지로 눌려서 잔처럼 휘어져 입구보다 약간 아래로 밀려 들어가게 할 때도 있다. 첫번째 둥근 잎 조각들의 정확한 직경이 바로 꿀 옆 에 놓이는 게 특성이다. 이렇게 해서 편평한 마개가 얹어지는데 이것은 방의 용적을 침해하지 않고도 나중에 애벌레에게 우묵한 천장이 되어 그를 불편하지 않게 한다.[1] 쌓인 잎이 많을 때는 뒤에 오는 조각들이 약간 더 넓다. 그것들은 눌려서 오목해져야 입구에 들어맞는다. 벌이 일부러 오목하게 하여 거기가 다음 방의 구부러 진 밑바닥이 되게 하는 것 같다.

일련의 방 제작이 끝나면 땅굴 입구에 방어용 폐쇄 장치를 만들 일이 남는다. 마치 뿔가위벌이 갈대를 봉했던 흙 마개 같은 것 말 이다. 그래서 다시 잎을 잘라 오는데 이번에는 아주 깊은 곳, 즉 처 음의 지렁이 굴 뒤쪽을 막았을 때처럼 특별한 본이 없이 잘라 온 다. 잎의 형태와 넓이가 불규칙한 것들을 가져와서 조각의 가장자 리가 굵은 톱니 모양 그대로인 경우도 많다. 입구와 잘 맞지도 않 는 조각들을 여러 겹 붙여서 침투할 수 없는 폐쇄 장치를 만든다.

가위벌이 땅굴에서 산란을 끝내게 놔두고 녀석의 재단 재주를 잠시 살펴보자. 둥지는 세 종류의 많은 잎 조각으로 이루어졌다. 독방의 벽에는 타원 형인 것, 뚜껑에는 둥근 것, 앞뒤의 방호벽

1 편평한 마개와 우묵한 천장 사 이의 관계가 정확히 설명되지 않 았다.

에는 불규칙한 조각들이 쓰였다. 불규칙한 것은 문제가 안 된다. 잎에서 돌출한 부분을 있는 그대로 떼어 내는데, 편하게 오목한 부분을 가위질하면 일을 단축시킨다. 이것은 경험 없는 견습생도 훌륭히 해낼 수 있는 막일로서 주목거리가 아니다.

하지만 타원형에서는 문제의 양상이 달라진다. 가위벌에게는 부대 제작용 고운 천, 즉 작은 아카시아 잎을 예쁜 타원형으로 자르게 하는 어떤 안내자가 있을까? 어떤 이상적인 본이 녀석의 가위를 인도할까? 어떤 기하학적 측량법이 녀석에게 치수를 알려 줄까? 타원의 곡선을 그리기에 적합한 육체의 자연적 굽힘, 즉 살아 있는 컴퍼스를 상상하고 싶다. 우리의 팔이 어깨의 축을 돌면서 동그라미를 그리듯이 맹목적인 기계장치의 단순한 조작 결과가 녀석의 기하학에 관여하는 것이겠지. 만일 빈틈을 메울 작은 치수의 타원형 없이 큰 치수의 타원형만 필요하다면 이 해석에도 귀가 솔깃해질 것이다. 하지만 반지름을 스스로 바꿔 가며 어떤 도면에 맞추어 곡선의 각도를 조절하는 컴퍼스라면 이런 기계장치에서는 커다란 의문이 생긴다. 따라서 좀더 훌륭한 방법이 있을 것이며 그것은 둥근 조각들이 답변해 줄 것이다.

만일 잎의 재단사가 제 몸의 구조에 내재된 구부림만으로 타원형 조각을 자른다면 과연 어떻게 그렇게 다양한 크기로 자를까? 이 기계에는 형상과 크기가 아주 다른 새 도면을 위한 어떤 장치가 있는 것일까? 어려운 문제는 이뿐만이 아니다. 잘라 온 것들은 거의 어김없이 항아리 입에 꼭 들어맞는다. 방 제작이 끝난 벌은 뚜껑용 둥근 조각을 잘라 오려고 수백 걸음 밖의 잎에 도착한다.

그녀는 덮을 항아리에 대해 기억해 둔 어떤 모양이 있을까? 캄캄한 땅속에서 작업했으니, 보지 못한 것이라 기억이 없다. 기껏해야 더듬이에 의한 정보뿐인데 그나마도 나무 앞에는 항아리가 없으니 과거의 정보라 정밀 작업에는 효력이 없다. 그래도 잘라 낼 조각의 지름은 이미 정해져 있다. 너무 크면 안 들어갈 것이고 너무 작으면 막기는커녕 꿀로 떨어져서 알을 질식시킬 것이다. 본도 없는 그 녀석에게 어떻게 정확한 크기를 알려 줄까? 하지만 벌은 잠시의 망설임도 없다. 형태나 크기가 정해지지 않은 방호벽 재료를 자를 때처럼 빨리 잘라 내는데 따로 손질하지 않아도 항아리 입에 꼭 맞는 크기이다. 더듬이와 시각이 제공한 기억을 인정하더라도 나로서는 설명할 수 없는 기하학이다. 이 기하학을 누가 설명하겠다면 그에게 맡기련다.[2]

어느 겨울날 저녁, 환담을 나누기에 적당하게 벽난로가 활활 타고 있을 때 나는 식구들에게 가위벌의 문제를 내놓았다.

2 파브르는 곤충에게는 우리와 다른 감각 영역이 존재한다고 하면서도 깜깜해서 못 본다는 인간 중심의 판단을 하고 있다.

부엌에서 쓰는 그릇 중 매일 쓰는 항아리 하나가 있는데 선반 위로 돌아다니는 못된 고양이 녀석이 뚜껑을 떨어뜨려 박살이 났다. 내일은 장날이니 너희 중 한 사람이 집안 살림에 꼭 필요한 그 뚜껑을 사러 오랑주(Orange)의 시내로 간다. 떠나기 전에 크기는 재지 말고 물건을 잘 살펴본 기억만 가지고 가서 너무 크지도 작지도 않은 뚜껑, 요컨대 항아리에 꼭 맞는 뚜껑을 사올 책임을 졌다면 어떻게 하겠나?

의견은 일치했다. 지름을 잰 지푸라기 토막 하나라도 가져가지 않고는 그런 심부름은 할 수가 없단다. 크기에 대한 기억력은 정확하지 않다. 시내에서 대강 비슷한 것을 사오게 될 것이다. 만일 꼭 맞는 것을 구했다면 정말로 기막힌 우연일 것이다.

자, 그런데 이 잎 자르기 곤충은 우리보다 훨씬 불리하다. 녀석은 항아리를 본 일이 없으니 그것에 대한 완벽한 영상이 없다. 장사꾼은 쌓아 놓은 물건을 고를 때 어느 정도 기억의 안내를 받는다. 하지만 벌은 그런 것이 없는데도 집과 멀리 떨어진 곳에서 제 항아리에 맞는 조각을 단번에 잘라 낸다. 우리에겐 불가능한 것이 녀석에게는 식은 죽 먹기이다. 우리에겐 치수를 적은 숫자, 지푸라기 토막, 본 따위가 반드시 있어야 하는데 이 작은 벌에게는 그런 게 전혀 필요 없다. 살림살이 재간은 그들이 우리보다 훨씬 낫다.

내게 하나의 이의가 제기되었다. 벌이 숲에서 일할 때는 우선 항아리보다 넓은, 그러나 비슷한 넓이의 잎을 자르고 집으로 가져와서야 지나치게 넓은 가장자리를 도려 내 뚜껑이 꼭 맞게 다시 작업하는 것은 아닐까? 본을 앞에 놓고 손질하면 모든 게 설명될 것이고 그보다 더 정확할 수도 없을 것이다. 하지만 다시 손질할까? 우선 곤충이 일단 잘라 낸 잎을 다시 손질한다는 것은 거의 인정하기 어려울 것 같다. 가볍고 둥근 조각의 가장자리를 정확히 도려내려면 그것을 의지할 바탕이 필요하다. 하지만 그런 바탕은 없다. 재단사가 옷을 마름질하려는데 받침 탁자가 없으면 옷감을 망칠 것이다. 고정되지 않은 조각을 가위벌의 가위로는 조종해 나갈 수 없어서 일이 제대로 되지 않을 것이다.

나는 또 다른 이유로 방 앞에서의 손질을 부정하련다. 뚜껑은 둥근 조각들을 쌓아서 이루어진 것인데 때로는 그 수가 열 장이나 된다. 그런데 그 조각들은 한결같이 아랫면이 엷은 색깔에 굵은 잎맥이 있으며 윗면은 더 푸르고 반들거린다. 즉 이 곤충은 잎을 잘라 올 때의 위치 그

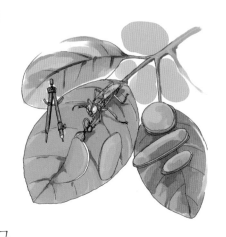

대로 가져다 놓은 것이다. 어디 설명 좀 해보자. 어떤 조각을 자르는 벌은 잎의 윗면에서 작업한다. 자른 잎을 다리로 잡고 떠날 때도 떼어 낸 조각의 윗면이 가슴 쪽에 안기게 되며 이렇게 옮겨 온 조각을 그대로 내려놓는다. 방의 안쪽을 향해서는 아랫면이, 바깥쪽을 향해서는 윗면이 온다. 만일 뚜껑을 항아리 지름에 맞도록 줄이려고 손질했다면 조각들이 뒤집히는 경우도 불가피했을 것이다. 조각을 이리저리 다루며 세우거나 뒤집어 보고 이쪽저쪽으로 놓아 보다가 결정적으로 자리에 놓으면 조작되던 상태에 따라 안팎이 달라질 것이다. 그런데 그렇게 되어 있지 않았다. 쌓인 면이 바뀌지 않았으니 그것들은 처음의 가위질부터 정확한 크기로 잘린 것이다. 곤충의 기하학적 실행은 우리 기술보다 앞섰다. 나는 가위벌의 항아리와 뚜껑에 관한 사실에 기계장치로는 설명할 수 없는 또 다른 경이로운 본능이 있음을 확인할 뿐이다. 이 사실에 대해서는 과학이 심사숙고하도록 맡겨 두고 더 앞으로 나가보자.

흰무늬가위벌〔M. soyeux： *M. sericans*(일명 비단가위벌) 또는 뒤푸울 가위벌(*M. dufourii*→ *Creightonella albisecta*)〕은 줄벌의 낡은 땅굴에 둥지를 튼다. 나는 좀더 멋지며 적당

흰무늬가위벌 실물의 약 1.5배

한 시설이 갖춰진 주거지도 알고 있다. 바로 참나무에 사는 대형 하늘소(*Cerambyx*)의 헌 둥지이다. 부드러운 플란넬을 입힌 넓은 방 안에서 탈바꿈이 일어났다. 긴 뿔(더듬이)을 장착한 성충 하늘소가 애벌레의 튼튼한 연장으로 미리 마련해 놓은 현관을 통해 해방된다. 탈출한 방이 상하지 않고 보존되었으면, 즉 방의 위치가 무두질 공장 냄새가 나는 갈색 액체가 스미는 곳이 아니라면 곧 비단가위벌의 방문을 받는다. 벌은 거기서 가위벌 사회의 아파트 중 가장 호화판 저택을 발견한 것이다. 거기는 모든 안락한 조건, 즉 완전한 안전, 거의 일정한 온도, 건조한 환경, 넓은 공간 따위가 집합되어 있다. 거기를 차지하게 되어 매우 기쁜 어미벌은 현관과 방안 전체를 이용하여 산란 전체를 행한다. 적어도 나는 어디서도 그곳보다 알이 많은 곳을 보지 못했다.

그 중 하나는 17개의 독방을 제공했는데 이것은 내가 조사한 가위벌 중 가장 많은 수였다. 대부분의 방이 대형 하늘소가 탈바꿈했던 방안에 들어 있다. 그 방들을 한 줄로 늘어놓기에는 너무 넓어서 나란히 세 줄을 만들어 놓았고, 또 한 줄은 현관을 차지했으며 현관의 끝은 벽으로 채워졌다. 잎 조각들은 방에 쓰인 것, 문에 쓰인 것 모두가 일정한 규격은 아니었는데 쓰인 재료는 산사나무

산사나무 산기슭에서 5월경 흰색 꽃이 산방화서로 핀다. 붉은색 둥근 열매는 9, 10월경에 열리며 지름 약 12mm 내외이다.

와 가시덤불의 갈매나무과 잎이 가장 많았다. 가장자리가 톱니처럼 깊이 파인 산사나무의 잎은 타원형으로 아름답게 잘라 내기가 쉽지 않다. 이 벌은 각 잎을 자를 때 넓이만 충분하면 형태는 별로 신경 쓰지 않는 것 같다. 또 그 조각들을 성질에 따라 순서대로 이어 놓지도 않았다. 몇 조각의 갈매나무 잎 다음에 산사나무나 포도나무 잎이 오고 다시 그 다음에 가시덤불 잎이 오기도 했다. 즉 잎을 잘라 오는 게 조직적이지 않았다. 수집은 녀석의 변덕스러운 취미에 따라 사방에서 이루어졌다. 하지만 가시덤불 잎이 가장 자주 보였는데 아마도 거기에는 경제적인 이유가 있는 것 같다.

관목들의 잎이 너무 크지 않으면 조각이 아니라 통째로 쓰인다는 사실도 알았다. 타원 형태와 중간 정도의 넓이가 이 곤충이 원하는 것과 맞으면 오려 낼 필요가 없다. 가위질 한 번으로 잎꼭지가 잘리고 이것이면 가위벌이 훌륭한 재산으로 부자가 되어 떠난다.

구성 요소를 분해해 보니 두 방에서 83개의 잎 조각이 나왔는데 그 중 작은 조각은 18개였다. 이 작고 둥근 조각들은 뚜껑에서 나왔다. 그렇다면 17개의 방이 있는 그 둥지는 714조각으로 구성된 셈이다. 하지만 이게 전부가 아니다. 둥지는 하늘소의 현관에서 두꺼운 방호벽으로 끝났는데 여기서도 350조각이 나왔다. 따라서 총 합계는 1,064조각이 된다. 하늘소의 낡은 둥지에 요건을 갖추고자 얼마나 많은 여행을 했으며 얼마나 많은 가위질을 했다는 이야기더냐! 녀석의 기질이 고독을 즐기며 샘이 많다는 걸 알지 못했다면 나는 그렇게 엄청난 규모의 건물을 여러 어미가 협력한 산물로 보았을 것이다. 하지만 이들에겐 공동체가 용납되지 않는다. 단지 용감하고 끈질긴 어미 한 마리가 이 놀라운 무더기를 단독으로 쌓은 것이다. 만일 잎 자르기가 생명을 즐겁게 소비하는 데 가장 좋은 방법이라면 그녀는 몇 주 동안 자기 존재에 대해서 분명히 권태를 느끼지 못했을 것이다.

이 벌의 근면성은 찬사 중에서도 가장 훌륭한 찬사를 들어 마땅하다는 게 나의 생각이다. 꿀단지를 덮는 그의 재주도 칭찬한다. 뚜껑을 이룬 조각들은 둥글어서 끝의 마개나 각 방을 구성하는 조각들이 연상되지는 않는다. 꿀 옆의 둥근 조각이 아닌 다른 조각들은 흰띠가위벌의 잎 조각보다 덜 깨끗하게 잘린 것 같다. 특히 열 개쯤 겹쳐졌을 때 더 그렇지만 부대를 막는 것이니 아무래도 상관없는 일이다. 그래도 벌은 옷감 위에 그어 놓은 본을 따라 가위질하는 여공만큼이나 착실하게 가위질했다. 막을 입구를 보지도 않고 본도 없이 자른 것이다. 이 희한한 문제를 자세히 다루면 한 말을 또 하는 셈이다. 잎을 자르는 곤충 모두는 자신의 항아리 뚜껑을 만드는 데 똑같은 재주를 가졌다.

이 기하학 문제보다 덜 어려운 것은 재료 문제였다. 가위벌은 종별로 오직 한 종의 식물만 이용할까, 아니면 선택의 자유가 주어진 어떤 식물학적 분야가 있을까? 그동안 언급된 것이 많지는 않았어도 이미 후자의 경우임을 알 수 있다. 각 방을 한 조각씩 조사했더니 처음의 짐작대로 다양성을 확실히 보여 주었다. 다음은 근처 가위벌들의 식물지(誌)인데 이 목록은 아주 불완전한 것으로 앞으로의 조사에서는 틀림없이 많이 늘어날 것이다.

흰무늬가위벌이 항아리와 뚜껑, 그리고 방호벽 재료로 잘라다 쓴 식물은 다음과 같다. 갈매나무, 산사나무, 포도나무, 야생장미, 나무딸기, 털가시나무, 채진목, 유럽옻나무, 샐비어 잎 같은 시스터스 등으로 처음 세 종류가 주류를 이루었고 마지막 세 종류는 아주 드물었다.

긴다리가위벌(*M. lagopoda*)이 우리 울타리 안에서 분주하게 돌아다니는 게 보이는데 순전히 꿀을 따기 위해서였다. 주로 라일락과 장미나무를 이용하며 때로는 아카시아, 모과나무, 서양벚나무 잎을 자르는 게 보였다. 들에서 포도 잎으로만 지은 것을 본 적도 있다.

은줄가위벌(*M. argentata*→ *leachellâ*)도 우리 집 손님의 하나이며 역시 라일락과 장미나무에 취미가 있다. 하지만 석류나무, 나무딸기, 포도나무, 붉은 산수유와 중성 산수유도 이용된다.

흰띠가위벌은 아카시아를 좋아하지만 여기에 포도나무, 장미나무, 산사나무도 많이 보태고 때로는 갈대와 빨간 꽃이 피는 시스터스(*C. albidus*)도 조금 섞었다.

끝검은가위벌(*M. apicalis*)은 조약돌진흙가위벌이나 달팽이 껍데기 속 뿔가위벌과 가위벌붙이의 헌 둥지를 제집으로 이용한다. 아직 야생장미와 산사나무를 쓴 것밖에 보지 못했다.

비록 불완전한 목록이나 가위벌들의 식물에 대한 취미가 편협하지 않았음을 보여 준다. 각 종이 매우 다른 모양의 여러 식물에 아주 잘 적응했다. 이용되는 나무가 갖추어야 할 첫째 조건은 둥지에서 가까워야 한다는 점이다. 시간을 아끼는 가위벌은 멀리 원정 가기를 꺼려한다. 실제로 녀석들이 최근에 지은 집을 만날 때마다 그 근처에서 조금만 찾아보면 곧 그 벌이 잎을 잘라 낸 수목이나 관목이 발견된다.

또 하나의 중요한 조건은 나긋나긋하고 부드러운 조직인데 특히 방 뚜껑의 맨 처음 조각과 부대 안쪽에 쓰일 조각은 더욱 그렇다. 정성을 덜 들이는 나머지 부분에서는 거친 천도 용납된다. 또한 잎이 잘 휘어서 원통 모양의 땅굴 곡선에 잘 적용되어야 한다. 두껍고 거칠게 주름진 시스터스 잎들은 이 조건을 제대로 충족시키지 못한다. 그래서 이 나무의 잎들은 아주 드물게 끼어들었음을 볼 수 있다. 벌들은 부주의로 그 나무의 잎을 잘랐다가 쓰기 불편함을 알고 나서 다시는 불쾌한 그 나무로 찾아가지 않는다. 다 자란 털가시나무의 뻣뻣한 잎은 절대로 쓰지 않는다. 비단가위벌은 털가시나무의 어린잎만 쓰는데 그렇게 많이 쓰지는 않는다. 포도나무는 보다 연한 조각을 제공한다. 긴다리가위벌이 내 눈앞에서 그토록

열심히 잘라 가는 라일락 잎은 넓거나 반들반들한데 라일락이 우
거진 곳에는 건강한 벌에게 적당해 보이는 여러 종류의 관목들도
섞여 있다. 즉 시호(*Buplevrum fruticosum*, 산형과), 괴불나무(*Lonicera*
implexa, 인동과), 루스커스(*Ruscus aculeatus*, 백합목), 회양목 따위가 섞
여 있다. 시호와 괴불나무의 둥근 조각들은 참으로 훌륭하구나!
회양목 잎도 갈매나무처럼 비단가위벌이 여러 번의 가위질 없이
꼭지를 자르기만 하면 훌륭한 조각이 된다. 그런데 라일락을 좋아
하는 종류의 벌은 회양목을 완전히 무시한다. 왜 그럴까? 너무 뻣
뻣해서 그런 것 같다. 만일 라일락이 없으면 생각이 바뀔까? 그럴
지도 모르지.

연한 것과 가까이 위치한다는 조건 외에 가위벌에게 선택되는
조건으로 그 나무가 흔하다는 사실밖에 모르겠다. 포도 잎이 많이
이용된 것은 이 식물의 너른 재배로 설명될 것이다. 모든 울타리의
재료인 산사나무와 야생장미도 마찬가지다. 이것은 어디에나 있어
서 여러 가위벌이 이용할 것이다. 그래도 장소에 따라 달라진 여러
식물이 그 가치를 인정받지 못하는 일은 없을 것이다.

조상들의 개별적 습관이 세대에서 세대로 점점 고정되어 전해
진다는 유전설을 믿어야 한다면 이 고장의 가위벌들은 오랜 세월
에 걸쳐 교육된 이곳 식물상에 정통할 것이다. 반대로 처음 만나
는 식물에는 완전히 초보자일 것이다. 따라서 최근 외국에서 수입
된 나무가 많아도 가위벌은 그 잎을 수상히 여겨 거절할 것이다.
특히 대대로 내려 온 관습으로 익숙해진 잎들이 가까이 있을 때는
더욱 그럴 것이다. 이 문제도 특별히 연구해 볼 가치가 있다.

내 집 울타리 안의 손님인 두 종의 실험 곤충, 즉 긴다리가위벌과 은줄가위벌이 분명한 해답을 주었다. 녀석들이 잘 다니는 곳을 알아서 장미와 라일락이 우거진 그들의 작업장에 조직이 나긋나긋해 보이는 두 종의 외래 식물을 심었다. 즉 일본이 원산지인 옻나무(Aylanthe)와 북아메리카 버지니아산 피소스테기아(Physostegia)[3]였다. 나무들은 정당하게 선택되었다. 두 벌은 외국 식물도 본토 식물처럼 부지런히 이용했다. 라일락에서 옻나무로, 장미에서 피소스테기아로, 전에 알았던 것과 몰랐던 것의 구별 없이 이 나무 저 나무로 옮겨 다녔다. 만성적 습관도 녀석들의 가위질을 더 확실하거나 충실하게 하지는 못했다. 외제품은 처음 잘라 보는 것이었는데도 그랬다.

은줄가위벌이 훨씬 명확하게 실험에 응했다. 녀석들은 실험 기구인 갈대에 즐겨 둥지를 틀어서 거의 내 마음대로 선정한 식물의 풍광을 만들어 주었다. 잎이 빈약해서 벌에게는 적당치 않은 로즈마리가 주로 자라는 곳으로 갈대 꽂은 벌통을 옮기고 그 둘레에 외국산 식물의 화분으로 작은 숲을 만들어 놓았다. 특히 멕시코산 로페지아(*Lopezia racemosa*)와 인도산 1년생 고추(*Capsicum longurn*)*의 숲이었다. 제집을 짓는 데 쓸 만한 것을 아주 가까이서 발견한 가위벌은 더 멀리 가지 않았다. 로페지아가 특히 녀석의 마음에 들었다. 그래서 집의 대부분이 그것으로 지어졌고 일부만 고추에서 잘라 갔다.

세 번째 실험 곤충이 스스로 증언을 가져왔다. 얼간이가위벌(*M. imbecilla → rotundata*)

---

3 꿀풀과의 여러해살이풀(*Physostegia virginiana*)

갈매나무 산기슭에 자리 잡으며 꽃은 황록색으로 잎 옆에 한두 개씩 핀다. 열매는 검은콩을 닮았으며 9, 10월경에 익는다.

인데 녀석에게 협조를 부탁한 일은 없었다. 나는 이 벌이 거의 4반세기(25년) 전부터 7월이면 보통 제라늄이라고 부르는 무늬제라늄(*Pelargonium zonale*)⁎의 꽃잎을 둥글게, 또는 타원형으로 잘라 가는 것을 보았다. 녀석의 부지런함은 변변치 못한 내 창틀 밑을 문자 그대로 휩쓸어 버리며 피해를 입혔다. 열심히 가위질하는 그 녀석들은 꽃 하나가 피자마자 꽃잎을 반달 모양으로 파 놓는 것이다. 빛깔은 상관없었다. 빨강, 분홍, 흰색의 모든 꽃잎이 처참한 처지에 놓였다. 오늘 몇 마리가 잡혀서 내 표본상자의 오랜 유물이 된 것이 그들의 꽃잎 약탈에 대한 보상이다. 그 뒤에는 불쾌한 이 벌을 보지 못했다. 제라늄 꽃이 없을 때는 무엇으로 집을 지을까? 모르겠다. 어쨌든 그 섬세한 재단사들 모두가 아주 최근에 케이프타운에서 들여 온 외국산 꽃을 가위질했다.

　이 설명에서 우선 곤충들의 변함없는 재주가 우리에게 강요한 생각과 반대의 결론이 나온다. 항아리를 만들려고 나뭇잎을 자르는 곤충들은 각기 제 종족 고유의 취미에 따라 이러저러한 식물을 이용하지만 다른 식물도 배제하지 않았다. 그들은 유전적으로 충실히 전해 내려오는 일정한 식물상을 갖지 않았다. 잎은 주변의 식물에 따라 바뀐다. 같은 방에 있는 각각의 낱장에 따라서도 바뀐다. 잘라서 쓰기 편하기만 하면 외국 식물도 본토의 것처럼, 예외적인 것도 습관적인 것처럼 모두 환영했다. 가는 줄기의 작은 나무든, 가지가 우거져 덤불을 이룬 관목이든, 잎이 넓든 빈약하든, 푸르든 회색이든, 반들반들 광택이 나든 안 나든 이런 모습들이 곤충을 인도하지는 않았다. 이런 정도의 높은 식물학 지식이 여기서는 문제되지 않는다. 가위벌은 잎 자르기 작업장으로 선정한 덤불에서 제게 적당한 잎 한 가지밖에 보지 않는다. 줄기가 길고 털이 많은 풀을 좋아하는 때까치도 제가 가장 좋아하는 식물인 필라고(*Filago*)가 없으면 그와 비슷하게 털이 많은 식물을 찾아낼 줄 안다. 그런데 가위벌은 훨씬 광범한 자원을 가지고 있다. 이들은 식물 자체에는 관심 없고 잎에만 관심이 있다. 잎사귀 중 넓이가 충분하고 곰팡이가 슬지 못할 만큼 습기가 없는 조직이며 원통처럼 구부리기 쉽게 유연성이 있는 잎을 만나면 그것이 필요한 것의 전부이며 나머지는 아무래도 좋았다. 잎을 잘라 오는 범위는 이렇게 거의 무제한이었다.

준비 없는 갑작스런 변경에 대해 우리는 곰곰이 생각해 보게 된다. 도둑맞은 제라늄 꽃 중 어떤 꽃잎은 아주 희고 또 어떤 것은 새빨갰다. 색깔이 이렇게 달랐어도 그 귀찮은 벌은 어째서 당황하지 않고 제 일을 할 수 있을까? 녀석이 케이프타운에서 온 식물을 처음 이용하지 않았다고 증명할 만한 것도 없지만 혹시 선배들이 있었더라도 제라늄이 최근에 수입된 것으로 보아 습관이 만성화될 시간은 없었다. 내가 외국 식물의 작은 숲을 만들어 준 은줄가위벌은 멕시코에서 들여온 로페지아를 어디서 알았을까? 녀석은 분명히 최초였다. 녀석의 마을이든, 우리 마을이든, 추위에 약해 온실에서나 사는 이 식물은 한 그루도 없었으니 녀석이 처음 시작한 것이다. 그런데도 은줄가위벌은 알지 못하던 그 잎을 대뜸 자르는 기술의 대가였다.

우리는 본능의 오랜 훈련, 점차적인 획득, 수세기에 걸쳐 힘들게 배움 등의 재능에 대한 말을 자주 듣는다. 그런데 가위벌은 이와 반대임을 보여 주었다. 즉 녀석들은 재간의 본질은 변함이 없는 곤충이라도 국부적인 면은 혁신할 수 있음을 보여 주었다. 그와 동시에 혁신은 점진적인 것이 아니라 급작스럽다는 점도 증명했다. 누구도 그것을 준비하지도, 개량하지도, 전해 주지도 않았다. 그렇지 않다면 다양한 잎사귀 중 오래전부터 선별이 이루어져 제일 쓰기 좋다고 인정된 관목만 건축자재를 공급했을 것이다. 특히 그것이 많을 때는 더욱 그랬을 것이다. 만일 유전이 기술의 발견을 전해 준다면 석류나무 잎에서 둥근 조각을 잘라 보고 그것도 괜찮음을 알게 된 어느 가위벌은 후손에게 같은 자재에 대한 취미를 물려주었을 것이다. 그래서 오늘날 우리는 석류 잎 오려 내기에만 충실한 벌일 뿐 다른 재료의 선택에는 배타적인 일꾼을 만났을 것이다. 그런데 사실들은 이 이론을 부인했다.

이런 말도 한다.

곤충의 기술에서 아무리 작은 것이라도 변화를 인정해라. 그러면 그 변화가 점점 강화되어 새로운 종을 불러올 것이고 마침내 새 종으로 고정될 것이다.

별 것 아닌 이 변화는 아르키메데스(Archimède)가 지렛대로 지구를 들어 올리겠다며 요구한 받침대였다. 가위벌은 그 변화를, 그것도 가장 큰 것 중 하나를, 즉 재료의 무한한 변화를 보여 주었다. 이 받침대에서 이론적인 지렛대는 무엇을 들어 올릴까? 아무것도 들어 올리지 않는다. 잎을 자르는 곤충들이 무늬제라늄의 연한 꽃잎을 자르든, 라일락의 질긴 잎을 자르든, 그들은 전에 있던 그대로이고 미래에도 그럴 것이다. 이용하는 잎이 매우 다양함에도 불구하고 각 종이 한결같이 우리에게 단언해 주는 것은 그들의 세밀한 구조에 있다.

8 가위벌붙이

둥지 재료의 선택에 어느 정도 자유가 인정된 가위벌(*Megachile*)의
증언에 이어서 솜틀공인 가위벌붙이(Anthidies: *Anthidium*)의 증언
도 보태진다. 이 지방에는 플로렌스가위벌붙이(A. florentin: *A.
florentinum*), 왕관가위벌붙이(A. diadème: *A. diadema*), 긴소매가위벌
붙이(A. à manchettes: *A. manicatum*), 칼띠가위벌붙이(A. sanglé: *A.
cingulatum*), 어깨가위벌붙이(A. à scapulaire: *A. scapulare→Pseudoanthidum
lituratum*)[1] 등의 다섯 종이 사는데 모두가 은신처에 솜 채우기를 거
부하지 않는다. 이들도 뿔가위벌(*Osmia*)이나 가위벌처럼 집 없는
떠돌이로서 각자 나름대로 다른 곤충의 작품을 제 은신처로 삼는
다. 어깨가위벌붙이는 꿀벌류가 나무딸기에 파놓은 갱도에 충실
하지만 그보다는 고사목을 주로 이용하는 어리호박벌(*Xylocopa*)과
경쟁자인 난쟁이, 즉 광채꽃벌(*Ceratina*)의 굴
을 우선한다. 가면줄벌(*Anthophora personata→
fulvitarsis*)의 넓은 땅굴은 몸집으로 볼 때 반

1 『파브르 곤충기』 제2, 3권에서
는 학명 추적이 부족해서 *A.
Scapulare*라는 학명으로 출간되
었다.

장 격인 플로렌스가위벌붙이에게 적
합하다. 왕관가위벌붙이는 털보줄벌
(*A. plumipes*)의 현관이나 흔해 빠진 지
렁이 굴만 물려 받아도 만족하는데 부
득이하면 낡은 조약돌진흙가위벌(*Ch.*

어깨가위벌붙이 실물의 2.5배

parietina)의 지붕 밑에 자리 잡기도 한다. 긴소매가위벌붙이도 이들
과 같은 취미를 가졌다. 우연히 칼띠가위벌붙이가 코벌(*Bembix*)과
함께 사는 것을 보기도 했다. 모래 속에서 땅굴 주인과 이 손님이
함께 평화롭게 살면서 각자가 제 일을 했다. 본래 이들의 둥지는
대개 무너진 담장 안에 숨어 있는 틈새였다. 다른 곤충들의 작품
인 은신처에다 솜을 수집하는 가위벌붙이를 뿔가위벌이 좋아하는
갈대와 결합시켜 보자. 또 거기에다 속이 빈 벽돌집이나 대문이
잠기는 장치의 미로를 보태 보자. 그러면 우리는 대강이나마 녀석
들의 둥지 일람표를 얻게 될 것이다.

　뿔가위벌과 진흙가위벌(*Chalicodoma*)의 사례 다음에 확실하게 준
비된 세 번째 경우를 찾아보자. 가위벌붙이는 어느 종도 제힘으로
집을 짓지 않는데 그 이유를 알아낼 수 있을까? 녀석들은 둥지를
짓는 게 아니라 땅을 파며 건축이 아니라 청소를 한다. 제집을 직
접 짓는 몇몇 맹렬한 일꾼에게 물어보자. 줄벌은 햇볕으로 단단하
게 굳은 비탈에 갱도와 독방들을 판다. 억센 큰턱으로 흙을 한 알
씩 파내 통로와 산란에 필요한 방들을 완성시키는데 이것은 엄청
나게 힘든 작업이다. 게다가 너무 거칠게 파낸 벽면을 다듬고 회
반죽을 발라야 한다. 이렇게 오랫동안 일해서 얻은 집인데 식물에

서 솜뭉치를 뜯어다 안에 대고 꿀떡 저장에 적당한 자루까지 짜야 한다면 어떻겠는가? 아무리 대담한 벌이라도 그렇게 엄청난 사치를 부릴 여유는 없을 것이다. 광부 노릇이 너무 많은 시간과 노력을 잡아먹었으니 미묘한 실내장식까지 할 여유가 없다. 그래서 복도와 방들은 장식 없이 남게 되는 것이다.

어리호박벌도 마찬가지다. 목수용 나사송곳으로 대들보를 끈질기게 깊이 한 뼘이나 뚫은 다음 비단가위벌(M. soyeux: *Creightonella albisecta*)처럼 천여 개의 잎을 오려다 장식할 수 있겠나? 참나무 고목 속의 대형 하늘소 둥지를 구해서 잎을 잘라다 방을 만드는 가위벌도 시간이 모자라는데 어리호박벌은 시간이 더욱 모자랄 것이다. 그래서 이들은 힘든 구멍 뚫기 작업 다음에 간단히 톱밥으로 칸막이 시설만 하는 것이다.

집짓기의 힘든 노동과 가구 갖추기의 예술 활동, 이 두 가지 업무는 병행될 수 없는 것 같다. 곤충도 사람처럼 집 짓는 녀석은 집 안에 가구를 갖추지 않았고 가구를 갖춘 녀석은 집을 짓지 않는다. 시간이 없는 각자에게는 제 몫의 업무만 있을 뿐이다. 기술의 어머니인 분업은 일꾼을 제 업무에 숙달하게 한다. 일 전체를 혼자서 맡으면 보람 없이 제자리걸음만 하게 될 것이다. 곤충의 기술도 어느 정도 우리와 비슷해서 마지막에 완전미의 걸작을 만들 줄 모르는 곤충은 눈에 잘 안 띄는 다른 일꾼의 보조가 필요하다. 나는 가위벌에게 잎사귀로 만든 꽃바구니가, 가위벌붙이에게 솜털 주머니가 필요한 이유는 무료 숙소의 필요성밖에 없다고 생각한다. 만일 정교한 물건을 다루는 예술가들이 은신처를 요구했다면 나는 모두 갖춰진 집을 서슴없이 주었을 것이다. 레오뮈르가 개양귀비 꽃잎으로 방을 세공하는 실내장식가, 즉 양귀비가위벌(Abeille tapissière： *An-thocopa papaveris*)에 대해 말한 적이 있으

양귀비가위벌 실물의 약 2배

나 그 벌을 못 봐서 알지는 못한다. 하지만 그들의 기술로 보아 다른 벌레가 만든 땅굴, 가령 지렁이 구멍에 자리 잡았을 것임이 충분히 짐작된다.

가위벌붙이가 둥지 마련가인 동시에 거친 토목공사의 인부일 수는 없음을 충분히 확신할 수 있다. 최근에 펠트로 짜였으나 아직 꿀을 안 가져온 솜털 부대는 곤충이 만든 둥지 중 가장 멋질 것이다. 특히 솜이 눈부시게 하얄 때는 더욱 그런데 칼띠가위벌붙이의 공예품 중에 이런 것이 많다. 찬사를 가장 많이 받아 마땅한 새 둥지 중 어느 것도 고운 솜뭉치, 우아한 형태, 섬세한 짜임새의 면에서 놀라운 이 주머니와 견줄 만한 게 없다. 연장을 든 우리네 손가락도 그 능란함을 모두 발휘해야 겨우 흉내 낼 정도이다. 나는 진흙을 이기는 곤충이나 잎으로 바구니를 짜는 곤충과 다를 게 없는 연장을 가진 이 곤충이, 하나씩 뜯어온 작은 솜뭉치를 모아서 어떻게 하나의 동질적인 전체로 짜며, 또 어떻게 그것을 눌러서 골무 형태의 작은 부대를 만드는지에 대해 이해하기를 단념했다. 능란한 무두질에 사용하는 그의 연장 역시 미장이인 진흙가위벌이나 잎을 오리는 가위벌의 연장과 동일한 다리와 큰턱뿐이다. 이렇게 연장은 같아도 얻은 결과들은 그 얼마나 다르단 말이더냐!

가위벌붙이가 재간을 발휘하는 현장을 보기는 매우 어려울 것 같다. 작업은 우리의 눈길이 미치지 않는 깊은 곳에서 진행되며 곤충에게 드러내 놓고 일하도록 결심시키기도 우리 능력 밖의 일이다. 한 가지 방법은 남아 있으니 그 방법을 잊지 않고 이용키로 했다. 물론 지금까지는 아무 성과도 없었다. 하지만 왕관가위벌붙이, 긴소매가위벌붙이, 플로렌스가위벌붙이 세 종은 내 갈대에 자리 잡았는데, 특히 첫번째가 더욱 그랬다. 녀석들의 작업을 방해하지 않고 지켜 보려면 갈대 대신 유리관을 가져다 놓기만 하면 된다. 이 계략은 투명한 창 덕분에 세뿔뿔가위벌(O. tricornis)과 라뜨레이유뿔가위벌(O. latreillii)의 살림살이를 알아내는 데 완전히 성공했었다. 그 계략이 가위벌붙이든, 가위벌이든 성공치 못할 이유라도 있을까? 나는 거의 성공을 기대하고 있었다. 4년 동안이나 벌통에 유리관을 끼워 놓았다. 하지만 현실은 내 신뢰를 저버렸다. 솜 압축공과 나뭇잎 재단사는 한 번도 수정궁 안에 숙소를 정하지 않았다. 이들에게는 언제나 갈대의 오두막집이 더 훌륭한 것으로 보였나 보다. 언제나 녀석들을 수정궁으로 올 마음을 먹게 할 수 있을까? 나는 아직 포기하지는 않았다.

우선 내가 조금 본 것을 말해 보자. 알이 많이 들었든, 적게 들었든, 갈대 입구는 바로 막히는데 마개는 대개 꿀주머니를 만드는 솜뭉치보다 크고 두껍다. 그것은 세뿔뿔가위벌이나 라뜨레이유뿔가위벌이 잎을 씹어서 만든 반죽 마개나 가위벌의 잎사귀 뭉치 마개와 맞먹는 정도였다. 공짜로 세 들어 사는 모든 곤충은 흔히 그 일부밖에 사용치 않은 숙소의 문을 빈틈없이 단단히 잠근다. 거의 밖에서 진행되는 방호벽 만들기 작업을 보려면 얼마간의 시간을 기다리는 인내심 말고는 달리 필요한 게 없다.

마침내 가위벌붙이가 울타리에 쓸 솜뭉치를 가져온다. 그것을 앞 다리로 갈기갈기 찢어서 편다. 솜의 틈새로 큰턱을 넣을 때는 다물고 뺄 때는 열어서 북실북실 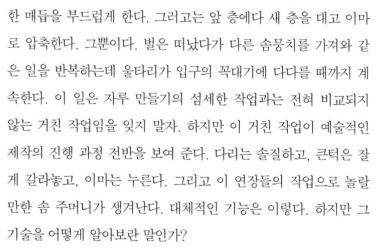 한 매듭을 부드럽게 한다. 그러고는 앞 층에다 새 층을 대고 이마로 압축한다. 그뿐이다. 벌은 떠났다가 다른 솜뭉치를 가져와 같은 일을 반복하는데 울타리가 입구의 꼭대기에 다다를 때까지 계속한다. 이 일은 자루 만들기의 섬세한 작업과는 전혀 비교되지 않는 거친 작업임을 잊지 말자. 하지만 이 거친 작업이 예술적인 제작의 진행 과정 전반을 보여 준다. 다리는 솔질하고, 큰턱은 잘게 갈라놓고, 이마는 누른다. 그리고 이 연장들의 작업으로 놀랄 만한 솜 주머니가 생겨난다. 대체적인 기능은 이렇다. 하지만 그 기술을 어떻게 알아보란 말인가?

모르는 것은 놔두고 관찰 가능한 것부터 보기로 하자. 특히 내 갈대를 자주 찾아오는 왕관가위벌붙이에게 물어봐야겠다. 지름 12mm, 길이 20cm가량의 갈대 끝을 갈랐다. 안에는 10개의 독방이 솜 기둥 안에 들어 있는데 겉에서는 각 방 사이의 경계가 없이 전체가 하나의 연속된 원기둥으로 되어 있다. 게다가 펠트로 밀접하게 가공해서 방끼리 서로 붙어 있다. 그래서 한쪽 끝에서 잡아당기면 집 전체가 분해되지 않고 한 덩어리로 딸려 나온다. 원기

둥은 한 번에 만든 것 같은데 제작물은 사실상 일련의 방으로 구성되었고 각 방은 연결 부위 외에는 앞의 것과 관계가 없이 지어졌다.

이런 구조인데 아직은 꿀이 가득 차 있어서 이 말랑말랑한 꿀 대롱을 가르지 않고는 몇 층인지 알아볼 수가 없다. 그래서 고치들이 만들어질 때까지 기다려야 한다. 그때는 솜 층의 밑에서 마디의 저항처럼 손가락에 느껴지는 수를 세어서 방이 몇 개인지 알게 된다. 전반적인 구조는 쉽게 설명된다. 즉 펠트로 솜 주머니 하나가 가공되는데 그 본은 갈대의 내벽이 된다. 이 본에 따라 짓지 않더라도 멋진 골무 형태는 역시 얻어질 것이다. 이는 담장이나 땅속의 어느 안 보이는 곳에 집을 지은 칼띠가위벌붙이가 증명해 준다. 주머니가 완성되고 나면 식량 비축과 산란이, 다음은 독방 막기가 뒤따른다. 여기는 가위벌처럼 입구에 여러 겹의 둥근 잎 조각을 끼우는 기하학적 뚜껑이 아니다. 자루가 솜 보자기로 덮이는데 보자기와 입구의 가장자리는 펠트 가공으로 잘 달라붙었다. 땜질을 너무도 잘 해서 꿀주머니와 뚜껑은 나눠지지 않는 하나의 덩어리가 된다. 그 위는 두 번째 방의 기초가 된다. 작업을 시작할 때 첫째 방의 천장과 둘째 방의 바닥에 주의 깊게 펠트 가공을 하여 두 층이 합쳐지게 한다. 끝까지 이렇게 계속된 제작물은 그 긴밀한 땜질로 연속된 대롱이 되어 각 주머니의 우아함은 사라지게 된다. 가위벌도 이와 비슷하게, 그러나 각 방 사이를 덜 밀착시키며 자루의 겉에 층의 경계가 드러나지 않는 원기둥처럼 쌓아 놓았다.

상세한 부분을 알려 줄 갈대 토막을 다시 살펴보자. 10개의 고치가 염주처럼 나란히 들어 있는 솜 기둥의 저편에 5cm, 또는 그보다 길게 빈 공간이 있다. 가위벌이나 뿔가위벌도 이처럼 아무것도 없이 긴 현관을 남겨 놓는 습관이 있다. 갈대 둥지의 입구는 방보다 거칠고 덜 하얀 솜뭉치의 단단한 마개로 막는다. 하지만 이 재료가 항상 저항력이 강하며 덜 고운 것은 아니다.

우단담배풀 원산지는 유럽으로 전국의 도로변이나 공터에 서식하는 월년초이다. 잎은 담뱃잎을 닮았고 8, 9월에 노란색 꽃이 핀다. 안인. 10. IX. 05

흔한 경우를 보면 애벌레 때의 부드러운 그물 침대에는 어떤 재료가, 방어용으로는 어떤 것이 더 적당한지를 곤충들은 아는 것 같다. 가끔 왕관가위벌붙이가 둥지의 선택에 매우 판단력이 있음을 증언하는 것 같았다. 사실상 그들의 방은 하지수레국화(*Centaurea solsticalis*)에서 따온 백색의 최상급 솜으로 되어 있는데 입구의 마개는 가장자리가 별처럼 파상(波狀)인 노란색 우단담배풀(bouillon-blanc sinué: *Verbascum thapsus*)⊙의 솜털 뭉치라서 방과는 어울리지 않는 경우가 더러 있었다. 여기서는 두 솜뭉치의 역할이 뚜렷이 구별된다. 애벌레의 연한 피부에는 부드러운 요람이 필요해서 어미는 솜털 식물의 부드러운 플란넬에서 제일 좋은 것을 따다 안쪽에

양털처럼 입힌다. 고운 솜을 끈질기게 뜯어 온 벌은 바깥을 나뭇조각으로 강화시키는 새와 경쟁해 가며 애벌레의 담요 제작에 쓴다. 하지만 외적을 막으려고 문을 닫을 때는 온통 덫과 뻣뻣한 가지가 달린 방사상 털을 입구에 늘어놓는다.

왕관가위벌붙이만 이런 교묘한 보호 장치를 아는 것은 아니다. 경계심이 훨씬 강한 긴소매가위벌붙이도 갈대 앞쪽의 빈 공간을 남겨 두지 않는다. 녀석은 방들의 기둥 바로 뒤의 빈 공간인 현관에다 근처에서 적당히 만나는 각종 부스러기를 잔뜩 집어넣는다. 흙, 나무, 회반죽 따위의 각종 부스러기, 실편백의 꽃 뭉치, 달팽이 똥, 자갈, 기타의 석재 등이다. 이번에는 진짜 장벽 뭉치, 즉 솜마개로 갈대를 끝까지 꽉 막을 2cm가량만 남겨 놓는다. 외적은 분명히 그 이중 장벽을 통과해 침입하지 못하고 돌아설 것이다. 하지만 밑들이벌(*Leucospis*)이 찾아와 눈에 보이지 않는 어느 틈새로 기다란 침을 꽂아 그의 알들을 마지막 한 마리까지 몰살시키기도 한다. 결국 의심 많은 긴소매가위벌붙이의 이런 조심성도 실패하게 마련이다.

만일 가위벌이 먼저 알려 주지 않았다면 분명히 여기서 난소가 바닥난 어미벌의 쓸데없는 행동에 대해 자세히 설명했을 것이다. 즉 알이 모두 소진된 벌이 모성의 목적은 없고 단지 노동력의 소비로만 즐기려는 행동 말이다. 안에 식량도 알도 없는 빈방이 한 개, 때로는 두세 개나 있는데 솜뭉치로 울타리를 친 갈대가 드물지 않았다. 목숨이 다할 때까지 솜을 뜯어다 펠트로 주머니를 짜고 방호벽을 쌓는 본능이 언제까지나 헛된 결과물로 남겨진다. 도

마뱀 몸에서 잘린 꼬리는 구부렸다 폈다 하며 팔딱팔딱 뛴다. 분명히 필요성이 없어졌어도 계속되는 이 반사운동의 행동을 보고 나는 꼭 그런 것은 아니지만 곤충들 역시 재주대로 행동하느라고 여전히 애쓰는 근면성과 끈질김이 있음을 어렴풋이 보는 듯한 기분이 들었다. 부지런한 이 곤충에게 휴식은 한 가지밖에 없으니 그것은 오로지 죽음뿐이로다.

왕관가위벌붙이 둥지 이야기는 이쯤 해두고 그 안에 사는 애벌레와 식량을 보자. 꿀은 균질의 연노랑 색인데 농도는 절반 정도의 액상이라 물이 스미는 솜 주머니에서 새지는 않는다. 알은 꿀 위에 떠 있는데 머리 쪽 끝이 그 속에 묻혀 있다. 애벌레의 발달을 지켜보는 것도 흥미로웠다. 특히 고치는 내가 본 것 중 제일 특이한 것의 하나여서 더욱 그랬다. 이 관찰에 적합한 몇 개의 방이 준비되었다. 즉 솜 주머니의 옆구리 일부를 가위로 도려내 먹이와 애벌레가 드러나게 한 다음 그 방을 짧은 유리관에 넣었다. 처음 며칠은 주목거리가 없었다. 어린 애벌레는 계속 머리를 꿀 속에 처박고 천천히 마시며 자란다. 어느 순간에 이르자……, 하지만 이상한 위생 문제를 다루기 전에 근본 문제로 들어가 보자.

좁은 방안에서 어미가 모아 놓은 식량만 먹고 자라는 애벌레든, 제 마음대로 떠돌다가 만난 것을 먹는 떠돌이 애벌레든 모두 식료품의 위생 조건이 적합한지 아닌지를 알지 못한다. 전자라고 해서 떠돌이보다 나을 것도 없다. 즉 불결한 노폐물 없이 몽땅 흡수되는 영양 문제를 해결하지는 못한다. 떠돌이는 어떤 궁지에서든 벗어날 수 있어서 제게 닥친 불행에 개의치 않는다. 하지만 갇혀 있는 녀석은 식량으로 가득 찬 그 작은 방안에서 소화한 노폐물을 어떻게 처리할까? 배설물이 섞이는 불쾌감은 불가피할 것 같아 보인다. 액체 상태의 식량 위로 떠다니며 꿀을 먹는 애벌레가 가끔씩 제 배설물로 그 식량을 더럽히는 상상을 해보자. 엉덩이를 조금만 움직여도 모든 것이 섞일 텐데 그렇게 되면 예민한 어린 애벌레에게 그 얼마나 맛있는(없는) 죽이 되겠더냐! 아니다, 그럴 수는 없다. 이 세련된 식도락가들은 그런 혐오스러운 상황을 면하는 방법을 가졌을 게 틀림없다.

사실상 모두가 그런 방법을 가지고 있는데 그 역시 기막힐 정도로 희한하다. 어떤 녀석은 흔히 말하듯이 난국에 정면으로 대처한다. 즉 식사가 끝날 때까지 안 더럽히려고 배설 행위를 삼간다. 식량을 모두 소비하기 전에는 항문을 막아 놓는 것이다. 조롱박벌과 줄벌이 행하는 이 방법이 근본적이긴 하나 모두가 이용할 수는 없을 것이다. 이들은 비축한 식량을 모두 먹은 다음 처음 식사 때부

터 창자 속에 모아 두었던 찌꺼기를 한꺼번에
내보낸다.

　다른 곤충들, 특히 뿔가위벌은 온건한 방법
을 취한다. 즉 식량이 소비되어 방안에 적당한
공간이 생겼을 때 소화관의 찌꺼기를 처치하
기 시작한다. 보다 급한 녀석들은 상당히 일찍
부터 똥의 처리 기술에 공통 법칙이 아닌 다른
법을 찾아냈다. 천부적인 기질을 발휘하여 불
쾌한 걱정거리, 즉 똥으로 건축자재를 만들었
다. 우리는 서양백합긴가슴잎벌레(Criocère du
lis: *Crioceris → Lilioceris lilii*)의 솜씨를 이미 알고
있다.[2] 이 녀석들은 햇볕이 내리쬐어도 자신의
똥 제품 외투를 입어 몸을 시원하게 유지한다.
참말로 대단히 불쾌하고 눈에 거슬리며 상스
러운 기술이다. 또 다른 부류에 속하는 왕관가위벌붙이는 기원이
천한 똥으로 우리 눈을 완전히 속이는, 즉 멋진 상감기법의 모자
이크 걸작을 만든다. 유리관의 창을 통해서 그 솜씨를 살펴보자.

주어진 식량이 절반쯤 소비되었을 때 배
변이 시작되는데 겨우 핀의 머리만 한 배변
을 자주 보며 누르스름한 색이 끝까지 유지
된다. 배설되자마자 애벌레는 엉덩이를 움
직여 그것을 방의 둘레로 밀어내고 비단실
몇 줄로 그곳에 고정시킨다. 다른 애벌레들

2 『파브르 곤충기』 제3권에서 긴
가슴잎벌레의 식성이 다루어졌으
나 종명은 밝히지 않았었다. 이 무
리의 구체적인 습성은 제7권에 나
오므로 우리는 아직 이들의 솜씨
를 모르는 상태이다. 제7권에서는
이 종이 한국에도 분포하는 백합
긴가슴잎벌레(C. merdigera: *L.
merdigera*)임을 알 수 있다.

은 식량이 모두 소비된 다음까지 미루어지는 출사돌기(出絲突起)의 역할이 여기서는 아주 일찍 시작되었는데 먹이 섭취 행위와 교대로 행해진다. 이렇게 해서 오물은 꿀과 멀리 떨어져 서로 섞일 염려가 없이 보관되는데 결국은 벌레의 둘레에 거의 연속적인 천막이 만들어질 만큼 많아진다. 비단실과 똥이 절반씩인 이 오물 천막은 사실상 고치의 초벌 작업인 셈이다. 오히려 그보다는 제자리에서 결정적으로 이용될 때까지 자재를 보관해 둔 일종의 뭉치이다. 이 자재 창고는 모자이크 작업이 시작될 때까지 식량이 전혀 오염되지 않게 보호해 준다.

밖으로 던져 버릴 수 없는 것을 천장에 매달아 놓는 것도 괜찮은 방법이다. 하지만 그것을 이용해서 예술작품을 만드는 것은 훨씬 좋은 방법이다. 꿀은 사라지고 이제는 결정적으로 고치 짜기가 시작된다. 몸을 비단실로 감싸는데 처음에는 아주 흰색, 다음은 접착용 바니시를 써서 불그레한 갈색을 띠게 된다. 코가 느슨한 천을 통해서 애벌레가 비계에 매달린 똥을 차례로 떼어 내 고치 속에 단단히 박아 넣는 게 보인다. 고치의 부족한 씨실을 모래알로 강화시키는 코벌(*Bembix*), 어리코벌(*Stizus*), 구멍벌(*Tachytes*), 뾰족구멍벌(*Palarus*), 그 밖의 상감 기사 곤충들도 이렇게 한다. 다만 솜 주머니 속의 가위벌붙이 애벌레는 광물질 대신 제 마음대로 쓸 수 있는 골재를 쓴다. 이 녀석들에게 똥은 자갈을 대신한 것이다.

그래도 나쁜 방향으로 진행되지는 않으며 오히려 그 반대였다. 고치가 완성된 다음 그 과정을 보지 못한 사람이 작품의 성질을 설명해야 한다면 매우 당황스러울 것이다. 겉껍질의 색조와 우아한 균형미가 가는 내나무로 엮은 광주리나 외국제 알갱이의 상감 세공품을 연상시킨다. 처음에는 솜 자루 속의 애벌레가 무엇으로 제가 탈바꿈할 집에다 그토록 예쁘게 상감했을까 하는 생각뿐 해답을 찾아내지는 못하고 있었다. 그 비밀이 알려진 오늘은 가장 천한 재료로 아주 유익하고 멋진 것을 얻어 내는 곤충의 능란한 솜씨에 감탄했다.

고치는 우리가 또 한 번 깜짝 놀랄 것을 준비해 놓고 있었다. 그의 머리 쪽 끝에는 짧은 원뿔 모양의 젖꼭지 같은 게 붙어 있는데 거기는 가는 구멍 하나가 뚫려 있어서 안과 밖이 서로 통하게 되어 있다. 이런 건축의 특성은 곧 다루려는 송진 채취공이나 솜틀공이나 모든 가위벌붙이에서 공통적이었다. 가위벌붙이 무리 외에서는 이 특징을 보지 못했다.

애벌레가 고치의 끝을 다른 부분처럼 상감하지 않고 그냥 남겨 둔 이유는 무엇일까? 겨우 밑바닥만 느슨한 비단실 망으로 막은 구멍의 용도는 무엇일까? 내 생각에는 녀석들이 이 구멍을 매우 중요시하는 것 같으며 실제로 그 꼭지를 정성스럽게 손질하는 것도 보았다. 구멍 덕분에 내가 들여다볼 수 있는 애벌레는 원뿔 모양 통

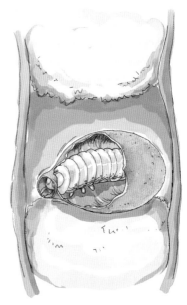

로의 바닥에서 광을 내며 정확한 원형을 유지시켰다. 하지만 가끔씩 양쪽 큰턱을 닫고 좁은 구멍으로 들여보내 그 끝이 밖으로 약간 나온다. 다음, 큰턱을 컴퍼스처럼 어느 정도 벌려서 확장시키며 출입구를 정리했다.

꼭지의 구멍을 호흡에 필요한 공기가 들어오는 굴뚝으로 상상해 보지만 이렇게 위험한 상상을 단정 짓지는 않으련다. 고치가 아무리 치밀해도 그 안의 번데기라면 누구든 병아리가 알 껍데기 속에서 숨 쉬듯 호흡한다. 껍데기에 뚫려 있는 수천 개의 공기구멍은 필요에 따라 안의 습기를 증발시키거나 바깥 공기를 들어오게 한다. 돌처럼 단단한 코벌이나 어리코벌의 상자가 그렇게 치밀하지만 이들 역시 탁한 공기와 맑은 공기를 교환하는 수단이 있다. 내가 모르는 어떤 돌발 상황으로 가위벌붙이 고치에는 공기가 못 들어갈까? 어떤 경우이든 이 불투명성을 똥으로 만든 모자이크 탓으로 돌릴 수는 없다. 송진을 채취하는 가위벌붙이의 고치에는 그런 모자이크가 없지만 꼭지는 역시 아주 훌륭한 모습으로 존재하니 말이다.

비단실 조직에 배어 있는 반들반들한 래커에서 이 문제에 대한 해답을 얻을 수 있을까? 그렇다, 아니다 하기가 망설여진다. 많은 고치가 그처럼 반들반들하게 래커 칠이 되어 있어도 바깥과 공기를 통하는 장치는 없었으니 말이다. 어쨌든 아직은 그 필요성을 알아내지 못했지만 나는 가위벌붙이의 꼭지를 호흡용 구멍으로 가정해 두련다. 천을 짜는 다른 곤충은 모두가 고치를 완전히 닫아 놓는데 솜이나 수지(송진) 채취 곤충들은 왜 고치에 넓은 구멍을 남기는지 그 해답은 미래에 맡기련다.

이런 이상한 생물학적 문제를 제시한 다음 내가 할 일은 이 장의 주요 주제인 둥지 재료들의 기원 알아보기이다. 근처의 여러 가위벌붙이가 수집하는 재료를 지켜보고 녀석들이 만든 솜뭉치를 현미경으로 검사하면서 시간과 노력을 과도하게 낭비하지 않고도 솜털이 많은 초목이면 어느 것이든 구별 없이 상대한다는 것을 알았다. 국화과 식물의 대부분이 솜털을 공급하는데 특히 다음의 식물들이었다. 수레국화류(*C. solsticalis, C. paniculata*), 절굿대와 엉겅퀴류(*Echinops ritro, Onopordon illyricum*), 떡쑥류(*Helichrysum stoechas*), 게르만 필라고(*F. germanica*), 다음은 꿀풀과 식물이 온다. 광대나물류(*Marrubium vulgare, Ballota fetida*)와 칼라멘다류(*Calamentha nepeta*), 샐비어(*Salvia aethiops*), 마지막으로 현삼과의 2종, 즉 우단담배풀과 뜰담배풀(*V. sinuatum*) 따위였다.

가위벌붙이의 식물상에 대한 내 기록은 비록 이렇게 볼품없어도 매우 다양한 식물이 포함되었음을 보여 준다. 빨간 술이 달린 커다란 촛대 모양의 지느러미엉겅퀴(Onoporde)와 빈약한 줄기에 하늘빛 두상화가 피는 절굿대(Echinops) 사이에 비슷한 생김새란 전혀 없다. 넓은 장미꽃 모양의 우단담배풀과 빈약한 하지수레국화의 잎사귀, 또 숱한 털로 은빛을 띠게 된 에티오피아 라일락과 짧은 솜털의 떡쑥 사이에도 전혀 비슷한 점이 없다. 가위벌붙이에게 식물의 기본적 특성은 중요치 않다. 오로지 한 가지 원인만 그를 인도하는데 그것은 바로 솜의 질이다. 식물에 다소 부드러운 솜이 덮여 있으면 나머지는 별로 중요치 않다.

하지만 솜이 곱다는 것 외에 또 한 가지 조건이 갖춰져야 한다. 수집할 가치가 있는 솜이라면 식물이 죽어서 말랐어야 한다. 싱싱한 식물에서 솜을 채취하는 경우는 한 번도 보지 못했다. 그렇게 해서 수액으로 젖은 털 뭉치에 퍼질 곰팡이를 피하는 것이다.

가위벌붙이는 이용이 편리한 식물에 충실하다. 그래서 전에 뜯겨 가 탈락된 부분의 끝으로 다시 와서 뜯어 간다. 큰턱은 작은 솜뭉치를 긁는 대로 앞다리에 넘겨주고 앞다리는 빠르게 늘어나는 솜뭉치를 섞어서 가슴에 꼭 껴안아 전체를 둥근 모양이 되게 한다. 환약이 콩알만큼 커지면 큰턱이 그것을 다시 받아서 이빨로 물고 떠난다. 우리가 참을성을 잃지만 않는다면 부대가 완성될 때까지 곤충이 같은 지점을 몇 분 간격으로 왕복하는지 알 수 있을 것이다. 하지만 식량 수집이 솜 채취 작업을 중단시킨다. 그러다가 다음다음 날, 그 다음 날에도 같은 줄기나 잎사귀에 털이 남아 있으면 거기서 긁기 작업을 다시 시작할 것이다. 할 일이 많아 보이는 곤충은 울타리 마개용 거친 재료가 필요할 때까지 거기에 집착하는 것 같다. 이렇게 거친 마개용과 고운 독방용 솜뭉치 채취를 여러 번 반복한다.

향토산 식물 중 솜을 얻는 범위가 다양함을 알았으니 이제는 그 종족이 알지 못하던 외국산 식물에도 적응하는지 알아봐야겠다. 녀석의 큰턱 갈퀴 앞에 처음 나타난 털 많은 식물을 보고 망설이는지 여부이다. 아르마스(Harmas)에 심어 놓은 샐비어(*S. sclarea*)와 바빌로니아수레국화가 털을 거둘 밭이 될 것이며 채취할 곤충은 내 갈대의 손님인 왕관가위벌붙이이다.

이 샐비어 종은 이제 프랑스 식물상의 일부가 되었음을 나도 잘 안다. 이 종은 원래 외국산인데 새 풍토에 길들여진 것이다. 전해 내려오는 말에 의하면 중세의 어느 용맹한 기사가 십자군 원정에 나섰다가 빛나는 무훈을 세운 만큼 상처도 많이 얻었다고 한다. 그래서 그는 팔레스티나(Palestine)에서 돌아오는 길에 류머티즘과 칼에 베인 상처를 치료하려고 근동 제국(Levant, 레바논)에서 가져 왔단다. 이 식물은 그 영주의 저택 근처로 퍼졌는데 옛날 영주의 부인들이 향유(香油)를 쓰려고 길렀던 담 밑에 아직도 충실하게 남아 있다고 한다. 오늘날도 이 화초가 즐겨 사는 서식처는 봉건 시대의 그 폐허이다. 역사든, 전설이든 여기서는 샐비어의 기원이 중요한 게 아니다. 프랑스의 어느 지방에서 자생하든 보클뤼즈 (Vaucluse)의 샐비어는 분명히 외지에서 온 것이다. 나는 이 현(縣) 내에서 오랫동안 식물채집을 했는데 이 식물은 한 번밖에 만나지 못했다. 거의 30년 전 카롱브(Caromb)의 어느 폐허에서 한 번 보 았을 뿐이다. 나는 그것을 꺾꽂이했고 그때부터 십자군의 샐비어 는 긴 여행을 할 때마다 나를 따라다녔다. 내가 지금 머무는 곳에 는 이 화초가 많다. 하지만 내 집 담 밑이 아니면 어디서도 이 식 물을 발견할 수 없을 것이다. 따라서 이 부근부터 먼 지역까지의 범위 안에는 새로운 식물이며 내가 씨를 뿌리기 전에는 세리냥 (Sérignan)의 가위벌붙이들이 한 번도 이용한 적이 없는 솜 밭이다.

자갈투성이의 황폐한 내 땅에 식물이 좀 덮이게 하려고 처음 들 여온 바빌로니아수레국화도 이 벌들은 전혀 이용한 적이 없다. 유 프라테스(Euphrate) 강 유역에서 온 거대한 수레국화를 본 적이 없었으니 말이다. 키는 3m, 굵기는 어린애 주먹만 하고 엄청나게 큰 장미꽃 모양의 잎으로 땅을 뒤덮은 식물, 즉 지느러미엉겅퀴도 이 지방 식물이 아니며 따라서 벌들에게 길들여지지 않았다. 이렇게 새로운 발견 앞에서 녀석들은 어떻게 할까? 항상 솜을 제공해 주던 빈약한 하지수레국화 앞에서처럼 망설임 없이 이 식물을 차지할 것이다.

실제로 나는 적당히 마른 샐비어와 바빌로니아수레국화 몇 그루를 갈대가 꽂힌 둥지에서 멀지 않은 곳에 가져다 놓았다. 왕관가위벌붙이가 곧 이 풍성한 수확거리를 발견했다. 시험해 보자마자 솜의 질이 훌륭함을 알아보았다. 둥지 건설이 계속되는 3~4주 동안 매일매일 때로는 샐비어에서, 때로는 수레국화에서 솜을 뜯어 가는 것을 볼 수 있었다. 하지만 바빌로니아 식물을 더 좋아하는 것 같았는데 아마도 솜털이 더 희고, 더 곱고, 더 많아서였을 것이다. 큰턱의 갈퀴질과 환약 만드는 다리를 유심히 지켜보았는데 절굿공이나 하지수레국화에서 거둘 때의 조작과 조금도 다르지 않았다. 유프라테스 강 유역과 팔레스티나의 식물들도 프랑스 식물과 똑같이 다루어졌다.

따라서 가위벌이 알려 준 사항을 솜틀공 벌들도 다른 모습으로 증명해 준 셈이다. 이들은 이곳의 식물상에서 분명한 분야를 갖지 않아 이 종류든, 저 종류든 제 작업에 쓰일 재료를 만나기만 하면 즐겨 거둬 온다. 외국산도 향토산과 똑같이 채택되는 것이다. 끝으로 이 식물에서 저 식물로, 흔한 것에서 드문 것으로, 습관적인 것에서 예외적인 것으로, 알려진 것에서 안 알려졌던 것으로 옮겨

가는 곳도 단계적인 입문 없이 졸지에 이루어진다. 둥지 재료의 선택을 위한 수습 기간도, 습관에 의한 교육도 없다. 곤충의 기술에서 세부 사항은 갑작스런 개혁에 따라 변할 수 있으나 개별적으로 전달되는 진화는 없고 커다란 두 요소, 즉 시간과 유전(물려받음)도 없다.

9 수지(송진) 채취 가위벌붙이

파브리키우스(Fabricius)가 현재와 같은 가위벌붙이(*Anthidium*) 속의 기준을 확립하던 시절, 곤충학은 살아 있는 동물에 대해서는 별로 관심이 없었고 시체만 다뤘다. 그런데 해부실의 이런 연구 방법이 아직도 끝나지 않은 것 같다. 더듬이, 큰턱, 날개, 다리는 세밀한 눈으로 살피면서 곤충이 수족으로 기교를 발휘할 때 그 기관들의 사용법은 생각해 보지 않는다. 곤충의 분류법도 마치 광석 분류법과 비슷해서 동물학의 범주에는 들어갈 자격도 없는 그런 구조가 전부이다. 삶의 가장 높은 특권인 지능, 그리고 본능은 중요한 대상이 안 되고 있다.

현실상 처음에는 거의 전적으로 공동묘지의 연구가 필수적이며 누구든 핀을 꽂은 곤충들로 자기 표본상자를 채우게 마련이다. 하지만 그런 곤충이라도 그들의 생활 방식, 행동, 습성 따위를 지켜보는 것은 완전히 별개의 일이다. 시간 여유도 없고 때로는 흥미도 없는 학명 명명자는 돋보기를 들고 죽은 곤충을 해부한 다음,

그의 행동은 알지 못하면서 이름을 붙여 준다. 그래서 귀에 거슬리는 명칭이 많이 생겼다. 그런 이름 중 어떤 것은 행동과 정반대여서 이런 말을 하는 것이다. 예를 들어 목재를 가공하는 꿀벌과(科)의 곤충을 리둘구스(*Lithurgus*, 둥지기생가위벌), 즉 돌을 다루는 석수장이라고 부른 것을 이미 보지 않았던가? 잘 알려진 곤충의 직업이 녀석의 진단서에 들어가도록 곤충의 행동을 비춰 주지 않으면 이런 모순은 피할 수 없을 것이다. 미래의 곤충학에는 훌륭한 진보가 올 것이라 믿고 싶다. 즉 핀에 꽂힌 표본상자의 곤충이 살았을 때 어떤 일을 했는지에 대한 생각이 미칠 것이고 그래서 해부학의 글이 생물학의 글에 적절한 자리를 만들어 주리라는 것이다.[1]

꽃에 대한 사랑을 넌지시 나타내는 안디디(Anthidie, 가위벌붙이)라는 이름도 파브리키우스는 그 뜻을 중재한 것이 없고 그의 특성에 대해 말한 것도 없다. 꿀벌과(科) 곤충은 모두 꿀 수집에 심할 정도의 열정을 가졌는데 나는 가위벌붙이가 다른 꿀벌보다 더 열성적으로 꿀을 수집하는 곤충임을 발견하지 못했다. 만일 스웨덴 학자가 솜으로 만든 가위벌붙이의 둥지를 알았다면 아마도 보다 논리적인 이름을 주었을 것이다. 나는 그들을 전문용어가 아닌 평범한 말, 즉 '솜틀공'으로 부르겠다.

이 이름에는 제한이 필요하다. 내가 이 고

1 이런 의견은 파브르뿐만 아니라 분류학자에게도 공통적인 희망 사항이다. 하지만 사람도 태어나면 그 아이가 나중에 어떤 사람이 될지 모르면서 이름부터 지어 주듯이 새로운 생물이 발견되면 우선 이름이 주어지고 그 다음 관찰이 따를 수밖에 없다. 따라서 이 희망은 현실적으로 이루어질 수 없다. 게다가 세계동물명명규약은 한 번 지어진 이름을 절대로 고칠 수 없도록 규정하고 있다. 또한 리둘구스(*Lithurgus*) 속은 앞의 제6장에서 언급했듯이 반드시 목수벌은 아니고 벌 둥지에 기생하는 종도 있다.

장에서 발견한 것에 따르면 가위벌붙이는 사실상 곤충분류학적[2]으로 매우 다른 두 직종의 집단이 포함되어 있다. 이미 아는 녀석들은 순전히 솜을 가공했는데 이제 다룰 종류는 솜이 아니라 송진(수지, 樹脂)만 가공한다. 내 관찰 자료에 따르면 이들은 두 무리로 나뉘며 각각에게 별도의 이름이 필요하다. 솜틀공과 송진을 반죽하는 곤충을 같은 이름으로 부르는 것은 아주 비논리적이다. 나는 내 원칙에 충실해서 이들의 업종에 따라 '수지 채취(취급)자'로 부르겠다. 하지만 규정대로 시행되는 개혁의 영광은 개명권이 있는 사람에게 맡기련다.

꾸준함과 친구였던 행운 덕분에 나는 보클뤼즈 지방의 여러 곳에서 송진을 다루는, 즉 그 이상한 솜씨에 대해 아직 아무도 짐작조차 못한 4종의 벌을 알게 되었다. 오늘은 주변에서 이들, 칠치가위벌붙이(A. → *Rhodanthidium septemdentatum*), 싸움꾼가위벌붙이(A. *bellicosum* → *Rhodanthidum infuscatum*), 네잎가위벌붙이(A. quadrilobé : *A. quadrilobum* → *Icteranthi-*

---

2 '곤충분류학적'이 아니라 '행동학적'이라고 해야 할 내용이다.

166

dium laterale), 라뜨레이유가위벌붙
이(*A. latreillii* → *Icteranthidium groh-
manni*)를 다시 찾아보자. 앞의 두
종은 낡은 달팽이 껍데기 속에
집을 짓고 뒤의 두 종은 땅속이
나 넓은 돌 밑에 그들의 방을 감

칠치가위벌붙이 실물의 1.6배

춰 둔다. 먼저 달팽이 껍데기에 사는 녀석들을 보자. 『곤충기』 제3
권에서 암수 분배를 다룰 때 이미 몇 마디씩 했던 녀석들이다. 그
때는 주제가 달라 단순한 내용만 말했었으나 이제 다시 보충해서
보다 광범한 부연 설명을 하련다.

달팽이 껍데기의 손님인 뿔가위벌(*Osmia*) 둥지를 보려고 세리냥
의 옛날 채석장의 돌무더기를 자주 찾아갔었는데 그곳은 저들과
비슷한 곳에 자리 잡은 두 종의 수지 취급자도 제공했다. 들쥐가
돌판 밑에 건초로 침대를 만들어 놓고 빈 달팽이 껍데기를 많이
모아 놓았을 때는 진흙으로 마개를 막은 껍데기를 만날 희망이 있

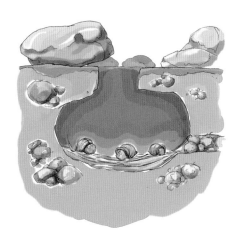

다. 가끔은 수지로 칸막
이가 된 껍데기가 이들
과 섞여 있기도 했다. 두
종류의 벌이 서로 이웃
해서 하나는 진흙으로,
다른 하나는 송진으로
공사한다. 석수장이들이
버린 돌 덕분에, 또한 들

쥐가 다니는 길은 숨거나 거처를 마련하기에 아주 훌륭한 곳이라서 이렇게 동거하는 일이 잦다.

시골 담장의 틈새처럼 죽은 달팽이가 하나씩 따로따로 흩어져 있을 때는 벌이 차지한 껍데기가 그만큼 드물게 발견된다. 하지만 여기는 같은 돌무더기에 수지 채취자도 드나들어서 분명히 수확이 곱절이나 세 곱절은 된다. 여기의 돌들을 들춰 보자. 습기가 너무 많아서 더 내려갈 필요가 없는 수준까지 돌을 들어내 보자. 어떤 때는 한 켜를 들추자마자, 또 어느 때는 두 뼘쯤 들어가서 뿔가위벌 고치를 만날 것이고 아주 드물게는 수지 채취자의 고치도 만날 것이다. 무엇보다 중요한 것은 인내심이 아니더냐! 찾는 일은 그렇게 성과가 많은 것도 아니고 별로 즐거움을 주는 일도 아니다. 그렇게도 거친 돌을 뒤집다 보면 손가락 끝이 아프다. 또 피부가 벗겨져서 칼갈이의 회전 숫돌에 스친 것처럼 반들반들해진다. 오후 내내 찾느라고 허리가 아프고 손가락이 몹시 가려워졌지만 혹시 한 타의 뿔가위벌 둥지와 두세 개의 수지 채취자 둥지를 얻게 되면 그것으로 만족했다고 생각하자.

뿔가위벌이 들어 있는 껍데기는 입구를 흙 마개로 막아서 금방 알아볼 수 있다. 하지만 가위벌붙이가 들어 있는 껍데기는 특별한 조사가 필요하다. 만일 검사하지 않았다가는 호주머니를 쓸데없고 귀찮은 것으로 가득 채우게 된다. 돌무더기에서 죽은 달팽이를 만났는데 그 속에 수지 취급 곤충이 살고 있을까? 아닐까? 겉만 봐서는 알아낼 만한 흔적이 전혀 없다. 가위벌붙이의 작품은 입구에서 먼 안쪽 나선에 있는데 그 앞쪽이 환하게 뚫리기는 했어도 눈이 나선의 경사면 안쪽까지 미치지는 못한다. 의심스러운 달팽이는 해를 향해 비춰 본다. 완전히 투명하면 속이 비었다는 표시이다. 그런 껍질은 미래를 위해 도로 내려놓는다. 불투명하면 안에 무엇이 들었다는 표시이다. 무엇이 들었을까? 물이 흘러서 흙이 들어갔나? 아니면 썩은 동물의 시체일까? 봐야겠다. 호주머니에 항상 넣고 다니는, 그리고 내 연구와 떨어질 수 없는 작은 모종삽 모양의 도구로 나선의 가운데를 뚫어 본다. 만일 수지 바탕에 자갈이 박힌 게 보이면 무엇인지 알 수 있다. 즉 가위벌붙이의 둥지 한 개를 얻어서 부자가 된 것이다. 하지만 한 번의 성공을 위해 얼마나 많은 실패를 거듭해야 했고 밑창에 진흙이나 역한 냄새의 시체가 들어 있는 껍데기 옆구리에다 얼마나 많은 구멍을 뚫어야 했었더냐! 뒤죽박죽인 돌무더기에서 껍질을 찾아 해에 비춰 보고 작은 모종삽으로 옆구리를 깨뜨려 보고 매번 집어던지면서, 나는 이렇게 반복적인 탐사로 이 장에서 다룰 힘든 재료를 얻었다.

7개의 이빨 곤충, 즉 칠치가위벌붙이가 제일 먼저 우화한다. 4월부터 채석장의 깨진 돌이나 소규모의 담장에서 달팽이를 찾아 묵직하게 날아다니는 게 보인다. 4월 마지막 주에 작업을 시작하는 세뿔뿔가위벌(O. tricornis)과 같은 시기에 나온 이들은 뿔가위벌과 같은 돌무더기에서 껍데기끼리 맞대고 사는 일이 많다. 가위벌붙이가 먼저 공사에 착수하는데 뿔가위벌이 공사할 때 저들과 이웃하게 된다. 실제로는 그와 경쟁자인 싸움꾼가위벌붙이와 이웃하게 되어 얼마나 무서운 위험을 당하는지 보게 될 것이다.

대부분의 경우 선택된 껍데기는 흔한 갈색정원달팽이(*Helix*

aspersa)인데 완전히 자란 것도, 절반쯤 자란 것도 있다. 이보다 훨씬 작은 잔디달팽이(*H. cespitum*→ *coepistum*)와 수풀달팽이(*H.* → *Cepaea nemoralis*)도 이들에게 적당한 숙소를 제공한다. 만일 조사하던 곳에 부피가 충분한 다른 종의 껍데기가 있었다면 그것 역시 이용했을 것이다. 그런 현상은 아들 에밀(Émile)이 마르세유(Marseille) 근처에서 보내온 것으로 증명되었다. 이번에는 크고 규칙적인 암모나이트의 나선을 닮아서 이 지방의 육상 달팽이 중 가장 눈에 잘 띄는 유럽호박달팽이(*H. algira*→ *Zonites algirus*) 껍데기에 자리 잡았다. 연체동물과 벌의 공동 작업으로 이루어진 걸작인 이 훌륭한 둥지는 다른 어느 것보다 먼저 설명할 만한 가치가 있다.

입구에서 3cm 깊이의 마지막 나선에는 아무것도 없다.[3] 이렇게 낮은 깊이의 칸막이는 아주 잘 보인다. 갱도의 지름이 아주 넓지는 않아도 그 위치를 쉽게 알아볼 수 있다. 구멍이 갑자기 넓어지는 나선에서는 곤충이 훨씬 뒤쪽에 자리 잡는다. 그래서 맨 끝의 칸막이를 보려면 앞에

3 3cm가 아니라 3mm일 것 같다.

서 말한 것처럼 옆구리를 뚫어야 한다. 칸막이가 앞에 있거나 뒤로 물러난 위치는 그 갱도의 지름에 달렸다. 고치의 방은 일정한 폭과 길이가 필요한데 어미는 껍데기의 크기에 따라 나선 아래쪽이나 좀더 높은 쪽에서 그런 곳을 찾아낸다. 지름이 적당하면 나선의 끝인 입구까지 차지하는데 이때는 마개가 완전히 드러나 보인다. 수풀달팽이와 잔디달팽이의 성충, 그리고 어린 갈색정원달팽이에서 이런 경우를 볼 수 있다. 이것의 특수성은 나중에 나타날 것이니 지금 당장은 특별히 거론치 말자.

나선의 경사면 앞쪽으로 나와 있든 뒤로 물려졌든 작고 각이 진 돌을 수지에 단단히 박은 모자이크가 정면이 되면서 끝난다. 그러면 수지의 성질을 확인해 보자. 그것은 투명한 호박처럼 노란색인데 알코올에 녹고 불에 태우면 매연을 내뿜는 불꽃이 일며 강한 송진 냄새를 풍긴다. 이런 성질로 보아 더 따져 볼 것도 없이 이 벌이 침엽수에서 스미는 송진 같은 수액을 둥지의 건축자재로 썼음이 명백해진다.

비록 이 곤충이 채취하는 장면을 직접 보지는 못했어도 식물은 정확히 알 수 있겠다. 채집 장소인 돌무더기 근처에는 향나무의 일종(genévrier oxycèdre)이 아주 많다. 소나무는 전혀 없고 실편백은 인가 근처에서만 어쩌다 보일 뿐이다. 게다가 둥지 보호의 보조 재료인 듯한 식물 부스러기 중에서는 유제화(莱蓂花)와 바늘잎이 자주 보인다. 시간을 아끼려는 수지 채취 곤충은 자기가 익숙한 구역에서 멀리가지 않으니 분명히 그곳의 나무에서 방호벽 재료로 수지를 따왔을 것이다. 이런 상황은 여기에만 한정된 것도 아니다. 마르세유에서 가져온 둥지에도 그런 부스러기가 많았다. 따라서 나는 이 향나무를 수지 공급원으로 생각한다. 하지만 이 나무가 없을 때는 소나무가 대신하며 실편백과 다른 침엽수도 배제되지 않는다.

마르세유에서 온 둥지의 마개용 자갈은 각진 석회질인데 세리냥의 둥지 자갈은 대부분 둥근 규토질이다.[4] 모자이크를 만들 때는 재료의 형태나 색상을 고려치 않고 아주 단단하며 너무 크지 않으면 무엇이든 이용한다. 자신의 작품에 보다 참신함을 준 뜻밖의 것이 발견되는 수도 있다. 즉 마르세유의 둥지 중에는 소형 육상 달팽이인 회색푸파(*Pupa cinerca*)를 통째로 깨끗하게 박아 넣은 것이 있었다. 내 집 근처에서는 모자이크 가운데다 줄무늬달팽이(*Helix* → *Helicopsis striata*)를 박아 넣어 장미꽃 모양의 예쁜 장식을 한 것이 발견되었다. 섬세한 예술 감각으로 작은 조가비를 많이 활용했던 아메드호리병벌(*Eumenes amedei* → *arbustorum*)의 둥지가 생각난다. 곤충들 사이에도 패류 장식 애호가가 많은가 보다.

수지와 자갈 뚜껑을 발견한 다음, 갈대 속에 나란히 들어 있는 고치를 보호하려고 분리시킨 공간을 부스러기로 잔뜩 채워 놓은 긴소매가위벌붙이(*A. manicatum*)를 보고 각각 솜이나 수지를 다루는 아주 다른 재주의 두 건축가가 정확히 똑같은 보호 체계를 이

---

4 토질의 설명이 맞는지 의심된다.

용하고 있어서 참으로 희한했다. 마르세유에서 온 둥지의 방호벽에는 석회질의 자갈, 흙 부스러기, 나뭇조각, 이끼의 실오라기 몇 개, 특히 향나무의 유제화와 바늘잎이 있다. 세리냥에서 갈색정원달팽이 속을 차지한 둥지들도 입구를 막는 재료는 거의 같았다. 여기서도 렌즈콩 만한 자갈, 향나무의 유제화와 바늘잎이 많이 보인다. 그 다음에는 달팽이의 마른 배설물, 아주 드물게는 육상의 작은 달팽이 껍데기가 온다. 긴소매가위벌붙이는 둥지 근처에서 무엇이든 만나는 대로 섞어서 능란하게 방호벽으로 이용함을 알 수 있다. 아무튼 잡다한 재료가 서로 무관하게, 곤충이 구해 온 그대로 쌓인다는 사실에 유의하자. 이 무더기에는 수지가 전혀 들어가지 않는다. 전체를 풀로 붙이고 시멘트로 접합하려는 생각은 없는 것이다. 그래서 뚜껑을 깨고 껍데기를 거꾸로 들면 방호벽 내용물이 쏟아진다. 어쩌면 수지의 이용이 이들의 능력에 달렸거나 방호벽 뭉치가 나중에 나올 새끼에게 결정적인 장애물이 되는지도 모르겠다. 또 어쩌면 이 무더기가 이차적으로 이용하고자 대강 쌓아 놓은 임시 방호벽인지도 모르겠다.

이렇게 불분명한 상태에서 나는 적어도 이 곤충들이 방호벽을 필수품으로 여기지는 않음을 알았다. 커다란 껍데기는 마지막 둘레가 너무 넓어서 일정한 방책을 세웠다. 하지만 수풀달팽이처럼 중간 크기의 껍데기에서는 방호벽이 무시된다. 여기서는 수지 뚜껑과 달팽이 입구가 나란히 위치한다. 돌무더기를 조사해 보면 보호용 장벽이 있는 둥지와 없는 둥지가 거의 같은 수로 발견된다. 솜틀공인 긴소매가위벌붙이 역시 나뭇조각과 자갈의 작은 성채에 충실하지는 않았으며 모든 것을 솜으로 해결한 둥지도 여러 개 보았다. 이 두 경우 어떤 상황에서만 자갈로 만든 방호벽이 유익한 것 같은데 그 상황이 무엇인지는 모르겠다.

마개와 방호벽의 방어 공사가 이루어진 안쪽에 방들이 있는데 달팽이 나선의 지름에 따라 더, 또는 덜 깊은 곳에 위치한다. 방들의 앞뒤는 광물 조각이 전혀 없이 순수한 수지의 칸막이로 경계가 지어졌다. 방의 수는 매우 적어서 보통 두 개뿐이다. 갱도의 지름이 넓어짐에 따라 앞쪽의 넓은 방은 덩치가 큰 수컷용이고 용적이 작은 뒤쪽 방은 암컷용이다.[5] 이렇게 쌍으로 낳는 산란의 분할과 암수의 교대는 지난번 책에서 심사숙고해야 할 대상이었으며 놀라운 문제로 제안됐다. 가로놓인 칸막이 외의 다른 작업은 안 해도 점점 넓어지는 달팽이의 지름은 이렇게 암수의 크기에 맞는 방을 제공한다.

달팽이 껍데기의 두 번째 손님인 싸움꾼가위벌붙이는 7월에 우화해서 8월의 삼복더위 기간에 작업한다. 이들의 건축술도 봄에 나오는 무리의 건축술과 같다. 그래서 담장의 틈새나 돌무더기에서 주워 온 달팽이 속의 둥지들은 어느 종의 것인지 판단할 수가 없다. 2월이 되자마자 달팽이를 깨뜨리고 고치를 쪼개 보는 것이 정확한 자료를 얻는 유일한 방법이다. 이 시기, 여름에 나올 수지 채취공의 방들은 애벌레가 차지했고 봄의 수지 채취공 둥지는 성충이 차지했다. 만일 이 무지막지한 방법을 이용하는 것이 망설여지면 우화한 다음에야 의심을 풀 수 있다. 그만큼 두 작품이 서로 비슷하다.

---

5 이 부분은 칠치가위벌붙이 이야기인 것 같다.

174

두 경우 모두 똑같은 둥지였다. 즉 달팽이 껍데기도 무작위로 만난 크고 작은 모든 종류이며 수지 제품의 뚜껑도 바깥쪽은 거의 반들반들하나 안쪽은 모래알 장식이 비죽하게 솟았으며 때로는 꼬마

싸움꾼가위벌붙이
실물의 약 2배

달팽이 껍데기로 장식되어 같았다. 방호벽은 온갖 부스러기가 이용되나 항상 존재하는 것은 아니며 칸막이로 나뉜 독방들은 그 넓이에 따라 차지한 암수가 다르다. 모든 것이 같고 수지 공급원이 향나무의 일종인 점도 공통이다. 여름의 수지 채취공 둥지를 반복해 설명하는 것은 같은 말의 반복일 뿐이다. 단지 한 가지 세부 사항만 새롭다.

이 두 곤충이 왜 대부분의 뿔가위벌처럼 달팽이 입구까지 전부 차지하지 않고 앞쪽의 빈 공간을 그대로 남겨 두는지 그 이유를 모르겠다. 단속적인 기간으로 분할하여 평균 두 개의 알을 낳는 산란이 매번 새집을 요구했을까? 갱도가 넓고 길이가 길면 반 액체 상태로 채취되는 수지를 준비할 수 없어서 그럴까? 해답이 없다. 나는 사실을 확인할 뿐 해석하지는 못한다. 그저 껍데기가 클 때는 앞쪽 나선의 거의 전체가 텅 빈 현관으로 남아 있다는 것뿐이다.

봄의 수지 곤충인 칠치가위벌붙이는 방을 절반 이상 비워도 상관없는 것 같다. 이 수지 건축가들은 흔히 넓적한 돌 밑에서 진흙 건축가인 뿔가위벌과 이웃해 살았고 서로 같은 시기에 태어나 같은 시기에 집을 짓는다. 하지만 서로간의 침해를 염려할 필요가

없으니 대문끼리 마주하고 작업 중인 두 벌은 각자 제 것에만 각별한 눈길을 줄 뿐이다. 만일 횡령이 시도되는 날이면 달팽이 소유자도 최초 점령자의 권리가 존중됨을 알고 있을 것이다.

여름 수지 곤충인 싸움꾼가위벌붙이의 경우는 상황이 아주 다르다. 뿔가위벌이 건축 공사 중일 때 이들은 아직 애벌레 상태이거나 기껏해야 번데기 상태이다. 녀석의 저택은 더 이상 조용할 수가 없는 삭막한 광야이다. 넓게 비어 있는 현관을 갖춘 그 껍데기는 나선 안쪽에다 수지로 방을 만들려는 곤충에게는 역시 흥미가 없을 것이다. 하지만 달팽이의 입구까지 방으로 채울 줄 아는 뿔가위벌에게는 적당한 둥지 터일 수도 있다. 수지 곤충이 비워둔 마지막 선회 부분은 이 미장이들이 차지하려는 것을 막을 수 없을 만큼 훌륭한 집터였다. 실제로 뿔가위벌이 자주 그것을 가로채니 늦게 태어나는 자들의 불행이로다.

뿔가위벌은 너무 좁은 나선의 뒤쪽은 진흙으로 막는다. 그러고 수지 제품 위에다 자신의 독방들을 층층이 지은 다음, 전체를 보호하는 두꺼운 덮개로 막는다. 결국 이 녀석들은 마치 달팽이가 비어 있다는 듯이 작업한 것이다.

7월이 되면 두 가족이 살던 둥지에서 도리 없는 비극적 갈등이 일어난다. 아래층 벌들은 성충이 되어 배내옷을 벗어 버리고 수지 칸막이를 뚫고 자갈 박힌 방호벽을 무너뜨려 해방되려 한다. 위층 곤충들은 아직 애벌레이거나 번데기라서 이듬해 봄까지 저들의 통로를 완전히 막은 상태로 고치 속에서 잠자고 있다. 수지 곤충이 지하무덤에서 빠져나오려 한다. 녀석은 자신의 둥지 열기에 이미 지쳤는데 또 다른 장 벽을 통과해야 하니 정 말로 힘겨운 일이다. 갇 힌 녀석들은 끄떡도 않 는 뿔가위벌의 흙 건물 에서 칸막이 몇 개에 흠집

을 내고 기껏해야 고치 몇 개에 상처를 준다. 그러고는 부질없는 노력에 지쳐서 탈출을 단념했다가 끝내는 그 건물 앞에서 죽는다. 뚫기 작업이 더욱 시원찮은 기생충들, 즉 황가뢰(*Zonitis*)와 반짝청 벌(*Chrysis flammea→ Chrysura refulgens*)도 거기서 그렇게 죽는다. 전자 는 식량을 훔쳐 먹고 후자는 애벌레를 잡아먹은 녀석들이다. 뿔가 위벌의 건물 밑에 생매장되는 수지 곤충의 이 참혹한 종말은 한 마디도 없이, 또는 간단히 몇 마디만 하고 지나쳐 버릴 만큼 드문 사고가 아니었다. 오히려 매우 자주 목격되어 그 빈도가 나를 심 사숙고해 보게 했다.

　본능을 후천적 습관의 획득으로 보는 학파는 곤충의 재능에서 갑자기 일어난 아주 작은 사건이 유전으로 전해지며 시간이 지남 에 따라 점점 강화되어 마침내 그 종 전체의 특유한 적성으로 굳어진다며 사소한 사건이 개선의 출발점이란다. 실상은 이 말을 확실히 뒷받침하는 게 없는데 이 단정에 가정적인 핑계는 많 다. 즉 ……로 인정하고, ……라고 가

반짝청벌　실물의 1.6배

정하고, ……수도 있을 것이다, ……라는 생각을 막는 것은 아무 것도 없다, ……라는 것이 가능하다…… 등등이다. 선생은 이렇게 추론했고 제자는 아직 진보한 것을 찾아내지 못했다. 라블레 (Rabelais)는 이런 말을 했다.[6]

만일 하늘이 무너지면 종달새가 모두 잡힐 것이다.

맞는 말이다. 하지만 하늘은 그대로 있고 종달새도 여전히 날아 다닌다. 어떤 사람은 만일 사건이 그런 식으로 진행되었다면 본능 도 다르게 변했을 것이란다. 그렇다. 하지만 사건이 그대가 말한 대로 되었다고 확신하는가?

나는 내 분야에서 만약이라는 말은 쫓아낸다. 무엇이든 추측도 가정도 하지 않는다. 꾸밈없는 사실을 신뢰할 수 있는 것만 모아 서 기록하고 그것의 단단한 골격 위에 세워지는 결론이 어떤 것인 지를 생각해 본다. 방금 한 말을 이렇게 결론지어 본다. 당신들은 곤충에게 유리한 어떤 변화가 특권을 받은 일련의 개체에게 전해 지고 이것을 받은 개체는 좀더 훌륭한 연장과 더 나은 적성을 갖 추고 태어나서 생존경쟁의 희생물인 원래의 종을 바꿔친다고 한 다. 당신들은 또 이렇게 단언한다. 아득한 옛날에 꿀벌[7] 한 마리가 우연히 죽은 달팽이 하나를 차지하게 되었다. 그 집에서 여러 날 밤을 보냈는데 조용하고 안전해서 마음에 들었다. 그런 집이 격세유전에 의해 후손들

6 François Rabelais. 1484~ 1553년. 프랑스 의학자, 인문학 자, 설화 작가
7 가위벌붙이도 꿀벌 무리에 속 하므로 원문에서 가끔씩 이 벌을 꿀벌로 표기하였다.

의 마음에 더 들었고 그래서 후손들은 돌 밑에서 집을 찾았고 습관의 도움으로 대대로 내려오면서 마치 유산으로 상속받은 집처럼 선택되었다. 역시 꿀벌 한 마리가 흐르는 송진을 우연히 발견했을 것이며 그것은 연하고 탄력성이 있어서 달팽이의 칸막이 재료로 적당했다. 그리고 곧 굳어서 튼튼한 천장을 만들어 주었다. 벌은 수지를 시험해 보고 만족했으며 후손들도 이 다행스러운 개선을 만족스럽게 여겼다. 차차 그 족속이 잊지 않고 이용함에 따라 엄청나게 진보한 이들은 자갈로 만든 뚜껑과 방호벽을 발명하게 되었다. 즉 처음의 세공물에 방어용 공사가 보충되었다. 달팽이 속에 사는 수지 곤충들의 본능이 이렇게 생겨났고 또 발전했단다.

이 훌륭한 습성의 발생설에는 아주 작은 것 한 가지가 빠졌다. 즉 단순한 진실성이 결여된 것이다. 아무리 하찮은 자라도 생명은 어디서나 이중의 상(相)을 지녔다. 즉 좋은 부분과 나쁜 부분이다. 나쁜 것을 피하고 좋은 것을 추구하는 것, 요컨대 행위의 일반적인 명세서는 이런 것이다. 짐승에게도 우리와 똑같이 달콤한 것과 매운 것이 있다. 그들은 매운 몫을 줄이는 것이 달콤한 몫을 늘이는 것만큼이나 중요하다. 짐승도 우리와 똑같아서 그렇다. 즉

불행을 피하는 것이 행복을 만드는 것이다.

만일 꿀벌이 우연한 발명품인 달팽이 속 수지 제품 둥지를 그토록 성실하게 전해 주었다면 철 늦게 우화함으로써 겪게 되는 무서운 위험을 피하는 방법도 충실히 전해 주었음에는 이론의 여지가

없어야 할 것이다. 뿔가위벌이 틀어막은 지하무덤에서 어쩌다 빠져나온 몇몇 어미는 흙더미를 뚫고 나올 때의 필사적인 투쟁에 대한 생생한 기억과 강렬한 인상을 간직했을 것이다. 그래서 외계인이 찾아와 집을 지을 정도의 넓은 집터에 대한 공포를 후손들에게 전달해 주었을 것이고 습관이 생명 보전의 대책으로 방 입구까지 점령할 수 있는 중간 크기의 달팽이를 이용하라고 일러 주었을 것이다. 종족의 번영을 위해 텅 빈 현관을 물려줌은 다산과 다량의 방호벽을 발명하는 것보다 훨씬 중요한 문제이다. 건물 밑에서의 비참한 질식에서 보호되고 적당히 균형 있게 늘어나는 후손의 문제가 여기에 달려 있다.

그들은 아주 옛날부터 수천, 수만 번 달팽이를 시험했다고 해도 과장된 말이 아니다. 오늘날 내가 그런 예를 수없이 확인했으니 확실한 사실이다. 자 그런데, 막대한 이익을 얻을 수 있는 구원 요청을 시도하는 것이 유산의 격세유전에 의해 전반적으로 이루어졌는가? 천만의 말씀. 수지 곤충의 조상들은 뿔가위벌이 막아 놓은 현관의 위험을 체험한 적이 없었던 만큼 여전히 큰 달팽이를 고집한다. 이런 사실이 분명히 확인되었으니 틀림없이 수지 곤충은 나쁜 것을 예방하기에 적합한 우발적 변화를 물려주지 않았다는 결론이 나온다. 유리한 결과를 가져올 변화 역시 물려주지 않았음이 분명하다. 어미가 받은 인상이 아무리 강렬했어도 우연성은 후손에게 흔적을 남기지 않았다. 우연은 본능의 발생과 무관했다.

달팽이 껍데기에 사는 이들 근처에 또 다른 두 종의 수지 채취 곤충이 자리 잡았는데 그들은 결코 달팽이에게 신세지려고 하지 않는다. 이들은 네잎가위벌붙이와 라뜨레이유가위벌붙이인데 이 고장에는 매우 드문 종이다. 사실상 이들을 자주 보지 못함은 관찰이 너무 어려워서이기도 하다. 그 정도로 이들은 신중하게 외따로 떨어져 산다. 넓은 돌 밑의 따뜻한 구석, 햇볕이 잘 드는 비탈에 뚫린 낡은 개미집, 몇 인치 깊이의 땅속 풍뎅이의 빈 집, 또 어쩌면 꿀벌과(科) 곤충들이 정성 들여 놓았을 어떤 구멍, 이런 것들이 내가 아는 그들 집의 전부였다. 이들은 그런 곳에서 별도의 보호 덮개도 없이 서로 붙어서 둥글게 모여 있는 독방 무더기를 지어 놓는데 네잎가위벌붙이의 무더기는 주먹만 한 크기, 라뜨레이유가위벌붙이는 작은 사과만 한 크기였다.

언뜻 보면 이상한 공 모양인데 물체의 분명한 성질을 전혀 모르겠다. 갈색으로 굉장히 단단하고 약간 끈적이며 타르 냄새가 나는데 겉에는 자갈 몇 개와 흙 부스러기, 그리고 커다란 개미의 머리들이 박혀 있다. 이 야만스런 노획품이 잔인한 습성을 나타내는 것은 아니다. 벌이 제 오두막을 장식하겠다고 개미의 목을 따지는 않는다. 이들도 달팽이 껍데기 속의 친구들처럼 상감하는데 제 집 근처에서 자신의 작품을 튼튼히 하는데 적당한 것이면 무슨 알갱이든 주워 온다. 그래서 주위에 얼

동족이네?

마든지 널려 있는 개미의 마른 두개골도 조약돌과 같은 가치의 석재가 된 것이다. 찾는 데 오래 걸리지 않고 발견되는 대로 이용한 것이다. 방호벽을 만드는 데 이웃 달팽이의 마른 똥도 중요시하고 개미 유령이 드나드는 넓적한 돌이나 비탈의 주인인 죽은 개미의 머리를 이용하며 그런 것이 없을 때는 다른 것으로 대신할 준비도 되어 있다. 그런데 보호용 상감이 듬성듬성하다. 이들은 독방의 튼튼한 벽을 믿어서 보호용 상감은 별로 중요시하지 않았음을 알 수 있다.

처음에는 건축 재료가 뒤영벌(*Bombus*)의 밀랍보다 훨씬 거친 투박한 밀랍이거나, 그보다도 어디서 왔는지 알 수 없는 일종의 타르라고 생각했었다. 그러다가 생각을 바꿨다. 이 수수께끼 같은 물질의 반투명한 절단면, 열에 말랑말랑해졌다가 심한 연기를 내며 타는 불꽃의 성질, 알코올에 녹는 성질, 요컨대 이런 성질이 수지의

우수리뒤영벌 몸은 검은색이나 담황색 긴 털로 빽빽이 덮인 곳이 많으며, 뒷머리 앞쪽과 가슴 등판 가운데는 검은 털이 섞여 있다. 배의 중간 마디들은 앞쪽에 검은 털, 뒤쪽에 회황백색 털이 빽빽하게 나 있어서 마치 흰색 띠무늬처럼 보인다. 사실상 털색은 변이가 심해서 보통 사람은 구별하기 힘들다. 주로 산악 지방의 각종 야생화에서 많이 볼 수 있다. 봄부터 가을까지 활동하는데 6월과 초가을의 채집품이 많다. 괴산. 14. IV. 06

독특한 특성임을 알게 되었다. 따라서 침엽수에서 스며 나오는 수액을 모으는 곤충이 여기에 또 두 종이 있는 셈이다. 이들의 둥지 근처에는 알렙백송(*Pinus halepensis*), 실편백, 향나무들(Oxycèdres와 Genévriers)이 있다. 이 네 종의 나무 중 누가 수지를 공급할까? 전혀 모르겠다. 또 원래의 수지 빛깔인 호박색 대신 피치(아스팔트의 재료)의 빛깔을 연상시키는 그들 제작물의 짙은 갈색이 어떻게 해서 나타났는지 설명해 주는 것은 아무것도 없었다. 오래되어 변질한 수지이거나 썩은 나무에서 나온 진으로 더러워진 수지를 따왔을까? 수지를 반죽할 때 무슨 갈색 원료를 섞었을까? 채취 광경을 한 번도 보지 못했으니 이 방법이 가능하다는 생각은 해도 증명되지는 않았다.

이 문제는 모르겠으나 훨씬 흥미로운 점 하나가 분명히 나타난다. 둥지 한 채를 짓는 데 쓰인 재료가 풍성하다는 점이다. 특히 독방을 12개나 만든 네잎가위벌붙이 둥지가 더욱 그렇다. 조약돌진흙가위벌(*Chalicodoma parietina*) 둥지도 이보다 무겁지는 않다. 이런 시설물의 그 많은 재료를 해결하려면 마치 미장이벌이 마카담식으로 포장한 도로에서 회반죽을 풍성하게 거둬 오듯이 이 곤충도 죽은 소나무에서 피치를 아주 많이 거둬 와야 한다. 이 녀석들의 작업장은 수지 서너 방울로 노랑이 짓을 한 달팽이 속 칸막이가 아니다. 바닥부터 지붕까지, 또 두꺼운 벽에서 방들의 칸

네잎가위벌붙이 실물의 약 1.5배

막이까지 건물 전체가 송진이다. 여기에 쓰인 재료는 달팽이 속 칸막이 100개를 만들어도 충분할 정도였다. 그래서 피치로 건축하는 이 대가에게는 '매우 명예로운' 수지 곤충이란 칭호가 어울린다. 이의 경쟁자 친구는 몸집이 좀 작은 라뜨레이유가위벌붙이로 '명예롭다'란 등급이 어울린다. 달팽이 속의 수지 칸막이 벌들은 훨씬 뒤떨어진 제3급에 속한다.[8]

그러면 이런 사실들을 근거로 해서 좀더 세밀히 따져 보자. 모든 범위를 아주 꼼꼼히 따져서 정하는 분류학의 대가들에 의해 하나의 속으로 묶인 가위벌붙이 무리는 아주 훌륭한 하나의 집단으로 인정된다. 그런데 이 집단에는 전혀 유사점이 없는 두 종류의 직업 집단, 즉 솜을 다루는 집단과 수지를 다루는 집단이 있다. 혹시 또 다른 습성을 지닌 종류가 알려져 이 집단이 갖춘 솜씨의 다양성이 높아질지도 모른다. 나는 내가 아는 약간에 대해 만족하고 연장, 즉 기관의 측면에서 솜 채취자와 수지 채취자간의 차이점이 무엇인지를 생각해 보았다. 분류학적으로 가위벌붙이라는 속이 등록되었을 때 과학적 망설임이 없지는 않았다. 그래서 이들의 날개, 큰턱, 다리, 수확용 솔(브러시) 따위, 요컨대 무리의 범위를 정하는 데 걸맞은 모든 세세한 점을 돋보기로 조사했다. 대가들이 이렇게 꼼꼼히 조사한 뒤에도 기관의 차이점이 나타나지 않으면 그것은 차이점이 없어서이다. 구조 차이가 있다면 우리의 정통한 분류학이 놓치지 않았을 것이며, 따라서 이 속이 기관의 면에서는 동질적이다. 하지만 기술 면에서는 완전

8 프랑스의 학위는 대개 '매우 명예로운', '명예로운', '통과' 등의 3등급으로 평가되는데, 세 종의 가위벌붙이에게도 이런 맥락의 등급을 매겼다.

히 이질적이다. 연장은 같은데 작업은 다른 것이다.

내가 찾아낸 것들이 일치하지 않아서 걱정거리였던 내용을 보르도(Bordeaux)의 저명한 곤충학자 페레(M.J. Pérez) 선생에게 알렸으니 그가 큰턱의 구조에서 수수께끼를 푸는 열쇠를 찾아낼 것이라 생각한다. 그의 책 『꿀벌(*Les Abeilles*)』에서 다음과 같은 내용을 발췌해 본다.

솜을 다루는 암컷의 큰턱은 가장자리에 5~6개의 톱니가 있는데 이것이 식물의 표피를 긁어 털을 뜯어내기에 놀랄 만큼 알맞은 연장이 된다. 그것은 일종의 빗으로, 보풀을 세우는 틀빗이다. 수지를 다루는 암컷의 큰턱은 이런 톱니가 없고 단지 파상(波狀)일 뿐이다. 어떤 종류는 앞쪽 끝이 뚜렷이 오목하게 파여 진정한 이빨을 형성한다. 하지만 이 이빨은 둔하고 별로 튀어나오지 않았다. 말하자면 이 큰턱은 끈적이는 물질을 떼어 내 둥글게 만드는 데 아주 적합한 일종의 순가락에 불과하다.

두 솜씨에 대한 설명에 이보다 훌륭한 표현은 없다. 한편에겐 솜뭉치를 거둬들이는 갈퀴가 있고 다른 편에게는 수지를 뜨는 순가락이 있다. 만일 이번에 나마저 표본상자를 열고 수지 채취자와 솜틀공에게 얼굴을 맞대다시피 하며 관찰하겠다는 호기심을 갖지 않았었다면 나 역시 다른 증거 조사 없이 아주 만족한 상태로 그쯤에서 머물렀을 것이다. 하지만 조예 깊으신 선생님, 제가 본 것은 조용히 말씀드리도록 허락해 주시기 바랍니다.

제가 조사한 첫번째는 칠치가위벌붙이입니다. 순가락, 정말 그

렁군요! 위는 평평하고 아래는 오목하게 파인 긴 삼각형의 단단한 큰턱, 거기에는 톱니가 없습니다. 정말로 없습니다. 실제로 선생께서 말씀하신 것처럼 끈적이는 환약을 뜨기에 아주 훌륭한 연장입니다. 솜을 뜯어내기에는 갈퀴처럼 생긴 톱니 모양의 큰턱이 효과적이며 유리하지만 초라한 작업일망정 두세 방울의 끈적이는 것을 구해 오는 데는 확실히 대단한 재능을 타고난 곤충입니다.

달팽이 껍데기 속의 두 번째 수지 채취자, 즉 싸움꾼가위벌붙이에 와서는 사태가 악화되기 시작합니다. 저는 이들에게서 톱니 세 개를 발견했습니다. 정확히 똑같은 일을 하지만 이것은 문제가 안 된다고 합시다. 이제 네잎가위벌붙이에서는 상황이 완전히 악화되었습니다. 수지 곤충 중 왕으로서 제 친구들의 달팽이를 100개라도 칸막이할 정도의 주먹만 한 수지를 거둬 오는 이 곤충은 숟가락 대신 갈퀴를 가졌답니다! 이들의 넓적한 큰턱에는 솜을 가장 열심히 거둬들이는 자들의 톱니만큼 날카롭고 깊게 파인 네 개의 톱날이 서 있습니다. 연장 면에서는 강력한 솜틀공인 플로렌스가 위벌붙이의 빗과 비교될 정도입니다. 이들은 톱니 모양의 연장으로 수지를 한 짐씩 거둬다 커다란 피치 덩어리를 만듭니다. 게다가 굳은 재료가 아니라 먼저 가져온 것과 잘 섞어 작은 방을 세공할 수 있는 반유동적인 상태로 거둬 옵니다.

라뜨레이유가위벌붙이는 연장을 과시하지는 않아도 갈퀴로 말랑말랑한 수지를 긁어모을 가능성이 크다. 이들도 분명히 큰턱에 다듬어진 서너 개의 톱니를 갖추고 있다. 간단히 말해서 내가 아는 네 종의 수지 취급 곤충 중 한 종은 숟가락을—혹시 연장을 이렇게 표현해도 괜찮다면─가졌고 나머지 세 종은 갈퀴를 가졌다. 보르도의 곤충학 대가의 견해에 따르면 전자의 한 종은 수지 뭉치를 모으기에 가장 알맞고 후자의 세 종은 솜을 수집하는 곤충들 특유의 연장인 톱니 모양의 날카로운 갈퀴를 가졌다는 이야기가 된다.

이건 아니다. 처음에는 그렇게도 마음에 들었던 그 설명을 받아들일 수가 없다. 톱니가 있든 없든 큰턱은 두 솜씨를 설명하지 못한다. 이런 혼란의 와중에 일반성을 얻기 위한 기재문(記載文)을 작성하기에는 너무나 막연한 종합적 구조에다 도움을 청해도 될까? 역시 아니다. 뿔가위벌과 달팽이 속의 수지 곤충이 함께 작업하는 돌무더기 밑에서 가끔씩 구조상으로는 가위벌붙이와 전혀 무관한 또 다른 수지 곤충을 발견했기 때문이다. 그것은 소형 감탕벌, 즉 알프스감탕벌(*Odynerus alpestris → Leptochilus duplicatus*)이었다.[9]

이 감탕벌은 흔한 수풀달팽이, 가끔은 제브리나고둥(*Zebrina detrita*)의 껍데기 속에 수지와 자갈로 아주 멋진 집을 짓는다. 이들의 걸작은 나중에 묘사하겠다. 감탕벌을 아는 사람이 이를 가위벌붙이와 비교한다면 그야말로 용서될 수 없는 착오일 것이다. 이들 간에는 애벌레의 먹이와 형태, 습성 등이 아주 멀어서 서로 어울리지 않는 무리를 이룬다. 가위벌붙이는 가족을 꿀로 기르고 감탕벌은 사냥한 노획품으로 기른다. 자 그런데, 아주 예민한 통찰력의 눈을 가진 사람이라도 몸매가 호리호리하고 날씬한 그의 직종

---

9 구조 차이가 없으니 두 그룹을 같은 속으로 분류하는 것은 당연하다. 여기에 과가 다른 감탕벌까지 개입시키는 것은 무리이다. 마치 기관의 기본 구조가 아니라 서식 공간에 따라 동물을 분류했던 고대 로마의 플리니우스(Plinius)의 사고방식 같다.

을 찾아내지 못할, 그런 사냥감을 열망하는 알프스감탕벌이 크고 묵직한 수지를, 즉 꿀을 열망하는 곤충처럼 송진을 다룬다. 이들의 작은 자갈 모자이크는 꿀벌들의 모자이크보다 훨씬 우아하면서도 견고하다. 그러니 이들이 오히려 꿀벌보다 더 잘 다루는 셈이다. 그런데 큰턱은 숟가락 모양도, 갈퀴 모양도 아니다. 긴 핀셋 모양 으로 끝이 약간 톱니형인 큰턱인데 다른 연장을 갖춘 경쟁자들만 큼 끈적이는 방울을 능란하게 떼어 낸다. 이 종은 연장의 형태로는 작업 모습이나 실행하는 업종을 알려 주지 못한다는 또 하나의 예 임을 우리에게 확인시켜 주는 것 같다.

한 걸음 더 나아가 왜 종에 따라 이러저러한 특정 기술이 있는 지 그 이유를 생각해 보지만 허사였다. 뿔가위벌은 진흙으로 또는 잎을 씹어 만든 반죽으로 칸막이를 하고, 진흙가위벌은 시멘트로 건축하고, 청보석나나니(*Sceliphron*)는 진흙으로 항아리를, 가위벌 (*Megachile*)은 둥글게 오려 낸 잎으로 부대를 제작한다. 또 가위벌 붙이는 솜을 짜서 주머니를 만들거나 작은 자갈들을 수지로 접착 시키고, 어리호박벌(*Xylocopa*)과 둥지기생가위벌(*Lithurgus*)은 나무 를 뚫고, 청줄벌(*Anthophora*)은 비탈에 굴을 판다. 왜 이 모든 솜씨, 또 이 밖의 그렇게 많은 기술이 존재할까? 어째서 그 기술이 특정 곤충에게 저것 말고 이것을 강요할까?

그런 것들은 구조에 의해 강요된 것이라는 대답이 벌써부터 들 려온다. 솜을 뜯어 직조하기에 훌륭한 연장을 갖춘 곤충은 잎을 오려 내거나, 진흙을 이기거나, 수지를 반죽할 연장을 제대로 갖 추지 못해서 연장에 따라 솜씨가 결정되는 것이란다.

지극히 간단하고 누구나 이해할 수 있는 답변이다. 더 깊이 파고들려는 취미도 없고 시간 여유도 없는 사람에게는 이것이 충분한 답변이라는 것을 부정하지는 않겠다. 그런데 어떤 대담한 관점이 인기를 얻는 데 우리의 호기심에다 풍족한 양식을 보태 주는 것보다 강력한 동기는 없다. 그것은 장시간의 힘든 연구를 안 해도 과학적이라는 반들반들한 유약을 발라 준다. 인기를 빨리 얻는 데는 세상의 수수께끼를 두어 마디로 설파하는 입 외의 다른 것은 없다. 사색하는 사람은 그렇게 빨리 가지 않는다. 조금밖에 모름을 감수하면서 무엇인가를 알려고 자기 탐구의 범위에 한계를 정하고 낟알의 질이 좋기만 하면 소량의 수확이라도 만족한다. 작업 기술이 연장에 달린 것으로 인정하기 전에 그는 보려고, 바로 자기 눈으로 직접 보려고 한다. 그런데 그가 관찰한 것이 단정적인 금언을 확인하는 것과는 거리가 멀다. 그와 함께 의심을 좀더 같이하고 좀더 자세히 알아보자.

프랭클린(Franklin)[10]이 우리에게 매우 적절한 교훈을 남겼다.

훌륭한 일꾼은 톱으로 대패질할 줄 알아야 하고, 대패로 톱질할 줄 알아야 한다.

곤충은 보스턴(Boston)의 이 현자의 충고를 수행하지 않고도 지극히 훌륭한 일꾼이다.[11] 곤충의 솜씨는 대패가 톱을 대신하고 톱이 대패를 대신하는 예를 많이 보여 준다.

10 Benjamin Franklin. 1706~1790년. 미국 헌법제정 위원, 과학자, 문필가. 주 프랑스 대사를 지냈으며 피뢰침을 발명했다.
11 진정한 의미를 모르겠다. 곤충은 현자의 말을 따른 것으로 보이니 비아냥거림의 문구 같다.

그들의 능란한 재주가 부족한 연장을 보충해 준다. 앞으로 거슬러 올라가지 않더라도 방금 우리는 여러 장인 중 어떤 자는 숟가락으로, 어떤 자는 갈퀴로, 또 어떤 자는 집게로 송진을 수집 가공하는 것을 보지 않았던가? 따라서 곤충은 연장이 갖추어진 그대로, 혹시 솜씨에 대한 어떤 소질이 그를 어떤 특수성에 잡아두지 않는 한 솜을 버리고 잎을 다루거나 잎을 버리고 수지를, 수지를 버리고 회반죽을 다룰 수도 있을 것이다.

건성으로 놀린 펜에서 흘러나온 글이 아니라 익히 심사숙고한 이 몇 줄의 글은 고약한 역설이라는 비난을 불러일으키겠지. 마음대로 떠들게 내버려 두고 나의 반대 진영에다 다음과 같은 제안을 내놓자. 재능 많은 라뜨레이유(Latreille)처럼 기관에 대해서 상세한 부분까지 정통하면서도 습성은 전혀 모르는 곤충학자가 있다고 가정하자. 그는 어느 누구보다도 죽은 곤충에 대해서 잘 안다. 그러나 살아 있는 곤충에 대해서는 한 번도 관심을 가지지 않은 뛰어난 분류학자일 뿐이다. 그에게 꿀벌과(科) 곤충을 아무 종이나 조사하고 연장에 따라 무슨 일을 하는지 말해 달라고 부탁해 보자.

솔직히 말해서 그가 그렇게 할 수는 있을까? 그에게 이런 시련을 겪게 할 사람이 대관절 누구란 말인가? 개인적인 경험상 곤충은 검사만으로 그들의 기술의 종류를 알 수 없다는 확신을 갖지 않았던가? 다리의 꽃가루 통과 배에 난 솔(브러시)은 그 곤충이 꿀과 꽃가루를 수집한다는 것을 잘 설명해 준다.[12] 하지만 아무리 돋보기로 살펴보아도 그의 특별한 기술은 절대적인 비밀로 남아 있을 것이다. 우리네 산

---

[12] 솔을 배와 연관시킨 것은 적절치 못하다. 브러시는 다리에 있다.

업에서 대패는 목수를 가리키고 흙손은 미장이를, 가위는 재단사를, 바늘은 재봉사를 가리킨다. 짐승들의 솜씨에서도 그럴까? 그렇다면 실례지만 흙손이 미장이 곤충의 확실한 징표이고 둥근끌은 목수 곤충을 분명히 나타내는 특징이며 가위는 재단사 곤충의 진정한 표시라는 것을 보여 주시라. 그것을 보여 주며 이렇게 말해 보시라.

이 곤충은 잎을 자르고, 저 곤충은 나무에 구멍을 뚫고, 또 이자는 시멘트를 이긴다.

그 밖에도 연장에 따라서 하는 일이 결정된다고 말해 보시라.

당신도, 아무도 그럴 수가 없다. 직접적인 관찰이 개입하지 않는 한 일꾼의 전공은 헤아릴 수 없는 비밀로 남는다. 이런 무능은 가장 노련한 사람이라도 마찬가지다. 곤충의 기술은 무한한 다양성 중 연장 아닌 다른 원인이 있다고 소리 높여 단언하고 있지 않던가? 각각의 전문가에게는 분명히 도구가 필요하다. 하지만 그것들은 대강 들어맞는 도구들이라 프랭클린이 말하는 모든 일꾼의 연장과 비교되는 연장이다. 솜의 수확에 적절한 톱니형 이빨을 가진 큰턱이 나뭇잎을 오리고, 송진을 주무르고, 진흙을 퍼내고, 죽은 나무를 썰기도 한다. 또한 회반죽을 이기거나 둥글게 오려 낸 나뭇잎과 솜을 가공하는 발목마디는 흙으로 칸막이와 작은 탑을 쌓고 자갈로 모자이크를 만드는 기술에도 똑같이 쓰이는 유능한 연장이다.

도대체 이렇게 수많은 솜씨의 이유가 어디에 있을까? 그 이유를 사실들에 비추어서 하나밖에 보지 못했다. 즉 사고가 물질을 지배한다는 것이다. 최초의 영감, 즉 형태보다 앞선 재능이 연장의 지배를 받는 것이 아니라 되레 지배한다. 연장 한 벌이 기술의 종류를 결정하지는 않으며 일꾼을 만들지도 않는다. 애초에 하나의 목적, 하나의 계획이 있고 곤충은 그것을 위해 무의식적으로 일한다. 우리는 보기 위해 눈을 가졌는가, 아니면 눈이 있으니까 보는 것인가? 기능이 기관을 만드는가, 기관이 기능을 만드는가? 양자택일에서 곤충은 전자에 환호한다. 곤충은 우리에게 이렇게 말한다.

내 기술은 내가 가진 연장에게 강요당하는 것이 아니라 타고난 재능에 따라 이 도구를 있는 그대로 사용하는 것이다.

곤충은 또 제 나름대로 이렇게 말한다.

기능이 기관을 결정했다. 보는 것이 눈의 동기였다.

결국 곤충은 우리에게 베르길리우스(Virgile)의 생각을 되풀이하게 해준다. 즉 정신이 물질을 움직인다(*Mens agitat molem*)고.

10 작은집감탕벌

만일 기관이 기능을 끌어내지 못하고 연장이 직종을 결정하지 않는다는 명백한 증거가 필요하다면 감탕벌(Odynère: *Odynerus*) 무리가 아주 괄목할 만한 것들을 제공할 것이다. 이 종류는 전반적으로든 세부적으로든 구조가 매우 비슷해서 구조적 유사성으로 가장 자연스럽게 하나의 분류군(分類群)을 형성한다. 그래서 연장은 모두 같은 것을 갖추었으나 각 종 간에는 서로 관계가 없는 매우 다양한 솜씨로 각각의 예술품을 만든다. 즉 형태의 유사성 외에는 아주 잡다한 습성으로 맺어진 집단이다. 그렇지만 모두가 사냥벌로서 침으로 쏴 꼼짝 못하게 된 작은 벌레를 새끼들에게 공급한다.

하지만 알과 사냥한 식량으로 채워진, 소위 식량 창고라는 공통 목적에 도달하는 건축 방식은 참으로 다양하지 않더냐! 이 곤충군의 생물학이 좀더 잘 알려졌다면 아마도 거의 그 종 수만큼이나 다양한 건축가를 만날 것이다. 기회에 제한을 받는 내 연구에서는 아직 세 종밖에 다루지 못했다. 하지만 이들의 큰턱은 모두 끝에

톱니가 달린 구부러진 핀셋 모양인
데 이런 연장으로 서로가 아주 다
른 솜씨에 전념한다.

그 중 하나 콩팥감탕벌(*O. renifor-mis*)은 전에(『곤충기』 제2권 6장) 그
의 작품을 설명했었다. 녀석들은

콩팥감탕벌 실물의 2배

단단한 땅에 깊은 땅굴을 파고 파낸 흙으로 그 굴 어귀에 비스듬
한 줄무늬 모양의 굴뚝을 세워 놓았다가 흙은 나중에 다시 가져다
쓴다. 처음 알게 된 녀석은 햇볕에 달궈진 진흙 비탈 앞에서 둥지
를 봉하고 있었다. 나는 라틴 어 발음을 가르쳐 주던 후투티
(Huppe: *Upupa epops*)°, 그리고 무성한 잎사귀 밑의 그늘에서 축축
한 모래 바닥에 시원하게 배를 깔고 인내력을 가르쳐 주던 우리
집 개와 번갈아 대화를 나누며 오랜 시간을 지루하게 보내고 있었
다. 당시는 이 곤충이 상당히 드물었고 내가 녀석의 솜씨를 지켜
보는 둥지로는 좀처럼 돌아오지 않았다. 요즘은 봄마다 우리 뜰
안의 길에서 많은 콩팥감탕벌 집단을 볼 수 있다. 작업 시기가 돌
아오면 나는 조심 않고 걷다
가 흙 알갱이로 쌓아 올린
그 우아한 굴뚝을 쓰러
뜨릴까 봐 겁을 내며
녀석들의 마을 둘레
에 표시 말뚝을 박
아 놓았다.

두 번째인 알프스감탕벌(*O. alpestvis*→ *Leptochilus duplicatus*)은 송진을 다루는 곤충이다. 같은 무리의 광부와 동일한 연장을 가졌어도 땅굴을 파는 재주는 없다. 그래서 둥지를 짓지 못하고 달팽이 껍데기가 제공하는 숙소에 자리 잡는 쪽을 택했다. 수풀달팽이, 덜 자란 갈색정원달팽이, 제브리나고둥. 이런 것이 내가 아는 둥지의 전부이며 7, 8월에 돌무더기 밑에서 일하는 싸움꾼가위벌붙이(*Rh. infuscatum*)와 함께 이용할 수 있는 집이다.

달팽이 껍데기 덕분에 힘든 땅파기에서 해방된 이 녀석들은 모자이크를 전문으로 하는데 광부가 임시로 만들어 놓은 줄무늬 모양의 경사진 굴뚝보다 더 멋진 예술작품을 만든다. 이용하는 재료는 송진인데 아마도 향나무의 일종에서 따온 것 같다. 또 다른 재료는 작은 자갈들이다. 이들의 방호벽 건설 방식은 달팽이 껍데기의 다른 수지 곤충들과 크게 다르다. 각각은 뚜껑 바깥 면의 부피도 다르고 성질도 여러 가지이다. 때로는 흙이 절반쯤 섞였거나 거칠게 모가 난 석재들을 수지 속에 완전히 잠기게 하는데 아무렇게나 마구 늘어놓은 조각들이 수지로 겉칠이 되어 불규칙하던 것이 감춰진다. 하지만 안쪽 면은 수지가 틈들을 제대로 메우지 못해서 서로 불규칙하게 붙여진 조각들이 불쑥불쑥 솟아 서툴게 정리되었음을 보여 준다. 또 자갈은 마개, 즉 마지막 뚜껑에만 쓰였을 뿐 방들의 경계인 칸막이에는 광물질이 한 톨도 없이 전적으로 수지로만 되어 있음도 기억해 두자.

알프스감탕벌은 다른 설계도에 따라 작업한다. 녀석들은 돌을 더 잘 이용해서 송진을 절약한다. 바깥 면에는 아직 끈적끈적한 수지가 깔려 있는데 거의 핀 머리만 한 일정한 굵기의 둥근 규토질 알갱이를 서로 정확하게 맞대어서 가득 박아 놓았다. 규질 알갱이는 땅에 널려 있는 여러 성질의 조각들 중에서 기술자가 골라 온 것이다. 제작물이 완성되면 흔히 수정 구슬로 대충 다듬어서 만든 일종의 자수가 연상된다. 달팽이 속의 촌스러운 일꾼, 즉 가위벌붙이(*Anthidium*)는 모가 난 석회암 조각이든, 규토 질 자갈이든, 조개껍데기 부스러기든, 단단한 흙 부스러기든 이빨 밑에 나타나는 것은 무엇이든 이용한다. 하지만 좀더 세련된 감탕벌은 대개 규석의 구슬밖에 박아 넣지 않는다. 보석에 대한 이 취미의 동기는 광택, 반투명성, 매끄러운 알갱이 따위일까? 이 곤충은 돌로 만든 보석상자 안에서 더 만족해하는 것일까? 답변은 달팽이 속의 다른 두 수지 곤충이 가끔씩 작은 달팽이를 중앙에 장미꽃 모양으로 박아 놓은 경우와 같을 것이다. 안 그렇다는 법이라도 있을까?

어쨌든 보석 세공을 좋아하는 이 곤충은 예쁜 조약돌에 만족하여 그것들을 사방에 박아 놓는다. 독방으로 나누는 칸막이도, 반복된 뚜껑도 앞면을 반투명한 규석으로 정성 들여 만든 모자이크였다. 이렇게 해서 달팽이 속에는 서너 개의 방이 생기고 제브리나고둥 속에는 많아야 두 개가 만들어진다. 좁기는 해도 형태는 정확하고 튼튼하게 보호된 것이다.

보호는 여러 겹의 차폐물로 끝나는 게 아니다. 달팽이를 귀에 대고 흔들어 보면 자갈 부딪치는 소리가 들린다. 사실상 감탕벌도 가위벌붙이처럼 방호벽 축성(築城)법을 알고 있다. 달팽이 옆구리를 뚫어 마지막 칸막이와 뚜껑 사이의 현관에 채워 놓은 것을 쏟

줄무늬감탕벌의 둥지 짓기와 애벌레

1. 둥지 재료인 흙을 팥알만 하게 뭉친다.
시흥, 10. VII. 06

2. 지난해 사용한 집에서 흙을 긁어낸다.
시흥, 10. VII. 06

3. 방이 완성되면 입구를 긴 원통 모양으로 만들어 천적의 침입을 막는다. 모든 작업이 끝나면 입구를 막아서 없애 버린다.
시흥, 10. VII. 06

4. 집에 틈새가 생기자 흙을 물어다 보수한다.
시흥, 10. VII. 06

5. 방안에 나방 애벌레를 저장해 놓았다.
시흥, 15. VII. 06

6. 나방 애벌레를 먹고 자란 감탕벌 애벌레.
괴산, 14. IV. 06

아 냈다. 여기서 유의할 점은 쏟아 낸 것들이 같은 물건이 아니라
는 것이다. 작고 반들반들한 조약돌이 제일 많았지만 거친 석회질
조각, 조개껍데기, 흙 부스러기 등이 섞여 있었다. 모자이크용 규
석을 고르는 데는 그렇게도 세심한 감탕벌이 방호벽을 축성하는
데는 아무 것이나 닥치는 대로 이용했다. 두 종의 수지 취급 가위
벌붙이가 달팽이 속에 축성할 때도 그랬었다.

기록의 정확성을 위해 덧붙이는 말은 언제나 통일성 없는 무더
기만 존재하지는 않았다는 점인데 이는 가위벌붙이의 습관과 비
슷한 또 하나의 특성이다.[1] 매우 유감스럽지만 알프스감탕벌의 일
대기를 더는 끌어 나갈 수가 없다. 이 종은 매우 드문 것 같다. 힘
들여 찾고 또 찾아보았으나 오직 채집에 유리한 시기인 겨울에 돌
무더기 밑에서 가끔씩 둥지를 보았을 뿐이다. 이 둥지와 내 병 속
에서 부화한 것은 알겠으나 그들의 알, 애벌레, 식량에 대해서는
모르겠다.

그 벌충으로 상세한 자료를 충분히 가진 세 번째 종, 즉 작은집
감탕벌(O. nidulateur: *O. nidulator → Symmorphus murarius*)에 대해서 말
해 보겠다. 녀석도 앞의 감탕벌처럼 둥지 짓는 기술이 없어서 이
미 준비된 집이 필요하다. 즉 가위벌(*Megachile*), 뿔가위벌(*Osmia*),
솜틀공인 가위벌붙이처럼 자연적인, 광부들에 의해 파인 원통 모
양 땅굴이 필요하다. 녀석의 재주는 미장이로서 갱도에 칸막이를
하여 독방으로 나누는 일뿐이다.

결국 내게 습성을 알릴 기회가 주어진 감
탕벌은 단지 세 종뿐인데 각각의 직업은 광

<hr />

1 문맥상 방호벽용 무더기가 일
정한 재료로만 지어진 것은 아니
라는 내용일 것 같다.

부, 송진 채취자, 미장이의 세 직종이 모두 나타났다. 이 세 집단은 모두 똑같은 연장을 가졌다. 그래서 나는 가장 강력한 돋보기에게 이런 명령을 내렸다. 즉 기관의 변화가 종에 따라 송진에 자갈을 깔

작은집감탕벌 실물의 1.6배

도록 강요했는지, 땅굴을 파고 경사진 줄무늬 모양의 굴뚝을 세우라고 했는지, 원통에 진흙으로 칸막이를 하라고 강요했는지 답변해 보라는 것이었다. 그런데 그렇지 않단다. 백 번이고, 천 번이고 아니란다. 기관이 직업을 만든 것도, 연장이 일꾼을 만든 것도 아니란다. 감탕벌 무리는 모두 비슷한 도구를 가졌으나 일들은 서로 완전히 달랐다. 각 종에게 미리 정해진 기술은 연장의 명령을 받는 것이 아니라 연장에게 명령하는 기술을 가진 것이다. 만일 내가 감탕벌 전체를 검토할 수 있다면 이런 결론이 얼마나 훤하게 드러나겠더냐! 한 벌의 연장에는 변함이 없는데 우리가 알아야 할 솜씨는 아직도 얼마나 많을지! 나는 비록 알 권리를 가진 사람에게라도 수많은 어려움이 따르는 이 곤충군을 좀더 알려 주려고 이 탐구 과정을 밝히련다. 한편 미래에는 직업 집단에 따른 명쾌한 분류가 우리에게 주어질 것이라는 생각을 하고 싶다.[2]

총론은 놔두고 작은집감탕벌 이야기를 더 진행시켜 보자. 은밀한 생활이 내게 이보다 더 잘 알려진 벌은 별로 없었다. 그런데 풍부한 자료를 즐거운 추억으로 회상하다가 사실적 가치가 배가되는 상황이 벌어졌다.

---

2 파브르는 분류학에 대해 계속 착각하고 있다.

줄벌(*Anthophora*)의 낡은 땅굴에서 일련의 작은집감탕벌 방을 여러 번 꺼낸 적이 있어서 이 곤충이 사는 집은 자신의 이빨로 파낸 것이 아니며 녀석의 작업은 칸막이 공사에 한정되었음을 알고 있었다. 한편 녀석의 노란색 애벌레와 얇은 호박색 고치만 알았을 뿐 나머지는 전혀 모르고 있었다. 그런데 딸 클레르(Claire)로부터 나를 몹시 기쁘게 하는 갈대 토막 뭉치의 소포를 받았다.

벌레의 가정에서 자란 사랑하는 딸은 곤충 이야기가 매우 자주 나오는 우리 집의 저녁때 대화들을 생생히 기억하고 있었다. 그리고 그 아이의 예리한 통찰력은 우연한 발견에서 본능에 대한 내 연구에 도움이 되는 게 무엇인지를 곧 가려낼 줄 알았다.

오랑주(Orange) 근처인 딸의 시골집에는 한쪽에 갈대를 수평으로 쌓아 올려 지은 닭장이 있다. 작년(1889년) 6월 중순경 딸이 닭을 보러 갔다가 수많은 말벌이 잘린 갈대 속으로 분주히 드나들며 흙과 고약한 냄새의 작은 벌레를 가지고 돌아오는 것에 주의를 기울였다. 거기에는 나의 훌륭한 연구 재료가 있었다. 경각심이 일자 나머지는 오래 걸리지 않았다. 그날 저녁에 바로 갈대가 들어 있는 소포와 자세한 설명이 담긴 편지를 받았다.

클레르는 그 곤충을 말벌이라고 불렀는데 사실상 예전에는 레오뮈르(Réaumur)도 습성이 매우 다른 벌 종류 모두를 그렇게 불렀다.[3] 편지에는 벌이 검정색 무늬가 있고 쓴 편도(扁桃) 냄새를 강하게 풍기는 땅딸막한 사냥물을 방안에 쌓아 놓았다고 쓰여 있었다. 그 사냥감은 빨간 딱지날개를 가져서 커다란 무당벌레를 연상시

3 서양의 일반인들은 지금도 그렇게 불러서, 서양 자료의 우리말 해설자들이 혼동하고 있다.

키는 포플러의 잎벌레, 즉 사시나무잎벌레(Chrysomèle du peuplier：
Lina → *Chrysomela populi*)*의 애벌레라고 딸에게 알려 주었다. 성충과
애벌레가 섞여서 함께 근처의 포플러 잎을 갉아먹고 있을 것이며
훌륭한 기회를 만났으니 지체 없이 이용해야 한다는 말도 덧붙였
다. 나머지 이것저것도 잘 감시하라 이르고 애벌레가 들어 있는

사시나무잎벌레의 탄생

1. 겨울나기를 한 성충이 5, 6월 버드나무 잎에 모여 짝짓기하고 알을 낳는다.
시흥, 3. V. '90

2. 갉아먹은 잎의 잎줄기를 따라 무척 많은 번데기가 나란히 거꾸로 매달린다. 사진의 녀석들은 거기서 밀려나 멀쩡한 잎에 매달렸다.
금강유원지, 18. V. '92

3, 4. 번데기 허물을 벗고 나온 성충의 딱지날개가 차차 주황색과 적갈색으로 착색된다.
시흥, 10. VII. '89

갈대 토막과 잎벌레가 잔뜩 붙어 있는 포플러 가지 그대로 내 작
업장으로 보내라고 했다. 이렇게 해서 오랑주와 세리냥 사이에 협
력이 맺어졌고 양쪽에서 관찰된 것끼리 서로 보완되어 강화하게
되었다.

　소포 꾸러미를 빨리 열어 보자. 열자마자 대단히 만족했다. 거
기는 내 젊은 시절의 열정을 다시 살아나게 할 만한 것이 들어 있
었다. 사냥물이 담겨 있는 독방들, 식량 옆에서 곧 부화할 알들,
갓 태어나 이제 먹기 시작한 애벌레들, 제법 큰 애벌레와 고치를
짜고 있는 방직공들, 모두가 원하는 만큼 있었다. 내 부식토에서
배벌의 경우 말고는 이보다 큰 도움을 받은 행운은 일찍이 없었
다. 이 풍부한 자료의 면밀한 점검을 차례대로 시작해 보자.

　남의 집을 빌려서 사는 감탕벌은 벌써 이 집과 저 집을 구별할
줄 알아서 제일 좋은 집을 골라 거기에 자리 잡는 곤충임을 보여
주었다. 뿔가위벌, 가위벌, 솜틀공 가위벌붙이의 본을 받아서 조

별감탕벌 산간 민가의 담
벼락 구멍이나 대나무 통
속에 흙으로 방을 만들고
각종 나방 애벌레를 사냥
해서 저장한다.
평창. 2. Ⅵ. 06

상의 오두막을 버리고 사람의 작은 낫이 입구를 마련해 준 갈대 대롱을 채택한 약탈자가 여기에 또 있다. 자연 상태에서는 하찮은 물건이던 것이 사람에 의해 편리한 물건이 되었다. 원래 감탕벌 둥지는 줄벌이 버린 갱도이거나 어느 광부가 팠든 상관없는 땅속의 굴이었다. 나무 속 구멍에 습기가 없고 볕이 잘 들면 더 훌륭한 것으로 인정되어 이런 기회를 만나면 서둘러서 택하기도 한다. 갈대 갱도는 다른 어느 것보다도 훌륭한 둥지로 인정된 것이 틀림없다. 줄벌의 둥지에서는 오랑주의 그 집단보다 더 큰 무리의 감탕벌을 만난 적이 전혀 없었기에 하는 말이다.

침범당한 갈대는 수평으로 놓였는데 벌들은 적어도 대문에 비가 들이치지 않게 진흙, 솜, 둥글게 오려 낸 나뭇잎 따위로 마개를 해야 한다. 구멍의 지름은 평균 10mm, 방들이 차지한 길이는 매우 다양했다. 감탕벌이 때로는 마디와 마디 사이밖에 차지하지 않았는데 우연한 낫질이 남겨 놓은 정도에 따라 길이가 길거나 짧았다. 필요한 방의 수가 많지는 않아도 이용 가능한 공간은 모두 채웠다. 하지만 토막이 너무 짧아서 이용 가치가 없으면 마디의 안쪽 격막을 뚫기도 했다. 그래서 두 마디 사이의 공간 전체가 휑하게 뚫린 현관에 덧붙였다. 길이가 20cm도 넘는 대롱에서는 방의 수가 15개나 되었다.

갈대를 쪼개서 늘어선 방들을 보면 감탕벌이 두 가지 재주가 있음을 알 수 있다. 미장이와 목수의 재주였다. 이제 알게 되듯이 나무 가공은 매우 유익하다. 갈대에 열심히 칸막이하는 또 다른 곤충, 즉 세뿔뿔가위벌(*O. tricornis*)도 힘을 별로 들이지 않고 넓은 집

을 얻는 것은 아니다. 갱도가 아무리 짧은 토막이라도 항상 첫번째
벽을 그냥 놔두고 거기에 맞대어서 방들을 나란히 지어 놓는다. 녀
석의 수단 중에는 약한 장애물을 뚫어서 구멍을 내는 법이 없다.
하지만 우화해서 방의 천장을 뚫은 다음, 집 전체의 뚜껑까지 갉아
내는 힘든 일을 해내는 것을 보면 녀석도 그렇게 할 수는 있다는
이야기이다. 세뿔뿔가위벌은 자신의 큰턱에 상당히 유력한 연장을
가지고 있지만 장애물 너머에 화려한 복도가 있다는 것은 모른다.
애초부터 그런 것을 몰랐던 감탕벌은, 또한 갈대를 경험하기 전에
는 몰랐던 뿔가위벌은 그 방법을 어떻게 배웠을까?

감탕벌에겐 집을 넓히려고 대롱 벽을 뚫는 재주 외에도 미장이
뿔가위벌의 칸막이 기술과 맞먹는 기술이 있다. 두 솜씨의 결과가
너무도 비슷해서 둥지만 조사하면 서로 혼동될 정도였다. 두 종
모두 물을 대는 도랑이나 개울가에서 가져온 곱고 신선한 진흙으
로 만든 둥근 덩어리들이 별로 규칙적이지 않은 간격으로 칸막이
가 되었다. 재료의 모양으로 보아 감탕벌의 진흙은 이 근처의 급
류인 아이그(Aygues) 하천가에서 가져온 것 같다.

처음에는 뿔가위벌 고유의 솜씨라고 생각했던 건축의 동질성이
세세한 부분까지 모두 같았다. 뿔
가위벌의 칸막이 작업의 비밀을
다시 상기해 보자.
갈대의 지름이 중
간 정도일 때는 식
량을 먼저 운반하고

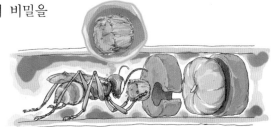

나서 작업하는데 시간의 지체 없이 곧장 칸막이를 세워 독방의 경계를 만들었다. 갈대가 매우 넓을 때는 식량을 가져오기 전에 앞쪽 칸막이를 만들어 옆에다 구멍을 낸다. 이 구멍은 들창으로서 작업할 때 여기로 좀더 쉽게 꿀을 내려놓고 알을 낳는다. 그런데 투명한 유리 덕분에 알게 된 들창의 비밀을 감탕벌도 뿔가위벌만큼이나 잘 알고 있었다. 감탕벌 역시 굵은 갈대에서는 사냥물을 들여놓기 전에 방의 앞쪽을 막는 것이 유리하다고 생각했다. 그래서 고양이 구멍을 갖춘 문짝으로 방을 막고 그 문을 통해 식량 보급과 산란이 행해진다. 안이 모두 질서 정연하게 정리되고 나면 회반죽 마개로 들창을 막아 버린다.

뿔가위벌이 유리관 속에서 일할 때 본 것처럼 감탕벌의 쪽문 달린 칸막이 제작 과정을 직접 보지는 못했다. 하지만 제작품이 진행된 방법을 아주 잘 설명해 준다. 중간치 갈대 속의 칸막이는 가운데에 특별한 것이 없다. 하지만 굵은 갈대 속 칸막이의 가운데는 나중에 둥근 마개로 막은 구멍이 있음을 보여 준다. 즉 안쪽으로 볼록 올라왔거나 색깔이 달랐다. 작업은 분명하다. 작은 칸막이는 한 번에 작업한 것이고 큰 것은 중단했다가 다시 한 것이다.

보다시피 재료가 독방에만 한정되었다면 감탕벌 둥지와 뿔가위벌 둥지를 구별하기가 무척 어려웠을 것이다. 하지만 한 가지 특색, 그것도 상당히 이상한 특색 덕분에 무척 주의해서 관찰해 가며 갈대를 가르지 않아도 소유주를 금방 알아볼 수 있다. 뿔가위벌은 칸막이의 흙과 같은 성질의 흙으로 두껍게 막는다. 감탕벌도 이런 보호 장치를 소홀히 하지 않았음은 말할 필요도 없고 뿔가위벌의 소박한 방식보다 앞선 기술을 첨가했다. 얼거나 습기가 차서 변질될 수 있는 흙 마개 바깥쪽에 잘게 썬 목질섬유를 진흙과 배합하여 두둑이 한 겹을 입혔다. 우리가 병마개 위에 씌운 일종의 붉은 밀랍 같은 것이다.

공기 중에서 오래 삭아 거칠어진 갈대 섬유의 실몽당이가 비에 변질되고 햇볕으로 허옇게 탈색된 것을 보고 싶었다. 감탕벌은 이런 것을 자신의 커다란 이빨로 대팻밥처럼 깎아내 씹어서 가루를 만들었다. 죽어서 연해진 나무에서 회색 종이의 원료를 얻어 내는 말벌과 쌍살벌도 이런 식이다. 하지만 그 부스러기로 종이를 만들 생각이 없는 갈대의 손님은 그렇게까지 곱게 갈지는 않으며 그저 토막 내서 올을 좀 풀어내는 정도로 만족했다. 칸막이나 끝 마개로 이용한 것과 같은 차진 진흙에 이 섬유 조각을 섞으면 훌륭한 토벽이 되어 진흙만으로 만든 것보다 풍화작용에 훨씬 잘 견딜 수 있다. 정교한 찰흙의 효력은 분명하다. 흙밖에 없는 뿔가위벌의 문은 몇 달 동안 일기불순을 겪고 나면 크게 부서진다. 하지만 겉에다 섬유 뭉치의 배합물을 입힌 감탕벌의 문은 말짱하다. 토벽 입히기 발명 특허를 감탕벌의 계좌에 올려 놓고 다시 앞으로 나가 보자.

둥지 다음에는 식량 문제이다. 감탕벌 가족에게는 한 종의 사냥감만 공급되는데 사시나무잎벌레의 애벌레였다. 이 애벌레는 봄이 끝날 무렵 성충과 함께 포플러 잎에 많은 피해를 입힌다. 인간 중심으로 생각하면

사시나무잎벌레
실물의 약 2.5배

모양도 그저 그렇고 냄새는 전혀 유혹
적이지 않다. 그저 통통하고
땅딸막한 모양새로 흰 살색
에 반짝이는 여러 줄의 까만
점들이 마디마다 찍혀 있
다. 특히 배에는 13줄이나
찍혀 있다. 즉 위에 4줄, 양옆
에 3줄씩, 그리고 아래쪽에 3줄
이 있는데 등 쪽 4줄은 구조가 다르다.

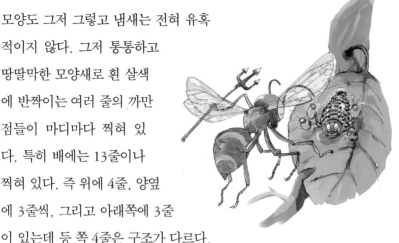

가운데 2줄은 그저 까만 점일 뿐인데 옆 2줄은 원뿔이 잘려 위가
구멍 같은 작은 돌기들이다. 배에는 이런 원뿔 모양 돌기가 마지
막 두 마디 외의 모든 마디에 1쌍씩 돋아났다. 가운데와 뒷가슴 좌
우에도 1개씩 있는데 마지막 2개는 특별히 크다. 결국 총 9쌍의
원뿔 돌기가 있는 셈이다.

벌레를 건드리면 작은 분화구(원뿔 돌기)에서 편도의 지독한 쓴
맛, 그보다는 오히려 미르반(mirbane) 기름을 정제한 니트로벤젠
(Nitrobenzine)의 강한 냄새로 불쾌감을 주는 유백색 액체가 흘러
나와 몸에 퍼지는 것이 보인다. 이렇게 마약을 내뿜는 것은 하나
의 방어 수단이다. 짚으로 애벌레를 긁거나 핀셋으로 다리를 잡으
면 즉시 농축액이 든 18개의 작은 병이 작동한다. 손으로 만진 사
람은 고약한 냄새가 배어들어 불쾌한 그 녀석을 내던지게 된다.
만일 녀석들이 사람에게 불쾌감을 주려고 9쌍의 니트로벤젠 증류
기를 만들어 놓았다면 대단히 성공한 것으로 인정하겠다.

하지만 사시나무잎벌레 애벌레의 적들 중에서 사람이 가장 미미하다. 사람보다 훨씬 더 무서운 적군은 감탕벌이다. 감탕벌은 이 애벌레가 독한 냄새의 농축액을 내뿜어도 목덜미 가죽을 잡고 몇 방의 침을 놓아 재빨리 해치운다. 애벌레는 우선 이 강도로부터 자신을 지켜야 한다. 그러나 가엾게도 여기에 대해 적절한 영감을 얻지 못했다. 감탕벌이 이 사냥감에게만 취미를 가진 점으로 보아 이 사냥꾼에게 잎벌레의 약품 냄새는 아주 맛있는 냄새로 인식되는 것 같다는 생각이다. 방어를 위한 분비액이 치명적인 유혹 물질로 변한 것이다. 사실상 다른 보호책도 마찬가지였다. 유리한 면이 있으면 그에 상응하는 불리한 뒷면이 있기 마련이다.

어디서였는지는 잊었지만 남아메리카(브라질)에 있는 맛이 쓴 나비와 쓰지 않은 나비 이야기를 읽은 적이 있다. 새들이 쓴맛의 나비는 건드리지 않았고 다른 나비들을 열심히 잡아먹었다. 박해를 받던 나비들은 어떻게 했을까? 쓴 나비처럼 불쾌한 맛을 얻을 수는 없었지만 적어도 그들의 색깔과 모양은 흉내 냈다. 그랬더니 새들이 이 사기극에 속아 넘어갔다.

생존경쟁을 위한 변화의 명백한 증거로 이 이야기를 내놓았다. 나는 이런 종류의 훌륭한 발견에 대해 그것이 마땅히 지녀야 할 것 이상의 중요성은 결코 부여하지 않는 사람이라 막연한 기억만 대강 말한 것이다. 쓴 나비는 맛 덕분에 멸종을 면한 게 확실할까? 새 중에서 방어용 쓴맛이 되레 유혹감인, 즉 쓴술을 아주 좋아하는 새가 존재하지는 않을까? 1에이커의 자갈밭인 내 울타리 안에는 브라질의 이 이야기에 대해 알려 줄 재료가 전혀 없다. 하지만 지금 고약한 맛에 기분 나쁜 냄새를 풍기는 벌레지만 다른 벌레와 똑같이 포식자에게 끌려와 잡아먹히는, 그것도 아주 악착스럽게 먹히는 녀석들이 있음을 알았다. 만일 생존경쟁이 잎벌레에게 그 농축액의 약병을 얻게 했다면 이 경쟁은 어리석은 짓을 한 것이다. 잎벌레를 농축액이 없는 상태로 내버려 두었어야 했다. 그랬으면 그 냄새에 유인되는 가장 무서운 적인 감탕벌을 만나지 않았을 것이다.

쓴맛이 없는 나비는 다른 양상을 보여 주었다. 즉 새를 피하려고 쓴 나비들의 복장을 흉내 냈다. 그렇다면 새들이 즐겨 먹는 종류로서 걸친 게 별로 없는 애벌레 중 까만 점의 잎벌레 복장을 흉내 낸 자는 왜 하나도 없는지 제발 설명해 주기 바란다. 고약한 냄새가 나는 증류기까지 갖추지는 못했어도 적어도 자신을 박해하는 자들에게 불쾌감을 주는 흉내는 냈어야 할 것이다. 참으로 순진하구나! 의태(擬態)로 자신을 보호할 생각을 못하는구나! 하지만 녀석들 탓이 아니니 그들을 나무라지 말자. 잎벌레 애벌레는 있는 그대로이며 어떤 새의 부리도 녀석들의 옷 빛깔을 바꾸게 하지는 못할 것이다.

정제된 방어용 액체는 종이 위에 반투명한 얼룩을 남기지만 곧 증발해서 사라진다. 빛깔은 유백색, 맛은 고약하며 냄새가 지독해서 실험실의 니트로벤젠 냄새와 비교될 정도였다. 만일 시간과 도구가 충분하다면 이 이상한 동물 화학적 생성물에 대해 몇 가지 연구를 해보고 싶다. 그 물질이 도롱뇽과 두꺼비의 우윳빛 삼출액(滲出液)처럼 우리 시약으로 조사해 볼 만한 가치가 있다고 생각해

지나는 길에 이 문제를 화학자들에게 알리노라.

애벌레에게는 18개의 기름병 말고도 방어 겸 운동을 위한 또 하나의 보호 기구가 있다. 창자 끝을 호박색의 커다란 봉오리 모양으로 탈장시키는데 거기서 무색 내지 연한 황색의 액체가 스며 나온다. 종이 띠를 대자마자 냄새의 액체가 종이에 배어드는데 냄새를 식별하기는 어려웠다. 하지만 농도가 낮은 니트로벤젠의 냄새가 감지될 것이라 생각한다. 등 쪽 작은 병들의 생성물과 창자 봉오리의 생성물 사이에 관계가 있을까? 아마도 있을 것이다. 또 다른 특별한 효능도 있으리라는 추측을 해본다. 잠시 뒤 이 문제의 예리한 전문가인 감탕벌이 이 액체를 얼마나 높이 평가하는지 답변을 해올 것이기 때문이다.

사냥꾼의 증언을 듣기 전에 이 벌레가 앞으로 전진할 때 항문의 봉오리를 이용한다는 점을 먼저 확인해 보자. 녀석들은 다리가 너무 짧아서 탈장을 지렛대로 삼는 앉은뱅이이다. 봉오리의 이점은 적당한 시기에 또 알려진다. 즉 탈바꿈 때 이 탈장으로 포플러 잎에 고정하는 것도 확인하자. 번데기는 애벌레 껍질이 몸에 붙은 채 뒤로 밀려 나와 몸통이 껍질 속에 절반쯤 박힌 것처럼 보인다. 번데기가 갈라진다. 부분적으로 끼여 있는 이중의 헌옷에서 성충이 빠져나오는데 헌옷은 아직도 탈장으로 잎에 붙어 있다. 번데기 기간은 12일이다. 잎벌레 애벌레를 더 길게 설명하는 것은 별로 안 좋은 것 같다. 설사 그에 관한 설명이 많더라도 이 장의 주제인 감탕벌 이야기를 벗어나서는 안 되겠으니 말이다.

사냥감이 햇볕을 받으며 포플러 잎을 갉아먹는다는 것은 이미 알고 있다. 이제는 감탕벌의 광주리에 담겨 있는 녀석들을 살펴보자. 식량이 가득 찼거나 거의 찬 17개의 방이 있는 갈대 토막을 조사해 보기로 했다. 어떤 방에는 아직 알이 들어 있고 다른 방에는 처음 먹이를 대하는 어린 벌레가 들어 있다. 식량이 잘 보급된 방에는 10마리의 잎벌레가 들어 있고 덜 채워진 방에는 3마리밖에 없었다. 일반적으로 식량은 위층이 덜 풍족하고 아래층일수록 많아지는 경향이 있으나 아주 정확하지는 않다. 여기서도 식량 배급은 암수의 성 차이에 문제가 있는 것 같다. 몸집이 더 작고 조기 성숙하는 수컷에게는 차림표가 검소한 위층 방들의 차례가 가고 몸집이 크고 늦도록 성장하는 암컷에게는 밥상이 푸짐한 아래층 방들의 차례가 간다. 이 숫자의 변화에는 또 다른 동기가 있는 것 같다. 사냥물의 크기가 더 어리거나 덜 어린 것, 또는 더 뚱뚱하거나 덜 뚱뚱한 것 등의 문제였다. 모든 먹잇감은 크든 작든 전혀 움직이지 못하는 상태였다. 돋보기로 사냥벌의 희생물에서 아주 흔하게 볼 수 있는 생명의 징후, 즉 촉수의 흔들림, 발목마디의 떨림, 배의 박동 등을 살펴보았으나 모두 허사였다. 아무것도, 절대로 아무 징후도 없었다. 감탕벌의 침을 맞은 애벌레는 정말 죽었을까? 그 식량은 정말로 시체들인가? 하지만 절대로 그렇지는 않다. 그들의 심한 무기력증이 마지막 생명까지 없앤 것은 아니다. 증거는 뚜렷했다.

갈대 무더기의 독방들을 하나씩 조사해 보니 거의 다 자란 잎벌레의 대형 애벌레들은 흔히 엉덩이가 방안의 벽에 붙어 있었다. 이 현상의 의미는 명확하다. 탈바꿈 시기가 임박해서 잡힌 것이며 침

줄무늬감탕벌의 먹이와 애벌레의 성장

1. 침으로 마취시킨 나방 애벌레를 옮기려고 입에 물었다. 시흥, 25. VII. 06

2. 대나무 통 속을 둥지로 삼은 성충이 사냥물을 들여간다. 시흥, 25. VII. 06

3. 입구를 봉하고 있다. 시흥, 25. VII. 06

4. 통 속에 여러 개의 방을 만들고 각 방에 저장된 사냥물을 애벌레가 먹고 있다. 시흥 30. VII. 06

5. 다 자란 애벌레이다. 시흥, 15. VII. 03

6. 기생충이 침입했다. 시흥, 11. VII. 06

7. 기생당한 둥지에는 줄무늬감탕벌의 흔적조차 없어졌다. 시흥, 15. VII. 06

을 맞았어도 평상시처럼 변태 준비를 한 것이다. 즉 포플러 잎에 고정될 때처럼 옆의 흙벽 칸막이나 갈대의 갱도에 의지하여 단단히 매달린 것이다. 애벌레의 모습이 너무도 싱싱하고 항문으로 달라붙은 것도 아주 정확해서, 비수를 맞은 피부가 갈라지며 번데기가 나오는 것을 보리라는 희망까지 생겼다. 희망은 이처럼 이상한 사실들에서 생긴 것이니 조금도 과장된 게 아니다. 하지만 거의 있을 법해서 기대를 걸었던 사건이 현실과 부합하지는 않았다. 탈바꿈 자세로 붙어 있던 애벌레들을 그 더미에서 꺼내 안전한 곳으로 옮겼으나 그 중 어느 녀석도 탈바꿈 준비 행위 이상의 진행은 하지 않았다. 하지만 아직은 충분히 설득력 있는 행위가 남아 있다. 즉 탈바꿈에 필요한 장치를 실행할 능력이 남아 있는 벌레의 은은한 움직임이 생명이 완전히 꺼진 것은 아니라고 말해 준다.

시체가 아님은 다른 방법으로도 인정된다. 감탕벌 창고에서 꺼낸 12마리의 애벌레를 유리관에 넣고 솜으로 마개를 해놓았다. 생명의 잠재 여부는 애벌레의 싱싱함을 나타내는 불그레한 빛깔의 흰색과 죽음과 썩음을 나타내는 갈색으로의 변질에 있다. 그런데 애벌레 중 하나가 18일 뒤에 갈색을 띠기 시작했다. 두 번째는 31일 만에 죽은 것이 확인되었다. 6마리는 44일이 지났어도 그대로 싱싱하며 포동포동했다. 맨 마지막 녀석은 6월 16일부터 8월 15일까지 두 달 동안 계속 멀쩡한 상태로 남아 있었다. 유화탄소에 질식해서 진짜로 죽은 애벌레는 타박상 없이도 같은 조건에서 며칠 만에 갈색으로 변함은 말할 필요도 없다.

기대했듯이 작은집감탕벌의 산란 특성은 전에 관찰했던 콩팥감탕벌의 특징과 똑같았다. 나는 흥미 있는 사실의 확인이 주는 만족감에 더불어서 전에 설명한 이상한 순서를 여기서 다시 발견했다. 즉 첫번째 알은 독방의 제일 안쪽에 낳는다. 그 다음 잡히는 순서대로 먹잇감이 쌓인다. 그래서 식량은 가장 오래된 것에서 가장 싱싱한 순서로 쌓였다.

나는 특히 호리병벌과 콩밭감탕벌이 알려 준 예에 따라 알이 시계추 같은지, 즉 방안의 어디에 실로 매달려 있는지 확인하고 싶었다. 사실상 가는 실에 달아맨 콩팥감탕벌의 방식을 따를 것이 틀림없다고 미리부터 확신하고 있었다. 그래서 오랑주로부터 덜커덩거리는 마차로 옮겨지면서 연약한 시계추가 끊어졌을 것 같아 걱정되었다. 콩팥감탕벌 알이 천장에 매달려 흔들리는 방들을 옮길 때 내가 얼마나 염려하며 조심했던지, 그때 생각이 났다. 마차는 제 짐이 귀중하다는 것을 모르니 모든 것을 뒤엎어 놓았을 게 틀림없다.

하지만 뜻밖에도 그렇지 않았다. 아주 최근에 지은 방안 대부분은 갈대 천장이나 칸막이의 위쪽 가장자리에 겨우 보일까 말까한 1mm 길이의 실에 알들이 매달려 제자리를 지키는 것을 발견했다. 그래서 넓게 쪼갠 갈대들을 유리관에 넣어 부화를 관찰할 수 있게 해놓았다. 방을 막은 지 사흘 뒤 아마도 산란한 다음 나흘 만에 부화가 이루어졌다.

갓 난 애벌레가 머리를 아래로 향하고 얇은 알껍질이 거의 통째로 제공되는 칼집 속으로 들어가는 것이 보인다. 아주 천천히 칼집 속으로 미끄러져 들어가고 매달렸던 끈은 점점 길어지는데 원래의 실 부분은 매우 가늘고 알껍질 부분은 훨씬 넓다. 가냘픈 애벌레는 자기 머리 쪽에 가까이 있는 사냥물의 어느 부분에 도달해 첫번째 입맛을 다시게 된다. 만일 무엇인가에 자극을 받거나 내가 갈대를 건드리면 먹던 것을 놓고 알집 속으로 물러난다. 그랬다가 안심이 되면 다시 미끄러져 나와 먹던 곳을 다시 먹기 시작한다. 어떤 때는 충격을 주어도 아랑곳하지 않는다. 갓 난 애벌레가 이렇게 매달려 있는 상태는 24시간 가까이 지속된다. 그 다음 어느 정도 튼튼해진 녀석이 떨어져 내려와 보통 관습대로 먹는다. 식량은 약 12일치 분량이었다. 곧 고치 짓기가 따르는데 고치 속에서 다음 해 5월까지 계속 노란 애벌레 상태로 남아 있다. 감탕벌의 섭식 활동과 고치 짜기 활동을 지켜보는 것은 지루했다. 니트로벤젠으로 강하게 양념한 요리를 먹는 것과 호박색의 고운 고치를 짜는 일은 별로 두드러지지 않아서 특별히 언급할 게 없다.

이 문제를 떠나기 전에 매달린 알이 발생학에 제기하는 문제를 먼저 말하겠다. 원통 모양의 알들은 어느 것이든 앞과 뒤쪽, 즉 머리 쪽과 항문 쪽의 두 극을 가진다. 이 두 극의 어느 쪽에서 애벌레가 태어날까?

호리병벌과 감탕벌들은 뒤쪽 극이라고 말한다. 어미는 낳은 알을 허공에 방치하기 전에 어딘가에 우선 매달기 위해 반드시 실을 붙여 놓아야 한다. 이런 점으로 보아 천장이나 벽에 고정될 쪽이 난소에서 먼저 나와야 한다. 그러나 수란관이나 산란관은 너무 좁아서 앞뒤를 바꿀 수 없으므로 항문 쪽이 먼저 나온다. 그래서 알과 같은 방향으로 태어난 어린 애벌레는 꽁무니를 위로, 머리를 아래로 향해서 실 끝에 매달리게 된다.

사냥벌들은 낳는 알을 희생물의 특정 부위에 고정시키는데 배벌(*Scolia*), 조롱박벌(*Sphex*), 나나니(*Ammophila*) 알은 모두가 앞쪽 극으로 나온다고 답변한다. 실제로 알은 항상 어미의 조심성이 택한 식량의 특정 부위에 머리끝이 붙어 있다. 애벌레의 안전과 식량 보존이 그곳, 바로 거기만 먹기 시작하도록 요구해서 그렇다. 이런 이유로 사냥물에 고정된 쪽이 다른 쪽보다 먼저 나오게 된다.

정반대의 두 증언은 모두 진실이다. 즉 방안의 벽이나 멀리 의지할 곳에 붙어 있는 알들은 자신의 운명에 따라 앞쪽 또는 뒤쪽 극을 통해 이 세상으로 나오는데 이럴 때 난소나 산란관 안에서의 방향 도치가 요구된다. 이렇게 태어난 애벌레의 큰턱 밑에 항상 식량이 놓이게 된다. 결국 아직은 전혀 무경험인지라 제 입으로 먹이를 찾아낼 줄은 몰라도 식량이 앞에 산더미처럼 쌓여서 영양실조로 죽을 위험을 맞지는 않는다. 이것이 문제였다. 일체의 예정론을 떠나서 원형질 에너지의 도움만으로 이 문제를 풀어 주기를 발생학자에게 간곡히 부탁한다.[4]

감탕벌이 발휘하는 사냥꾼의 기질을 보는 것도 중요하니 이들의 살림살이를 속속들이

4 기관의 분화는 알이 발생할 때 일어난다는 후성설(後成說)은 이미 19세기 이전에 확립되었다. 따라서 1890년도인 현재는 이 문제를 논할 때가 아니다. 파브르는 지금도 모든 기관이 알 속에 이미 형성되어 있다는 1740년도의 전성설(前成說)을 따랐다는 점이 이해되지 않는다. 더욱이 발생이 끝난 애벌레는 난각과 분리되어 방향 전환이 가능함도 생각하지 않았다.

안 것만으로는 부족하다. 사냥감을 어떻게 잡을까? 사냥물이 죽은 듯이 부동의 상태이면서 싱싱하게 보존되려면 어떻게 해야 할까? 외과수술 방식은 어떤 것일까? 지금 당장 이 근처에는 잎벌레의 박해자가 하나도 없으니 나는 딸 클레르에게 문제를 제시했다. 그 애는 이 연구 대상에게 잊을 수 없는 사건들이 벌어진 현장, 즉 닭장과 매일 접한다. 딸은 통찰력도 있고 마음이 착한데 이런 점은 아주 주요한 조건이다. 그 애는 고역을 열광적으로 수락했다. 내 편에서도 포로로 잡힌 곤충에 대해 가능한 대로 몇 가지 관찰을 시도해야 했다. 사건들이 빨리 진행되므로 의심거리를 남길 수 있고 사실의 평가에 서로 영향을 줄 수도 있다. 이런 문제점들을 개입시키지 않으려고 딸과 나는 각자가 양쪽에서 확실성을 얻을 때까지 결과를 서로 비밀에 부쳐 두기로 합의했다.

진행 방법을 지시 받은 클레르는 일에 착수했다. 곧 아이그(Aygues) 하천가에서 애벌레가 많이 붙어 있는 포플러를 발견했다. 가끔씩 감탕벌이 갑자기 나타나 잎사귀를 덮치고 잡은 벌레를 다리 사이에 끼고 돌아간다. 하지만 사건이 너무 높은 곳에서 벌어져 희생시키는 녀석과 당하는 녀석 사이의 전쟁을 정확히 관찰할 수가 없다. 게다가 다른 나무들도 사냥에 유리하기는 마찬가지여서 감시당하는 나무에 벌이 나타나는 것은 아주 긴 간격일 수밖에 없다. 따라서 지나친 인내력은 진력나게 마련이다. 관찰해서 알아낸 다음, 내게 도움 주기를 끈질기게 원하는 열성분자, 즉 내 협력자는 교묘한 방법을 고안해 냈다. 잎벌레가 많이 꼬인 어린 포플러 한 그루를 흙덩이 채 뽑았다. 물론 뽑을 때와 옮길 때 흔들려서 그들이 떨어지지 않도록 무척 조심했다. 일을 아주 잘 처리해서 묘목이 탈 없이 목적지인 닭장 앞까지 왔다. 그리고 작은집 감탕벌의 둥지인 갈대 앞에 다시 심었다. 나무가 뿌리를 내리는 것은 그리 중요치 않다. 물을 많이 주어서 며칠 동안만 싱싱하면 그것으로 충분하다.

클레르는 잎 전체가 보이는 포플러 옆에 관측소를 설치하고 가지 뒤에 숨어서 망을 본다. 아침에, 더위가 한창일 때, 그리고 오후에 엿본다. 다음 날 다시 시작하고 그 다음 날 또 관찰한다. 매우 열심인 덕분에 행운이 딸에게 미소를 보냈다. 거룩한 인내력, 네가 못할 게 무엇이더냐! 애벌레를 찾아 나갔다가 돌아오던 감탕벌 떼에게 옮겨 심은 포플러가 니트로벤젠 냄새로 사냥감이 많음을 알렸다. 바로 문 앞에 잡을 것이 풍부한데 왜 멀리까지 원정을 가겠나? 작은 나무가 아낌없이 이용되었다. 이런 상황에서 사냥꾼은 곧 자신의 조작 비밀을 털어놓았다. 클레르는 단도로 찌르는 것을 보고 또 보았다. 하지만 딸은 우리가 만족을 얻은 공동의 호기심 덕분에 호된 대가를 치렀다. 일사병으로 며칠 동안 누워 있어야만 했으니 말이다. 하지만 내 경험에 비춰 보면 가차 없이 내리쬐는 태양 밑에서 관찰을 실시하면 자연히 일사병이 걸림을 아주 잘 알고 있었으니, 재난은 예상된 것이었다. 과학의 찬사가 그 아이의 편두통에 조금이라도 보상이 되어 주길 바라노라! 그 애가 지켜본 모든 결과는 내가 본 결과와 일치했으니 내 것만으로도 녀석들을 확실히 알게 되었다.

이제는 내가 말할 차례이다. 갈대의 감탕벌 소포가 도착했을 때

나는 다른 장에서 상세하게 다루려던 어떤 흥미로운 문제에 몰두하고 있었다. 알고 있는 여러 벌이 어떤 종류의 먹이를 먹는지, 종 모양 철망 뚜껑 밑의 내 작업장에서 수술을 시도하고 있었다. 이런 시도로 침이 꽂히는 정확한 부위가 확인된다. 기준에 맞는 사냥감 앞에 놓인 포로들은 대부분 칼 뽑기를 거부했다. 하지만 자유나 구속 문제에 크게 신경 쓰지 않는 벌들은 제공한 사냥감을 받아들여 내가 돋보기로 들여다보는 앞에서 침을 놓았다. 작은집감탕벌이 이 대담한 녀석들 축에 끼지 말라는 법이라도 있겠나?

시험해 볼 일이다. 오랑주에서 온 잎벌레는 충분해서 탈바꿈과 기름 증류기를 보려고 돔 모양의 철망 밑에서 길렀다. 사냥감은 옆에 있는데 사냥꾼이 없다. 어디서 사냥꾼을 데려올까? 클레르에게 부탁하면 자원이 확실하니 곧바로 보내 줄 것이다. 하지만 망설여진다. 잡혀 온 곤충이 마차의 흔들림과 오랜 포로 생활에 지쳐 사기가 떨어진 상태로 도착하지 않을까 염려되었다. 피곤하고 싫증난 녀석들은 잎벌레를 보아도 흥미가 없을 것이다. 사정이 뻔하니 내게는 좀더 확실한 것이 있어야 한다. 타고난 재능을 생생하게 지닌 바로 그 순간에 잡힌 곤충이 필요하다.

우리 대문 앞에는 평판이 나쁜 압생트(absinth, 독한 양주의 일종) 재료인 회향 풀밭이 있다. 산형화서(傘形花序)의 그 꽃에 말벌, 꿀벌, 각종 파리가 와서 꿀을 한 모금씩 핥는다. 포충망을 들고 그리 가 보자. 손님들이 많다. 윙윙거리며 삐악거리는 소리로 가득한 식탁의 합창을 들으며 꽃들을 살펴본다. 고맙기도 해라! 감탕벌이다. 1마리, 2마리, 6마리까지 잡아 급히 작업장으로 돌아왔다. 행운이 내가 원하던 것 이상으로 도와주었다. 잡힌 것들은 모두 작은집감탕벌이었고 6마리 모두가 암컷이었다. 심각한 문제에 정열을 쏟다가 갑자기 해결 자료를 얻은 사람이라면 내 흥분을 이해하리라. 하지만 기쁨의 순간에도 불안은 따르게 마련이다. 사냥꾼과 사냥감 사이에 벌어지는 일이 어떤 양상을 띨지 누가 알 수 있겠나? 철망 밑으로 감탕벌과 잎벌레 애벌레를 한 마리씩 옮겼다. 암살자의 열정을 자극하려고 벌레들의 유리 상자를 햇볕에 내놓았다. 비극을 자세히 설명해 보자.

잡혀 온 감탕벌은 15분 이상 유리벽을 기어 오르내리며 도망칠 구멍만 찾을 뿐 사냥감에는 조금도 주의를 기울이지 않는 것 같다. 나는 벌써 희망을 포기하기 시작하고 있었다. 그런데 갑자기 사냥꾼이 애벌레를 덮쳐 배가 하늘로 향하게 뒤집어 놓는다. 다음, 꼭 껴안더니 가슴에 침을 세 번 놓는데 특히 목 아래의 중앙 부위를 다른 곳보다 더 오래 찌른다. 꼼짝 못하게 안긴 애벌레는 힘껏 발버둥 치며 작은 병의 농축액을 내뿜어 그 기름을 온통 몸에 바른다. 하지만 이 방어술은 효과가 없다. 감탕벌은 독한 향내에도 상관치 않고 통증을 못 느끼는 환자를 다루는 메스처럼 확실하게 수술해 나간다. 가슴에 세 개의 운동령인 신경절의 기능을 없애려고 세 번의 침이 꽂힌다. 다른 벌로 다시 시험해 본다.

공격을 거부하는 녀석은 별로 없었다. 그리고 매번 침을 세 번 찌르는데 목 아래는 분명히 더 오래 찌른다. 나는 인위적인 상황에서 본 것을 클레르는 자기 나름대로 옮겨 심은 포플러 잎에서, 즉 자연 상태에서 보았다. 그 역시 완전히 똑같은 결과였다.

재빨리 수술한 다음, 감탕벌은 희생물의 배에 자기 배를 맞대고 끌면서 목 부분을 한동안 우물우물 씹는다. 하지만 상처를 내지는 않았다. 이는 홍배조롱박벌(*Palmodes occitanicus*)°과 쇠털나나니(*Podalonia hirsuta*)가 뇌신경절을 마비시키려고 압박했던 것, 즉 전자는 민충이(*Ephippigera*)의 목덜미를, 후자는 회색 송충이의 목덜미를 깨물면서도 상처를 내지 않았을 때의 행동에 해당할 것이다. 물론 나는 마비된 애벌레를 빼앗았다. 희생자는 다리를 몇 번 떨다가 곧 멈추는 것 말고는 완전히 무력해진다. 바로 놓아도 더는 움직이지 않는다. 하지만 죽지는 않았다. 그 증거는 앞에서 말했다. 다른 방식으로도 은은한 생명력이 입증된다. 즉 이렇게 혼수상태가 계속되는 처음 며칠 동안 창자가 빌 때까지 똥을 배설했다.

실험을 반복하다가 아주 이상한 행동 하나가 목격되어 처음에는 어리둥절했다. 사냥물이 항문 쪽을 잡혀 배 끝 여러 마디의 아랫면을 찔린다. 가슴마디를 찌르는 대신 뒤쪽 체절을 찌르니 보통 수술과는 정반대의 작업이다. 정상적으로는 외과의사와 환자가 머리끼리 맞대는데 이 경우는 서로 반대 방향으로 향했다. 시술자가 부주의로 벌레의 양끝을 혼동하여 목을 찌른다는 생각으로 배 끝을 찌른 것일까? 나는 얼마동안 그렇게 생각했다. 하지만 곧 나의 잘못을 알게 되었다. 본능은 그런 착각을 일으키지 않는다.

침을 여러 방 놓고 벌레를 끌어안았던 감탕벌은 큰턱을 크게 벌려 배의 뒤쪽 3마디를 천천히 깨물었다. 물 때마다 분명한 폭식이 뒤따랐다. 마치 맛있는 요리를 먹는 것처럼 입틀 전체가 움직였다. 생살을 물린 벌레는 짧은 다리를 필사적으로 버둥거린다. 뒤쪽에 침을 맞았어도 다리의 활동력은 줄어들지 않았다. 애벌레는 몸부림치며 머리와 큰턱으로 반항한다. 벌은 아랑곳하지 않고 그의 엉덩이를 계속 썹는다. 10분, 15분 계속된다. 노상강도는 그런 다음에야 처량한 애벌레를 놔준다. 집으로 가져가는 것을 잊어서는 안 될 그 사냥감을 내버려 둘 뿐 더는 관여하지 않는다. 잠시 뒤 벌은 방금 맛있는 것을 먹고 난 것처럼 손가락을 핥는다. 즉 발목마디를 큰턱 속에 집어넣고 또 넣는다. 식탁을 떠나면서 손을 씻는 것이다. 대관절 무엇을 먹었을까? 꽁무니에서 즙을 짜내는 미식가를 다시 살펴봐야 한다.

참을성만 좀 있으면 6마리의 포로가 아주 친절하게도 번갈아 가며 애벌레의 수술 장면을 보여 주는데 때로는 가족의 식량으로 앞쪽을, 때로는 자신의 식사로 뒤쪽을 수술한다. 라벤더 잎에 꿀을 발라 줘도 자기들이 좋아하는 끔찍한 음식을 잊지 않았다. 끔찍하고 맛있는 음식을 얻는 수단이 개괄적으로는 같아도 세부적으로는 차이가 있다. 애벌레는 언제나 꽁무니 쪽이 잡혀 침질이 계속되는데 배의 뒤쪽부터 앞으로 올라온다. 어떤 때는 배에만 충격을 가하고 어떤 때는 가슴에도 가하는데 이때는 수술받은 애벌레가 전혀 움직이지 못한다. 애벌레의 활동을 중지시키려는 목적으로 침을 놓는 것은 분명히 아니었다. 애벌레가 아무리 공격을 받았어도 단검이 떠났을 때는 아주 잘 움직이며 종종걸음을 쳤으니 말이다. 무기력은 가족을 위해 집으로 가져갈 식량에게만 꼭 필요한 것이다. 제 자신을 위한 것이라면 벌은 벌레가 날뛰든 말든 상관없다. 이용할 부분만 마비시켜서 저항을 줄이면 그만이다. 이때의 마비는 극히 부수적인 것이라 일정한 규정 없이 제 마음대로 더 또는 덜 마취시키거나 아예 무시하기도 한다. 잔뜩 먹은 감탕벌이 벌레를 놓아주면 꽁무니가 잘린 녀석은 방안에 잡혀 온 애벌레처럼 전혀 못 움직이거나, 아니면 거의 말짱한 벌레처럼 잘 움직인다. 하지만 말짱해 보이는 것도 앉은뱅이의 받침인 항문 봉오리는 없다.

불구자가 된 애벌레를 조사했다. 항문의 탈장이 사라져 손가락으로 배 끝을 눌러도 나오지 않는다. 돋보기로 보니 탈장 대신 찢어져서 너덜너덜한 조직이 보인다. 창자 끝이 갈기갈기 찢긴 것이다. 그 일대는 모두 타박상과 피하출혈이 있었지만 벌어진 상처는 없었다. 결국 감탕벌은 탈장의 내용물을 맛있게 빨아먹었다는 이야기이다. 배 끝의 두세 마디를 씹었을 때를 다른 말로 표현하자면 벌레의 젖을 짜낸 셈이다. 마비된 배는 쉽게 압축되어 직장의 체액을 입안으로 흘러들게 하고 다음은 그것을 갈라서 내용물을 꿀꺽꿀꺽 마신 것이다.

그 체액은 무엇일까? 무슨 특별한 생성물일까, 아니면 니트로벤젠의 어떤 혼합물일까? 결정하지 못하겠다. 내가 아는 것은 다만 곤충이 자기 방어를 위해 그 체액을 쓴다는 것뿐이다. 녀석들이 불안해지면 공격자에게 불쾌감을 주려고 체액이 스며 나온다. 향수병의 작은 방울이 보이자마자 항문의 저장소가 작동한다. 끔찍한 고문의 원인이 되는 이 보호 수단에 대해서 우리는 무슨 말을 할수 있을까? 순박한 벌레들아, 이제는 고약한 냄새를 풍기고 농축액을 똑똑 떨어뜨리고 처음에는 쓰지 않았던 맛을 이제 다시 쓴맛이 되게 하라. 너희는 그래도 여전히 너희를 잡아먹는 자를, 또 어디가 맛있는 부분인지를 알고 너희 엉덩이를 갉아먹을 녀석을 만나게 될 것이다. 남아메리카의 나비들에게 주는 경고이다.

잎벌레 애벌레에 대한 참혹한 이야기를 끝내기 전에 이 벌레가 불쌍하게 절단당한 다음 어떻게 되는지를 설명해야겠다. 가슴의 상처로 완전한 무기력증에 빠진 환자는 방안에 넣어져 앞에서 설명한 것 외에는 더 알려 주는 게 없다. 그러니 배 끝에 서너 번의 침을 맞은 벌레의 경우를 보자. 감탕벌이 마지막 세 체절을 탐욕스럽게 씹었고 창자 끝을 후벼 파서 이동과 방어용 봉오리를 없앤 다음 버려진 애벌레를 내가 접수했다. 세 마디는 타박상을 입어 빛깔이 홍해졌다. 거기서 찢어진 피부는 찾아내지 못했어도 벌레는 배가 마비되었고 전진을 위한 항문의 지렛대는 쓰지 못하게 되었다. 다리는 완전하게 움직이며 모두 사용할 수 있다. 녀석은 몸을 질질 끌고 기어가며 기운을 내서 앞으로 나가는데 하반신의 장애가 없으면 힘이 정상적일 것이다. 머리도 움직이고 입의 각 부분도 평상시와 똑같이 깨문다. 복부 마비와 직장 절단 외에는 모든 점에서 포플러 잎을 평화롭게 갉아먹는 왕성한 생명력의 애벌레였다. 강력한 반항도 실패하게 마련인 원칙, 이 원칙에 대한 훌륭한 증거는 이렇다. 즉 단도의 흔적이 적어도 처음에는 공격당한 부위에만 작용했다. 침이 복부의 중추신경을 건드리면 배가 마비되나 가슴은 건드리지 않아 다리와 머리는 활발히 움직였다.

사건 5시간 뒤 벌레를 다시 조사했더니 뒷다리가 조금 떨기만 할 뿐 움직이지 못한다. 마비가 다리까지 미친 것이다. 이튿날, 그 다리는 무력해졌고 가운데다리도 움직이지 않는다. 하지만 앞다리와 머리는 여전히 움직였다. 그 다음 날은 머리밖에 안 움직였다. 마침내 나흘째는 죽었다. 식량으로 보관되려고 가슴을 수술당했지만 여러 주, 또는 여러 달 동안 통통하고 색깔도 선명하게 유지한 애벌레가 말라 오그라들고 검어지는 것을 보면 정말로 죽은 것이다. 배에 맞은 침 때문에 죽었을까? 아니다. 가슴에 침을 맞은 녀석들도 죽지 않았으니 말이다. 그를 죽인 것은 감탕벌의 사나운 이빨이지 단도가 아니다. 배 끝이 큰턱으로 으깨지고 창자의 봉오리가 도려내졌으니 이제는 생존이 불가능해진 것이다.

11 진노래기벌

꽃을 아주 좋아하는 벌 중에서 자기 자신이 먹으려고 사냥하는 벌을 만나는 것은 확실히 기록해 둘 만한 사건이다. 벌이 애벌레의 식량 창고에 사냥물을 비축하는 것보다 더 자연스러운 일은 없다. 하지만 꿀을 먹는 식량 보급자가 사냥물을 먹는 것은 잘 이해되지 않는다. 마치 꽃꿀을 마시는 곤충이 피를 마시는 격이니 아주 뜻밖의 사건이다. 그런데 이렇게 두 영양소를 섭취하는 것이 질적이기보다는 표면적이어서 달콤한 꿀로 채울 모이주머니를 사냥한 고기로 채우는 것은 아니다. 작은집감탕벌(*Symmorphus murarius*)은 사냥물의 엉덩이를 후벼 팔 때 살은 입맛에 맞지 않아 완전히 무시하며 건드리지 않고 창자 끝으로 방울방울 나오는 방어용 액체만 마신다. 녀석에게 이 액체는 틀림없이 꽃샘에서 길어 오는 일상의 음식에 가끔 쓰이는 양념으로 매우 가치 있는 음료일 것이다. 식전에 먹는 무슨 양념이던가, 어쩌면 꿀 대용품인지도 모르겠다. 맛있는 음식의 질은 몰라도 적어도 감탕벌이 다른 것을 탐

내지 않음은 알겠다. 둥글게 부풀어 오른 것을 모두 비운 다음에는 애벌레를 필요 없는 찌꺼기처럼 버리는데 이는 육식동물이 아니라는 확실한 표시이다. 이때는 잎벌레의 박해자가 분명히 두 음식을 활용하는 경우로 우리가 특별히 놀랄 일은 아니다.

감탕벌이 아닌 다른 곤충도 가족의 식량으로 하늘이 정해 준 사냥물에서 자신이 직접 이득을 얻는 경우가 있는지 알아볼 필요가 있다. 저들처럼 항문의 증류기를 부수는 경우는 너무도 뜻밖이다. 그래서 그 방식을 본받은 곤충이 많지는 않을 것 같으며 방식 자체가 부차적인 세부 사항이니 다른 종류에서는 이용되지 않을 것 같다. 하지만 이용 방법에 세부적인 다양성이 없을 수는 없다. 예를 들어 침을 맞아 마비된 사냥물의 어딘가에, 가령 뚱뚱한 배 속에 맛있는 감로주가 있다면 사냥꾼이 죽어 가는 그자의 감로주가 변질되기 전에 토해 내도록 강요하기를 어째서 망설이겠나? 틀림없이 고기가 아니라 모이주머니 속의 내용물을 아주 좋아하는 시체 도둑도 있을 것이다.

실제로 그런 종이 있고 숫자도 아주 많다. 우선 양봉꿀벌(*Apis mellifera*)●을 사냥하는 진노래기벌(Philanthe apivore: *Philanthus apivorus → triangulum*)을 보자. 나는 오래전부터 자주 이 녀석들이 꿀이 묻은 꿀벌의 입을 욕심 사납게 핥는 것을 보고 녀석이 자신을 위해 도둑질한다고 생각했다. 즉 제 새끼를 위해 사냥한 것이 아니라는 추측이었다. 이 의심은 실험으로 확인할 가치가 있다. 한편 나는

진노래기벌 실물의 1.25배

동시에 수행할 수 있는 다른 연구에도 몰두하고 있었는데 집에서 모든 편의를 누리면서 여러 약탈자의 수법을 지켜보고 싶었다. 그래서 진노래기벌도 방금 감탕벌에서 대강 설명한 것처럼 철망 뚜껑 밑에서 조사했다. 이 방법에 첫 소재를 제공해 준 것도 실은 이 꿀벌 사냥꾼이다. 녀석들이 얼마나 열심히 내 소원에 응했던지 현장에서는 그렇게도 성공하기 어려운 사건들을 실컷 보고 또 보았다. 어느 방법보다도 잘 알아내게 해주었다. 아아! 진노래기벌에 대한 처녀작은 내가 예약했던 것 이상으로 약속되지 않았더냐! 그러나 지레짐작은 말고 사냥꾼과 사냥감을 그 안에 함께 넣어 보자. 약탈 벌이 얼마나 완벽한 검술로 칼을 휘두르는지, 진노래기벌을 보자 더욱 알아보고 싶었다. 결과에 대한 불확실성도 없고 오랜 기다림도 없었다. 강도는 상대가 제게 유리한 자세를 취하자마자 달려들어 죽인다. 진행 과정을 보자.

유리 뚜껑 밑에 한 마리의 진노래기벌과 두세 마리의 양봉을 넣

는다. 포로가 된 양봉들은 밝은 곳을 향해 유리벽을 기어오른다. 녀석들은 수직의 매끄러운 표면이라도 지표면과 똑같이 걸어 다닐 수 있다. 오르내리며 탈출하려고 애쓰다가 곧 조용해지고 약탈자는 주변에 주의를 기울인다. 앞을

겨냥한 더듬이로 상황을 판단하고 머리는 좌우로 돌려가며 갈망의 앞다리는 관절을 약간씩 떨면서 세워지고 유리벽에 달라붙은 벌들의 동작을 살핀다. 이때 악당의 자세가 참으로 인상적이다. 맹렬한 욕망의 함정과 못된 짓에 대한 간사스러운 기다림이 읽혀지니 말이다. 꿀벌이 선택되었고 진노래기벌은 달려든다.

쓰러진 녀석과 쓰러뜨린 녀석의 두 곤충이 데굴데굴 구른다. 소란은 곧 가라앉고 살해자는 잡힌 자의 목을 졸라 죽인다. 두 가지 방법을 취하는 게 보인다. 좀더 많이 쓰이는 첫번째 방법으로 꿀벌이 벌렁 자빠진다. 진노래기벌은 양봉과 배를 맞대고 여섯 다리로 꼭 껴안아 큰턱으로 목덜미를 문다. 그리고 뾰족한 배 끝이 쓰러진 벌의 뒤에서 앞을 향해 구부리면서 찾고 더듬다가 마침내 목 밑에 다다른다. 거기에 단검이 박히며 잠시 머문다. 이제 끝났다. 살해자는 희생자를 그대로 꼭 껴안은 채 배를 제자리로 가져간다.

두 번째 방법은 진노래기벌이 서서 작업하는 경우이다. 네 개의 앞다리는 꿀벌과 얼굴이 마주하도록 붙잡고 뒷다리와 닫힌 날개 끝으로 받쳐서 몸을 거만하게 곧추 세운다. 꿀벌에게 비수를 꽂기 편한 자세를 취하려 고 불쌍한 벌을 인형 다루는 어린애처럼 서 툴고 거친 솜씨로 이리 저리 돌린다. 이때의 자세 역시 당당하다. 두 개의 뒷다리 발목마

디와 날개 끝으로 떠받쳐진 삼각대에 몸을 단단히 의지하고 배를 아래에서 위로 구부려 역시 꿀벌의 턱밑을 찌른다. 지금까지 내가 본 모든 살해 자세 중 독창성은 진노래기벌이 압도적이었다.

박물학을 배워 보려는 욕망에는 나름대로 잔인한 행위가 유발된다. 단도가 꽂히는 정확한 부위를 찾아보고 살해자의 무서운 재능에 대한 자료를 얻고자 유리 뚜껑 밑에서의 살육 행위를 차마 세어 볼 수도 없을 만큼 여러 번 진행시켰다. 언제나 예외 없이 꿀벌의 목 찌르기를 보았다. 결정적인 타격을 준비하는 동안 배 끝이 꿀벌의 가슴이나 배의 여기저기에 잠시 의지할 수는 있다. 하지만 다른 곳에는 멎지 않으며 단도를 뽑지도 않는다. 싸움이 시작되면 사실상 진노래기벌이 너무나 몰두해서 유리 뚜껑을 치우고 돋보기로 비극의 자초지종을 모두 지켜볼 수 있을 정도였다.

언제나 같은 곳만 찌르는 것을 확인한 다음 목관절을 벌려 보았다. 꿀벌의 턱밑에서 단단한 각질이 아니라 연한 피부가 드러나는 하얀 지점이 보인다. 넓이는 겨우 1mm²나 될까 말까한 정도였다. 그곳, 항상 그 좁은 곳, 갑옷에 홈집이 난 그곳으로 침이 뚫고 들어간다. 왜 하필이면 다른 부위가 아니라 그곳을 찌를까? 이 부위만 상처를 받기 쉬워 반드시 그곳으로 단도의 공격이 결정된 것일까? 이렇게 사소한 문제가 생각나는 사람에게는 한 쌍의 앞다리 뒤쪽에 있는 앞가슴 관절을 벌려 보라고 권하겠다. 그러면 거기서도 같은 모양의 막이 보일 것이다. 즉 목의 아랫부분처럼 약한 부분이다. 그런데 드러난 막의 피부가 훨씬 더 넓어 보인다. 각질의 갑옷에서 여기보다 넓은 틈새는 없다. 만일 진노래기벌이 상처 입히기 쉬운 곳에만 인도되었다면 고집스럽게 목의 좁은 구멍만 찾을 게 아니라 여기를 찔렀을 것이다. 그러면 무기를 망설여 가며 더듬지 않고 단번에 살 속으로 파고들 장소를 만났을 것이다. 그러나 그렇게 하지 않는다. 기계적으로 단도의 공격을 강요받은 것이 아닌 살해자는 앞가슴의 이 넓은 결점을 무시하고 턱밑을 택한다. 매우 논리적인 동기가 있어서 그럴 텐데 이제 그 동기를 알아봐야겠다.

진노래기벌의 수술을 받은 즉시 꿀벌을 빼앗았다. 나를 놀라게 한 것은 약탈자에게 희생당한 곤충 대부분에서는 그렇게도 오랫동안 움직이던 기관들, 즉 더듬이와 입틀의 여러 기관이 움직이지 않는다는 점이었다. 이전의 연구에서 마비된 곤충들이 보여 주었던 생명의 표시가 여기서는 전혀 없었다. 천천히 흔들리는 실 같은 더듬이, 떨리는 촉수, 며칠, 몇 주, 몇 달 동안 여닫히는 큰턱 따위가 없다. 기껏해야 발목마디가 1, 2분 동안 떨리는 게 고작이며 그것이 최후의 전부였다. 그 뒤에는 전혀 움직이지 않았다. 이 갑작스러운 무기력에 대한 결론은 분명하다. 벌이 단도에 목신경절을 찔린 것이다.[1] 그래서 머리의 모든 기관에서 갑자기 운동이 멎게 된 것이며 꿀벌은 겉보기에만 죽은 게 아니라 실제로 죽은 것이다. 진노래기벌은 살육자이지 마취사는 아니었다.

한 걸음은 나아간 셈이다. 살해자는 신경 분포의 주요한 중심, 즉 뇌신경절에 상처를 입혀서 단번에 목숨을 끊으려고 턱밑을 공격점으로 택한 것이다.[2] 이 생명의 중심이 독액에 중독되면 죽음이 갑자기 온다. 만일

---

1 곤충은 목신경절이 없다. 아마도 식도하신경절(食道下神經節)을 말하는 것 같으므로 앞으로는 후자의 용어로 번역한다.

2 뇌신경절은 뇌를 말한 것이며 그 위치로 보아 침이 직접 뇌를 쏘았는지는 의심해 볼 필요가 있다.

진노래기벌의 목적이 마비만 시켜서 운동을 없애는 것이었다면, 노래기벌(*Cerceris*)이 꿀벌보다 훨씬 단단한 갑옷을 입은 바구미에게 한 것처럼 앞가슴의 틈새에 칼을 꽂았을 것이다. 하지만 이 녀석의 목적은 곧 알 수 있듯이 철저히 죽이는 것이다. 녀석은 시체를 원할 뿐 반신불수를 원하지 않았다. 그렇다면 그의 시술 방식 역시 훌륭하게 영감을 받은 것으로 인정해야겠다. 전격적인 종말로 이끄는 데는 이 살생 기술보다 더 좋은 방법을 찾아내지 못할 것이다.

또 마취사 곤충들의 자세와는 아주 다른 진노래기벌의 공격 자세는 틀림없이 죽음을 가져온다는 것도 인정하자. 침을 땅에 뉘어서 놓든, 서서 놓든 꿀벌을 가슴과 가슴, 머리와 머리를 맞대게 껴안는다. 이런 자세여서 잡힌 꿀벌의 머리 속으로 단도를 꽂으려면 뒤쪽의 배를 위로 경사지게 해야 한다. 만일 두 벌의 껴안은 자세가 서로 반대가 되어 단도가 반대 방향으로 비스듬히 꽂힌다고 가정해 보자. 그러면 결과가 완전히 달라질 것이다. 침이 위에서 아래쪽을 향해 꽂히게 되어 앞가슴의 신경절을 손상시켜 부분 마비만 일으킬 것이다. 불쌍한 꿀벌을 죽이는 데 이 얼마나 분명한 기술이란 말이더냐! 도대체 녀석은 턱밑을 아래쪽에서 위쪽으로 향해 찌르는 무서운 공격법을 어느 무술 학교에서 배웠을까?

만일 진노래기벌이 그 공격법을 배운 것이라면 녀석의 희생물은 그렇게도 건축술에 숙련되었고 그토록 사회주의 정치에 조예가 깊으면서 어째서 자신의 보호를 위해 그런 공격법을 아직도 모르고 있다는 말일까? 학살자만큼이나 활기찬 꿀벌도 그처럼 칼을 가졌고 그 칼은 적어도 내 손가락을 아주 무서울 정도로 아프게 했었다. 그의 적수인 진노래기벌은 수백, 수천 년 전부터 자신의 시체를 지하 창고에 쌓아 놓았다. 순박한 꿀벌은 해마다 제 동족이 몰살당한다. 그런데도 끝까지 당하기만 한다. 공격당하는 자가 무기를 더 잘 갖췄고 힘도 약하지 않은데 무기를 효과 없이 무턱대고 휘두르며 반항만 할 뿐이다. 어째서 상대방을 즉사시키는 기술을 얻지 못했는지 전혀 이해되지 않는다. 만일 한 녀석이 연습을 많이 해서 공격법을 터득하게 되었다면 상대방도 방어 연습을 오랫동안 해서 방법을 알았어야 할 것이다. 생존을 위한 싸움에서는 공격이나 방어가 똑같은 가치를 지녔으니 그래야 할 것 같다. 오늘날의 이론가 중 이 수수께끼를 푸는 열쇠를 가져올 만큼 통찰력을 가진 사람이 있기는 할까?

만일 그런 사람이 있다면 이참에 나를 의아하게 했던 두 번째 문제도 제시하겠다. 진노래기벌 앞에서 보여 주는 꿀벌의 태평함, 아니 그보다 더한 어리석음의 문제이다. 박해를 받던 꿀벌이 가족의 불행 덕분에 차차 머리가 깨어 약탈자가 접근해 오면 불안해하거나 도망칠 생각을 하리라는 상상을 누구나 쉽사리 해볼 것이다. 하지만 사육장에서는 그런 경우를 전혀 보지 못했다. 유리 뚜껑이나 둥근 철망 밑에 갇힌 것에 대한 처음의 불안이 가신 꿀벌은 공포 대상인 이웃에 대해 별로 걱정하는 빛이 없다. 엉겅퀴의 꽃꿀 위에서 진노래기벌과 나란히 앉아 있을 때도 있다. 암살자와 미래의 희생자가 같은 표주박을 마시는 것이다. 식탁에 숨어서 망을 보는 자가 누군지 알아보려고 경솔하게 다가오는 꿀벌도 보았다. 약자인 주제에 돌진하는 것은 경솔해서인지, 아니면 호기심에서인지는 모르겠으나 제게 덤벼들 자를 향해 다가간다. 도무지 공포로 당황하는 기색도, 불안한 표시도 없고 도망가려는 기미도 안 보인다. 수세기에 걸친 경험이 동물에게 많은 것을 가르쳐 준다고들 하는데 어째서 꿀벌에게는 초보적 지혜, 즉 진노래기벌에 대한 공포심을 가르쳐 주지 않았을까? 아니면 녀석이 자신의 훌륭한 칼을 믿고 안심한 것일까? 하지만 불행한 이 꿀벌의 검도 실력은 그야말로 형편없다. 그저 무질서하게 무턱대고 찌른다. 그래도 목이 찔리는 최후의 순간에는 어떻게 하는지 보도록 하자.

약탈자가 침을 조정할 때 꿀벌도 제 침을 조정하는데 몹시 화가 난 상태에서 한다. 단도가 허공에서 이쪽저쪽으로 오가고 때로는 잔뜩 구부린 살해자의 다리 사이로 미끄러져 든다. 하지만 신통한 결과를 얻지 못한다. 두 녀석이 엉겨 붙어 싸울 때 진노래기벌의 배는 사실상 안쪽에 있고 꿀벌의 배는 그의 바깥쪽에 있게 된다. 꿀벌의 단도 끝은 적의 등, 즉 미끄럽고 볼록하며 너무 단단해서 거의 상처를 입힐 수 없는 등 쪽 표면에밖에 닿지 않는다. 거기는 칼이 뚫고 들어갈 틈새가 없다. 그래서 약탈자의 시술은 수술받을 녀석의 몸부림과는 무관하게 완전한 메스처럼 착실하게 진행된다.

살해자는 치명타를 입힌 다음 죽은 자와 한동안 배를 그대로 맞대고 있다. 이유를 알아보자. 어쩌면 그 순간 진노래기벌에게 어떤 위험이 있을지도 모른다. 꿀벌은 공격과 보호 자세를 버렸으나 진노래기벌은 다른 곳보다 상처받기 쉬운 배 쪽이 그의 단도가 닿는 곳에 있다. 그런데 죽은 벌에겐 아직도 몇 분 동안 침을 쏠 수 있는 반사운동이 그대로 남아 있다. 이 현상을 나는 내 희생으로 알고 있었다. 강도에게서 꿀벌을 너무 빨리 빼앗아 안심하고 만지다가 한 방을 제대로 쏘였었다. 진노래기벌은 목을 따서 죽인 벌과의 오랜 관계에서 복수 없이는 안 죽겠다고 버티는 꿀벌의 침으로부터 자신을 보호하려면 어떻게 해야 할까? 자신을 위한 은총이라도 있을까? 아니면 그에게 갑자기 사고라도 닥쳐올까? 어쩌면 그럴지도 모른다.

'어쩌면'이라는 말에서 용기를 얻은 사실이 하나 있다. 종류 구별에 대한 진노래기벌의 곤충학적 지식을 판단해 보고자 각각 4마리씩의 꿀벌과 꽃등에(*Eristalis*)를 함께 유리 뚜껑 밑에 넣었다. 이질적 집단 사이에 서로 주먹질이 오갔다. 그렇게 소란스럽던 와중에 갑자기 암살자가 살생을 저질렀다. 공격당한 자는 벌렁 자빠져서 다리를 버둥대다 죽었다. 누가 가격했을까? 온순한 꽃등에가 소란스럽기는 해도 분명히 그는 아니다. 혼전하는 사이 꿀벌 중하나가 우연히 제대로 찌른 것이다. 어디를 어떻게 찔렀나? 알 수는 없다. 노트에 단 한 번 기록된 이 사고가 문제를 설명해 준다. 꿀벌은 적대자와 겨룰 능력이 있다. 즉 자기를 죽이려는 자를 한 방의 침으로 당장 죽일 수 있다. 적에게 붙잡혔을 때 자신을 보호하지 못하는 것은 검술을 몰라서이지 무기가 약해서가 아니다. 그러면 좀 선의 실문이 더 설실하게 대두된다. 꿀벌이 방어를 위해서 배우지 못한 것을 진노래기벌은 어떻게 공격을 위해서 배웠는가? 이 어려운 문제에 대해 나는 한 가지 답변밖에 할 수가 없다. 한 녀석은 배움 없이도 아는 것이고 다른 녀석은 배울 수 없어서 모르는 것이다.

이제는 진노래기벌에게 꿀벌을 마비시키지 않고 죽이는 이유를 물어보자. 녀석은 살육을 저지른 다음, 죽은 자와 배를 맞댄 채 잠시도 놔두지 않고 여섯 다리로 다룬다. 목관절을, 때로는 한 쌍의 앞다리 뒤쪽의 보다 넓은 앞가슴 관절을 거칠게, 아주 거칠게 쑤신다. 침을 놓을 때는 가장 접근하기 쉬운 이 부분을 공격하지 않았어도 관절의 얇은 막에 대해서는 잘 알고 있었다는 증거이다. 녀석은 또 꿀벌의 배를 거칠게 다루는데 제 배로 마치 압착기 밑에 놓인 것처럼 짓누르는 게 보인다. 그야말로 놀랄 만큼 거칠게 다룬다. 이렇게 거친 것은 조심할 필요가 없다는 표시이다. 꿀벌은 시체라서 이리저리 몇 번 눌렀어도 피가 흐르거나 상하지는 않을 것이다. 사실상 아무리 거칠게 눌렀어도 가벼운 상처조차 발견하지 못했다.

이렇게 막 다루다가 목이 눌리면 바로 원하는 결과가 나온다. 즉 꿀이 모이주머니에서 주둥이로 다시 올라온다. 작은 방울들이 스며 나오는 게 보이고 도살자는 그것을 게걸스럽게 핥아먹는다. 죽은 벌의 달콤하고 길게 늘어난 혀를 이 강도는 제 입 속으로 요란스럽게 들여보내고 또 들여보낸다. 그러고는 다시 목과 가슴을

쑤시고 꿀 자루를 배의 압착기 밑에 다시 놓는다. 시럽이 나오는 즉시 핥고 또 핥는다. 이렇게 한 모금씩 토해져서 모이

주머니가 바닥난다. 시체의 배를 희생시키는 이 가증스런 진수성찬이 시바리스(sybarite, 나태한 풍습으로 유명한 고대 그리스 도시) 사람들에게 베풀어지는 격이다. 진노래기벌은 꿀벌 옆에 누워서 그를 다리로 껴안고 있다. 잔인한 대향연이 때로는 반 시간 이상 계속된다. 꿀이 다 없어진 벌은 마침내 버려지는데 가끔 다시 와서 만지작거리는 것을 보면 아직도 미련이 남은 모양이다. 죽은 자의 물건을 훔친 강도가 유리 뚜껑 천장을 한 번 시찰하고는 시체로 다시 와서 꿀의 마지막 흔적이 사라질 때까지 또 짜고 입을 핥는다.

꿀벌의 시럽에 대한 진노래기벌의 과도한 열정은 다른 모습으로 나타난다. 처음 잡아 준 꿀벌에서 남은 것이 없어진 다음, 두 번째 희생물을 유리 뚜껑 밑으로 들여보냈다. 이것도 재빨리 턱밑을 단도로 찌르고 꿀을 짜내려고 압착기에 건다. 세 번째 꿀벌로 이어졌는데 역시 같은 운명이었으나 강도를 만족시키지는 못했다. 네 번째, 다섯 번째를 주었는데 모두 접수되었다. 내 노트에는 한 마리의 진노래기벌이 눈앞에서 연거푸 6마리의 꿀벌을 희생시키고 모든 규정에 맞춰 모이주머니를 짰다고 기록되어 있다. 학살이 끝났다. 하지만 식충이가 만족해서가 아니라 식량을 대주는 내 직무가 어려워서 끝난 것이다. 메마른 8월, 그 달에는 꽃이 없는 아르마스(Harmas)가 곤충을 몰아냈기 때문이다. 6개의 꿀주머니를 모두 짜내다니 이 얼마나 굉장한 식충이의 식사란 말이더냐! 그러고도 푸짐한 보충 식사를 보급해 줄 수 있었다면 어쩌면 그 허기진 곤충이 그것마저 마다하지 않았을 것 같다.

식사 시중의 중단을 아쉬워할 필요는 없다. 방금 본 것만으로도 이 꿀벌 학살자의 이상한 습성을 증명하기에 충분하고도 남는다. 진노래기벌이 고상한 방법으로 식량을 얻는 경우가 있음을 부인 하지는 않는다. 다른 벌들처럼 꽃에서 부지런히 일하는 것을 자주 보았다. 거기서도 달콤한 꿀을 평화롭게 빨아먹었다. 수컷도 꽃에서 꿀을 빨지만 다른 식사법은 모른다. 하지만 어미들은 꽃에서의 보통 식사를 무시하지 않으면서 또 강도질을 해서 먹는다. 바다의 악당인 도둑갈매기는 고기잡이 새들이 물고기를 잡아 물에서 솟 아오르는 순간, 그 새에게 달려든다고 한다. 이 강도는 부리로 명 치끝을 쪼아 먹이를 놓치게 하고는 즉시 공중에서 가로챈다는 것 이다. 강탈당한 새는 적어도 목 밑에 타박상을 입었겠지만 별 탈 없이 그 정도에서 끝난다. 이보다 더한 무법자인 진노래기벌은 꿀 벌을 덮쳐서 단도로 찔러 죽이고 시체에서 꿀을 토하게 하여 그것 을 먹고산다.

먹고산다고 했는데 이 표현을 철회하지 않으련다. 이 말을 뒷받 침하는 것은 앞에서 설명한 것보다 더 적절한 이유가 있어서이다. 전술을 연구하려고 사육장에 갇혀 있는 포식성 벌들에게 원하는 사냥감을 항상 마련해 준다는 것이 쉬운 일은 아니다. 그래서 사 육장 안에 꽃이 달린 몇 포기의 식물이나 한 쌍의 꽃봉오리가 있 는 엉겅퀴를 심어 놓고 필요할 때마다 몇 방울의 꿀을 떨어뜨려 준다. 포로들은 거기서 간단한 식사를 한다. 진노래기벌도 그 꿀 을 호의적으로 수용하지만 이들에게까지 반드시 꿀 발린 꽃을 대 접할 필요는 없다. 가끔씩 살아 있는 꿀벌 몇 마리를 그 안에 놓아 주면 된다. 하루에 6마리쯤이면 적당한 배급이다. 식량은 오직 죽인 꿀벌에서 짜내는 시럽뿐이라도 녀석들을 2~3주간 보존할 수 있다.

모든 게 분명해졌다. 감탕벌은 단순히 양념으로 잎벌레 엉덩이의 향기로운 즙밖에 요구하지 않는다. 하지만 진노래기벌은 사육장 밖에서도 기회만 좋으면 자신을 위해서 벌을 죽이는 게 틀림없다. 이들은 식사를 보충하려고 제 희생물에게서 꿀이 가득 찬 모이주머니를 요구한다. 이 악당 무리는 창고에 쌓아놓는 식량 말고도 자신이 먹으려고 얼마나 많은 꿀벌을 죽이더란 말이냐! 나는 양봉가들에게 사회적 제재의 대상으로 진노래기벌을 고하노라.

대죄의 제1 원인을 더 파고들지 말자. 방금 우리가 알게 된 사정이 실제적이든 표면적이든 그 잔인함을 있는 그대로 인정하자. 진노래기벌은 먹고살려고 꿀벌의 모이주머니에서 세금을 떼어 낸다. 이 점은 논란의 여지가 없으니 강도의 수단을 좀더 자세히 살펴보자. 녀석은 포식성 곤충들의 일반적인 관습처럼 사냥물을 마비시키는 게 아니라 죽인다. 왜 죽일까? 만일 판단력이 흐려지지 않았다면 급작스런 죽음의 필요성이 있어서였음이 불을 보듯 뻔하다. 진노래기벌이 새끼를 위해 사냥할 때는 꿀범벅을 얻는데 사냥물이 상할 것을 염려하여 꿀벌의 배를 가르지 않으며 피를 흘려 가며 모이주머니를 떼어 내지도 않는다. 녀석들은 능란한 조작으로 잘 압착해서 토해 내게 한다. 말하자면 젖을 짜내듯 해야 하는 것이다. 꿀벌이 앞가슴 뒤쪽을 찔려 마비되었다고 가정해 보자. 움직이지 못하나 생명력이 없어진 것은 아니다. 특히 소화기관은 정상적인 활력이 유지되었거나 거의 그랬다. 이 활력은 마취된 여러 먹잇감이 흔히 보여 주었듯이 창자에 아무것도 남지 않을 때까지 배설하는 것으로 증명되었었다. 특히 홍배조롱박벌(*Palmodes occitanicus*) 때 신체가 마비된 희생물들이 40일 동안 설탕물을 탕약 삼아 영양을 공급받고 증언한 것이다. 그러면 수술 방법이나 특별한 구토제를 쓰지 않고 양호한 상태의 위장에게 내용물을 비우라고 해보시라. 자신의 보물을 소중히 여기는 꿀벌의 위는 다른 위보다 더 응하지

홍다리조롱박벌의 둥지 단양, 31. VII. 06

1. 풀포기 밑을 파고들어가 둥지를 만든다.

2. 입구를 봉하여 둥지의 흔적을 은폐시킨다.

3. 방안에는 서너 마리의 여치 애벌레가 저장된다.

4. 다 자란 애벌레는 고치를 지어 몸을 보호한다.

않을 것이다. 곤충은 마비되어 움직이지는 못해도 그 안에는 여전히 내적 기력이 있고 기관의 저항이 있어서 조작자의 압력에 굴하지 않을 것이다. 진노래기벌이 목을 조금씩 여러 번 물고 옆구리를 눌러도 헛일일 것이다. 남아 있는 생명이 위장을 막고 있는 한 꿀이 입으로 다시 올라오지는 않을 것이다.

하지만 시체에서는 작업 양상이 달라진다. 태엽이 풀린 근육은 약해져서 위장의 저항도 없고, 강도가 누르면 꿀주머니를 비우게 된다. 이제는 분명해졌다. 진노래기벌은 기관의 탄력성을 단번에 없애야 하므로 갑작스런 죽음으로 확실히 몰고 갈 의무가 있었다. 전격적인 타격은 어디에 가해야 할까? 녀석은 그것을 우리보다 더 잘 알아서 턱밑을 찌른다. 목 밑의 좁은 구멍을 통해서 뇌신경절(뇌)이 손상되고 급작스런 죽음이 따르는 것이다.

이 약탈에 대한 설명에서 어떤 해답 하나를 얻었으나 그것을 인정하지 못하겠다는 내 습관의 돌담이 앞을 가로막을 때까지 새로운 질문을 던진다. 그래서 스스로 난처해지며 만족하지 못하게 된다. 진노래기벌은 숙련된 꿀벌 살육자이며 꿀이 든 위장을 비우는 녀석이지만 이것이 유일한 식량 자원일 수는 없다. 특히 다른 곤충처럼 꽃이라는 공동 식당을 가졌을 때는 더욱 그렇다. 나는 이 끔찍한 재주가, 비워질 위장을 희생시켜 가면서 맛있는 것을 먹겠다는 욕망 하나만 품었다고 보지는 못하겠다. 분명히 무엇인가 우리의 이해력을 초월하는 것이 있다. 왜 위장을 비울까? 그동안 설명된 소름끼치는 일 뒤에 아마도 떳떳하게 내세울 어떤 목적이 있을 것이다. 그 목적이 무엇일까?

이런 문제의 초기에는 관찰자의 정신이 어떤 애매함 속에서 떠돎을 누구나 이해한다. 그런데 독자는 존경받을 권리가 있다. 그래서 나는 내 의심, 나의 모색, 그리고 내 실패를 독자들이 겪지 않도록 나의 오랜 조사 결과를 발표하련다. 만사가 나름대로 그에 걸맞는 존재의 이유가 있다. 확신이 너무도 커서 진노래기벌이 제 탐욕의 만족만을 위해서 시체를 모독하는 것으로 믿지는 못하겠다. 비워진 위장은 어디로 끌려갈까? 그럴 수 없을 것 같다……, 하지만 그럴 수도……, 누가 알까? 어쨌든……, 그 길로 시도해 보자.

어미의 첫째 관심사는 가족의 안위이다. 우리는 진노래기벌에 대해서 아직 자신의 푸짐한 식사를 위해 사냥한 것밖에 모른다. 이제는 모성으로 하는 사냥을 지켜보자. 이 두 사냥을 구별하는 것보다 간단한 것은 없다. 어미가 단지 몇 모금의 꿀을 먹을 생각이었다면 꿀벌의 위를 비운 다음 더는 거들떠보지 않고 버린다. 더 이상 가치 없는 찌꺼기이니 버려진 곳에서 마르거나 개미들에게 각이 떠질 것이다. 반대로 애벌레의 식량으로 창고에 넣을 생각이면 두 가운데다리로 꿀벌을 껴안고 나머지 네 다리로 걸으면서 나갈 곳을 찾아 날아가려고 유리 뚜껑의 가장자리를 돌고 또 돈다. 이렇게 도는 길을 넘어설 수 없음을 알아차리자 큰턱으로 꿀벌의 더듬이를 물고 여섯 다리로 수직의 매끄러운 벽에 달라붙어 기어오른다. 뚜껑 꼭대기까지 올라가 그 끝에 달린 둥근 손잡이 속에 머물렀다가 다시 바닥으로 내려온다. 다시 돌고 기어오르고 하면서 탈출의 모든 수단을 끈질기게 시도한 뒤에야 꿀벌을 내려놓는다. 이렇게 거추장스러운 짐을 끈질기게 잡고 있는 것은 진노래기벌이 자유를 가졌다면 사냥물이 곧장 독방으로 갔을 것임을 잘 웅변해 준다.

그런데 새끼에게 줄 꿀벌도 직접 먹는 벌처럼 턱밑이 찔린 진짜 시체이며 직접 먹을 때처럼 꿀이 짜인다. 새끼를 위한 사냥도 자신을 위한 사냥과 여러 면에서 별로 다를 게 없다.

포로 상태에서 오는 불안이 비정상적 행위의 원인일 수도 있으니 자유 상태에서는 어떻게 진행되는지 알아보아야 한다. 몇몇 진노래기벌의 주택단지 근처에서 망을 보았다. 유리 뚜껑 밑에서 벌어진 것으로 이미 해결된 문제에 대해 어쩌면 필요 이상 오랜 시간을 소비했는지도 모르겠다. 지루해서 싫증 나는 기다림에 이따금씩 보답이 있었다. 사냥꾼들이 배에 꿀벌을 안고 둥지로 돌아왔다. 어떤 녀석은 근처의 덤불에 머물렀는데 거기서 죽은 꿀벌을 쥐어짜서 토해 낸 꿀을 게걸스럽게 먹는 것이 보였다. 꿀벌을 그렇게 처리한 다음 창고로 들여갔다. 이제 모든 의심이 사라졌다. 애벌레의 식량은 미리 정성스럽게 꿀을 빼낸 것이다.

지금 현장에 와 있으니 좀더 머물러서 자유 상태의 진노래기벌 습성을 알아보자. 꿀벌 사냥꾼은 죽어서 며칠 만에 썩어 버릴 사냥물을 저장한다. 여기서는 다수의 마취사 사냥꾼들이 채택한 방법을 쓰지 않았다. 마취사 사냥꾼들은 방안에 식량을 가득 채우고 알을 낳기 전에 보충하기도 한다. 하지만 상대는 코벌의 방법을 쓰므로 애벌레의 성장에 따른 시간 간격으로 필요한 식량을 보급해야 한다. 이 추론을 사실이 확인시켜 주었다. 좀 전에 진노래기벌 단지 근처에서 기다리기가 지루해서 싫증 난다고 했는데 사실이 그랬다. 어쩌면 전에 코벌이 괴롭혔던 그 기다림보다 훨씬 더지루해서 싫증 났는지도 모른다. 바구미를 애호하는 왕노래기벌(*C. tuberculata*)이나 귀뚜라미를 수술하는 노랑조롱박벌(*Sphex flavipennis→funerarius*)[3]의 땅굴 앞이었다면 그 동네의 분주한 움직임으로 기분 전환이 잘 되었을 것이다. 어미는 집에 돌아오자마자곧 다시 나가서 다른 식량을 가져오고 또다시 사냥하러 나간다.창고가 가득 찰 때까지 짧은 간격으로 왕래가 되풀이된다.

진노래기벌의 땅굴은 큰 집단일 경우라도 이런 활기와는 얼마나거리가 멀더냐! 내가 아침나절 내내, 또는 오후 내내 계속 매복해도 소용없었다. 꿀벌을 가지고 들어간 어미가 두 번째 원정을 위해다시 나오는 것을 본 경우는 매우 드물었다. 오랫동안 기다리다가본 것은 고작 한 사냥꾼이 두 번 잡아 오는 것이었다. 매일매일 식량을 보급하므로 이렇게 느린 것이다. 지금의 애벌레가 식량 배급을 넉넉히 받았으면 어미는 필요할 때까지 사냥을 중단하고 떠돌거나 지하 살림을 위한 참호 파기에만 전념한다. 방을 팔 때 흙이밀려서 지면으로 올라오는 것이 보일 때도 있었다. 그 밖에는 마치굴속에 아무것도 없는 것처럼 어떤 활동의표시도 없다.

현장 방문은 편치가 않다. 땅굴은 단단한흙에 수직, 그리고 수평으로 1m가량 깊이들어간다. 내 손보다 훨씬 숙련되었고 더 힘센 손으로 다룰 삽과 곡괭이가 아니면 안 된

3 A. S. Menke와 W. J. Pula-wski는 벌 연구논문집에서 *S. flavipennis* 그룹과 구북구산 *maxillosus* 그룹은 *funerarius* 의 동물이명으로 처리해야 한다고 했는데 이의 제기가 없는 것같다. 이제부터는 이 학명으로바꾸어 쓰기로 한다.

다. 그러니 발굴의 진척도가 나를 만족시키기에는 영 부족할 수밖에 없었다. 굴 안으로 유도하려고 꽂아 놓는 밀집 끝이 닿을 희망조차 포기했다. 마침내 그 깊은 땅굴

에서 독방들을 만났는데 수평으로 축이 긴 타원형이었다. 방의 수와 전체의 배치는 모르겠다.

어떤 방에는 벌써 고치가 들어 있는데 노래기벌(*Cerceris*) 고치처럼 얇고 반투명하며 뚱뚱한 배의 위쪽으로 목처럼 조금씩 좁아진 알 모양이다. 그래서 같은 모양의 작은 약병들을 연상시켰다. 고치는 의지할 것이 없는 상태에서, 애벌레의 배설물로 검고 단단해진 목 부분의 끝을 방바닥에 고정시켰다. 마치 손잡이가 짧은 곤봉 끝을 고치의 수평축에 따라 박아 놓은 것 같다. 다른 방에는 다양하게 자란 애벌레들이 있다. 이들은 마지막에 제공된 먹이를 씹고 있었으며 주변에는 이미 다 먹은 찌꺼기가 널려 있었다. 또 어떤 방에는 아직 말짱한 꿀벌의 가슴에 한 개의 알이 놓인, 즉 단 한 마리의 꿀벌만 들어 있다. 자, 이것이 처음 배급된 양식이다. 다른 먹이는 애벌레가 자람에 맞추어 가져올 것이다. 결국 내 예측이 확인되었다. 파리를 잡는 코벌의 본을 따라 꿀벌을 죽이는 진노래기벌도 창고에 넣은 첫번째 식량에 알을 낳고 틈틈이 식사

를 보충해 준다.

죽은 사냥물에 대한 난제가 이제 정리되었다. 하지만 비길 데 없이 흥미로운 또 다른 난제가 남아 있다. 왜 새끼들에게 꿀벌을 주기 전에 꿀을 토하게 했을까? 나는 진노래기벌의 학살과 압착 작업의 존재 이유가 단지 폭음, 폭식의 만족에만 있을 수는 없다고 했는데 그 말을 되풀이해야겠다. 일꾼이 벌어 놓은 것을 빼앗는 것은 그렇다 치자. 이 짓은 날마다 보는 일이다. 하지만 위 속에 든 것을 꺼내려고 목을 따는 것은 너무 심하다. 지하 창고에 넣을 벌도 그런 벌처럼 압착된 것을 보며, 모든 사람이 잼으로 양념한 비프스테이크를 좋아하는 것은 아니듯이 진노래기벌 애벌레에게 꿀 발린 음식이 불쾌하고 건강에 해로울 수도 있을 것이라는 생각이 떠올랐다. 어린 애벌레가 벌의 피와 살을 배불리 먹었는데 다시 큰턱 밑에서 꿀주머니를 만나면 어떻게 될까? 특히 이빨로 무턱대고 씹다가 위장을 터뜨려서 제 먹이를 시럽으로 오염시키면 어떻게 될까? 허약한 애벌레가 그 혼합물을 만족해할까? 꼬마 식충이는 썩기 시작한 시체 냄새에서 불만 없이 꽃향기로 옮겨 갈까? 그렇다, 아니다란 대답은 의미가 없다. 직접 봐야 한다. 그러니 봅시다.

얼마만큼 자란 진노래기벌의 애벌레를 길러 보았다. 물론 녀석들에게는 땅굴에서 꺼낸 먹이를 주는 대신 내가 직접 잡은 사냥물을 주었다. 사냥물은 로즈마리에서 꽃꿀을 실컷 먹은 것들인데 머리를 으깨서 죽인 것을 주자 곧잘 받아먹는다. 그래서 처음에는 내가 의심한 점을 발견하지 못했다. 그러다가 녀석들이 점차 활기를 잃고 내키지 않는 태도를 보인다. 큰턱으로 여기저기를 아무렇게나 한 번씩 집적거리다가 결국 첫째부터 마지막 벌레까지 모두 먹다만 먹이 옆에서 죽었다. 실험은 실패했다. 이 양자를 한 번도 고치 짜기까지 끌어 오는 데 성공하지 못했다. 그런데 나는 양부(養父)의 역할에 초보자는 아니지 않은가. 얼마나 많은 애벌레가 낡은 정어리 깡통에서 내 손을 거치며 자연 상태의 땅굴에서처럼 제대로 자라났더냐! 그러니 실패의 원인이 다름 아닌 내 조심성 때문이라는 말은 남발하고 싶지 않다. 혹시 연구실의 메마른 공기와 모래가 땅속의 온기와 습기에 익숙해진 애벌레들의 연한 피부에 역작용을 했을지도 모른다. 그러니 다른 방법으로 시험해 보자.

방금 방법으로는 진노래기벌 애벌레가 꿀을 싫어하는지 아닌지를 확실하게 결정할 수가 없다. 처음 몇 입은 살을 뜯어먹는데 그때는 특별한 게 없어 보였다. 자연의 식사법 그대로였다. 꿀은 식사를 많이 한 다음 만나게 되며 머뭇거림과 식욕 감퇴 현상이 나타나면 이미 결정적 자료로 이용하기에는 너무 늦다. 애벌레에게 불편함이 알려졌든 안 알려졌든, 다른 원인이 있었을 수도 있으니 말이다. 따라서 애벌레의 입맛이 아직 인공사육에 영향 받지 않은 처음부터 꿀을 주는 게 좋을 것 같다. 순수한 꿀로만 실험하는 것도 소용없는 일이다. 육식성인 그들은 아무리 허기져도 결코 꿀은

건드리지 않을 것이다. 잼이 발린 빵만이 내 설계도에 적합하다. 즉 죽은 꿀벌에다 붓으로 꿀을 니스처럼 얇게 바르는 것이다.

　이런 상황이면 처음 먹기 시작할 때 벌써 문제가 풀린다. 꿀 발린 먹이를 씹은 애벌레는 마음에 들지 않아서 뒤로 물러나고 한참 망설이다가 배고픔을 견디지 못해서 다시 먹어 본다. 이쪽저쪽을 먹어 보다가 결국은 입을 대지 않게 된다. 녀석들은 며칠 동안 꿀 발린 먹이가 거의 그대로 남아 있는 식탁에서 시들시들해지며 죽는다. 이 식사법에 동원된 녀석들은 모두 죽었다. 자신의 입맛에 혐오감을 주는 괴상한 음식 앞에서 단지 쇠약해져 쓰러진 것일까, 아니면 처음 먹은 소량의 꿀에 중독된 것일까? 나는 대답할 수가 없다. 하지만 혐오감을 준 음식이었든, 독이었든, 잼 발린 빵으로 변한 꿀벌이 녀석들에게 치명적인 것만은 사실이다. 이 결과는 꿀을 토해 내지 않았던 좀 전 상황에서의 실패까지 잘 설명해 준다.

　건강에 해롭거나 불쾌감을 주는 음식을 거절하는 것은 너무나 일반적인 영양 섭취의 원칙에 해당한다. 따라서 진노래기벌의 경우만 미식법의 예외가 될 수는 없다. 다른 육식성, 적어도 벌 무리의 애벌레들은 이 원칙을 따를 것이다. 실험을 다시 해보자. 방법은 같다. 너무 어린것의 연약함을 피하고자 중간 크기의 애벌레를 파내고 거기서 정상적인 식량을 빼앗아 꿀을 발랐다. 그리고 되돌려 주었다. 모두가 내 실험에 적당한 실험 대상이 될 수는 없으니 반드시 선택이 필요하다. 배벌처럼 몸집이 큰 하나의 먹이로만 자라는 애벌레는 제외시켜야 한다. 사실상 이들은 제 식량의 일정한 부위부터 공격해서 머리와 목을 그 몸속에 박고 파먹는데 식사가 끝날 때까지 그것이 신선하게 보존되도록 내장을 교묘히 골라먹고 진피 층 주머니를 모두 비운 다음에야 구멍에서 빠져나온다.

음식에 꿀을 바르겠다고 먹던 것을 빼앗으면 두 가지 장애가 생긴다. 즉 썩음을 방지하려고 연장시킨 생명력을 빼앗을 위험과 먹던 자의 섬세한 기술을 방해하는 점이다. 방해받은 애벌레는 자신이 먹던 광맥을 놓치고 다시는 그곳을 못 찾게 된다. 이 문제는 지난번 책(『곤충기』 제3권 1장)의 굼벵이를 소비한 배벌 항목에서 자세히 설명되었다. 지금의 실험 재료는 부피가 작은 식량을 잔뜩 제공해서 특별한 기술 없이 멋대로 공격해서 해체해 단시간 내에 먹는 애벌레만 가능하다. 이런 종류가 구해지는 대로 실험했다. 파리를 먹는 여러 종의 코벌, 아주 다양한 벌들이 메뉴인 뾰족구멍벌(*Palarus*), 어린 귀뚜라미를 먹는 정강이혹구멍벌(*Tachysphex tarsina*), 잎벌레 애벌레를 지참금으로 받는 작은집감탕벌(*S. murarius*), 작은 바구미로도 배가 부른 띠노래기벌(*C. arenaria*)● 등의 애벌레로 실험했다. 보다시피 먹히는 자도, 먹는 자도 참으로 다양했다. 그런데 모두에게 꿀로 양념한 것은 치명적이었다. 중독된 것인지, 기피한 것인지는 몰라도 모두가 며칠 만에 죽었다.

참으로 이상한 결과로다. 꽃꿀은 두 가지 형태, 즉 꿀벌들의 유일한 식량이며 육식성이라도 성충 때는 유일한 식량 자원인데 그들의 애벌레에게는 영 불쾌한 물질이거나 어쩌면 독성 식품이다. 내게는 번데기의 탈바꿈마저도 이런 입맛의 전환보다는 덜 놀랍다는 생각이다. 곤충의 위장에서 어떤 일이 벌어지기에 애벌레는 목숨을 잃을 위험에 처해도 거절하는 물질을 성충은 열렬히 추구할까? 여기서는 영양가가 너무 많거나, 너무 단단하거나, 너무 많이 양념된 음식을 견디지 못하는 소화기관의 허약함이 원인은 아니다. 푸줏간의 푸짐한 고깃덩이, 즉 꽃무지 굼벵이를 뜯어먹는 벌레, 질긴 귀뚜라미의 꼬치구이를 부수는 식충이, 니트로벤젠 냄새의 사냥감을 먹는 녀석, 이런 곤충들은 분명히 별로 까다롭지 않은 목구멍과 관대한 위장을 가졌다. 그런데 이 튼튼한 대식가들이 어린 나이의 연약함에 알맞은, 즉 모든 음식 중에서도 가장 가벼운데다가 성충은 무척 좋아하는 시럽 몇 방울에 굶든가 소화불량으로 죽는다. 하찮은 벌레들의 위장이란 얼마나 이해하기 힘들며 깊고도 깊은 늪이더냐!

미식법에 대한 이 탐구는 반대 경우의 실험을 요구한다. 육식성 애벌레는 꿀을 먹으면 죽는다. 반대로 꿀을 먹는 애벌레는 동물성 먹이로 죽을까? 여기서도 앞의 실험처럼 조심할 것이 있다. 가령 줄벌(*Anthophora*)과 뿔가위벌(*Osmia*)의 애벌레들에게 몇 마리의 귀뚜라미를 주는 것은 명백한 거절을 향해 덤벼드는 격이다. 꿀을 먹고 자라는 벌레는 귀뚜라미를 취하지 않을 테니 그런 실험은 의미가 없다. 잼을 바른 빵에 해당하는 실험 방법을 찾아야 한다. 즉 그 애벌레가 원래 먹는 음식에다 동물성 먹이를 섞어서 주어야 한다. 내 책략을 도와주는 것은 흰자질 그대로를 주는 달걀이다. 모든 동물성 먹이의 훌륭한 근본인 섬유소의 이성체(異性體) 단백질 말이다.

자, 그런데 세뿔뿔가위벌(*O. tricornis*)의 꿀떡은 대부분이 녹말 성분의 꽃가루이다. 수분이 적어서 의도한 실험에 그야말로 적합한 재료였다. 이 꿀떡에 흰자질을 섞는데 양을 점점 더해서 가루의 무게보다 훨씬 많게 했다. 이런 식으로 농도는 각각 달라도 애벌레가 빠져 죽을 염려는 없는 정도의 반죽을 만들었다. 빠져 죽을까 봐 너무 묽게 섞지는 못한 것이다. 이제 흰자질이 든 과자에다 절반쯤 자란 애벌레를 한 마리씩 올려놓는다.

발명한 요리를 전혀 싫어하지 않았다. 녀석들은 서슴없이 달려들어 보통 때의 식욕과 다름없이 먹어 댄다. 음식이 내 요리법으로 변질되지 않았더라도 그보다 더 잘 먹지는 않았을 것 같다. 모든 것이, 즉 흰자질을 너무 많이 넣어서 염려되던 케이크까지 모두 통과했다. 특히 더욱 중요한 것은 이렇게 영양을 섭취한 뿔가위벌 애벌레들이 정상적인 크기에 다다르자 고치를 짓고 이듬해 성충이 되어 나왔다는 점이다. 흰자질 섞인 식사법에도 불구하고 발생 주기에는 지장이 없었다.

이 모든 실험에서 어떤 결론을 끌어내야 할까? 참으로 난처하다. 생리학에서는 '모든 생물은 알에서 나온다.(*Omne vivum ex ovo*, 옴느 비붐 엑스 오보)' 했다. 모든 동물이 최초에는 육식을 한다. 동물의 육신은 흰자질이 많은 자신의 알을 희생시켜 영양을 취하며 형성된다. 가장 고등동물인 포유류는 이 식사법을 더 오래 간직하여 다른 이성체의 흰자질인 카세인이 풍부한 모유를 가졌다. 곡식을 먹는 새도 새끼 때는 그의 약한 위장에 어울리는 어린 애벌레를 받았다. 아주 작은 동물들마저도 갓 난 새끼가 된 즉시는 동물성 식량을 이용한다. 이 동물의 경우든, 저 동물의 경우든 이런 식으로 단순한 바꿈 외의 다른 화학적 변화 없이 살로 살을 만들고, 피로 피를 만드는 본래의 영양 섭취 방식이 계속된다. 나이를 먹고 위장이 튼튼해지면 화학적으로는 좀 어려워도 훨씬 구하기 쉬운 식물성 식량이 채택된다. 날알을 먹는 곤충의 애벌레에게도 젖 다음에 꽃의 즙액이, 그 뒤에 목초가 따라오는 것이다.

결국 육식성 벌들이 처음 애벌레 때는 사냥감을, 그 다음은 꿀을 먹는 이중 식사법을 가졌다는 점에서 처음으로 설명의 실마리를 얻게 해준다. 하지만 이때는 물음표의 위치가 옮겨진다. 다른 곳에 우뚝 솟아있던 물음표가 지금 여기에서 다시 솟아오른다. 흰자질의 단점을 찾아내지 못했던 뿔가위벌 애벌레는 왜 처음부터 꿀을 먹는가? 다른 곤충들은 동물성 식사법을 가졌는데 왜 꿀벌(科)들은 알에서 나오면서부터 식물성 식사법을 가졌는가?

만일 내가 진화론자였다면 이 질문에 참으로 의기양양했겠지! 그래서 이렇게 말했겠지. 그렇다. 어떤 동물이든 원래 기원은 모두 육식성이었다. 특히 곤충은 단백질성 물질로 시작한다. 여러 애벌레가 알의 영양소를 보존하고 여러 성충의 경우도 마찬가지였다. 하지만 생존경쟁을 위한, 배를 채우기 위한 싸움은 결국 사냥이라는 불안정한 운명보다 유리한 것을 요구했다. 처음에 굶주려 가며 사냥감을 뒤쫓던 인간은 기근에 대비하고자 가축을 모아서 목동이 되었다. 더 큰 진보는 땅을 긁어서 보다 확실한 식량이 마련될 씨앗 뿌리기를 권했다. 불충분한 것에서 중간 정도로, 중간에서 풍부한 것으로의 진화가 농업 자원으로 인도한 것이다.

곤충은 이 점진적인 방법에서 우리보다 앞섰다. 육상에 호수가 많았던 고대 제3기에는 진노래기벌의 조상이 애벌레와 성충의 두

시대에 모두 사냥감을 먹이로 삼았다. 자신과 가족을 위해서 사냥한 것이다. 그들은 오늘날의 후손처럼 꿀벌의 위장을 비우는 것에 만족하지 않고 잡아 죽인 벌을 먹었다. 처음부터 끝까지 육식 곤충으로 남은 것이다. 훨씬 뒤에 종족이 늘어나면서 뒤쳐진 자들을 밀어내고 대신 들어선 행운의 선각자들은 위험한 투쟁을 지양하고 고된 탐색 없이도 바닥나지 않는 식량을 찾아냈다. 그것은 꽃에서 스미는 달콤한 액체였다. 하지만 식구가 많으면 꿀이 별로 유리하지 않아 연약한 애벌레에게는 고달픈 사냥물 식사법이 지속되었고 기운이 왕성한 성충은 좀더 쉽고 생활이 순탄하다는 이유로 그 습관을 버렸다. 이 시대의 진노래기벌은 단계적으로 이렇게 형성된 것이다.

꿀벌들은 한층 더 멋지게 진보했다. 이들은 애벌레의 식량으로 꿀을 발명하여 알에서 나오자마자 구하기가 불확실했던 식량에서 완전히 해방되었다. 사냥을 영원히 포기하고 전적으로 농부가 된 곤충들은 육체적, 정신적으로 크게 번영하였다. 하지만 포식성 곤충들은 그 수준에 도달하지 못하여 이 약탈자들은 고독 속에서 홀로 일한다. 그래서 줄벌, 뿔가위벌, 수염줄벌(Eucères: Eucera), 꼬마꽃벌(Halictus), 기타의 꿀을 먹는 곤충 집단은 그토록 번창한 것이며 꿀벌(Apis)은 본능 최고의 표현, 즉 기묘한 적성을 발휘하여 사회를 이룩하였다.

내가 그 학파 사람이었다면 이렇게 말했을 것이다. 이 모든 것은 서로 밀접한 관계가 있으며 이를 바탕으로 논리적 추론이 가능하다. 이렇게 얻어진 결론은 다분히 설득력이 있기 때문에 부정할 수 없는 것으로 내세우는 생물변이론(진화론)의 많은 논거 중에서 찾고자 하는 형태로 나타났다. 연역적인 개관을 원하는 사람이면 누구에게든 이 논리를 아낌없이 넘겨주련다. 하지만 나 자신은 이런 위험한 말은 하나도 믿지 않을 것이며, 두 식사법의 기원에 대해서도 극도로 무식함을 고백하겠노라.

모든 연구 뒤에 내가 분명하게 알게 된 것은 진노래기벌의 전술 안에 있었다. 그것의 참 동기를 모르던 시절에 나는 녀석의 사나운 진수성찬식 식사법을 목격하고 암살자니, 강도니, 악당이니, 죽은 자의 것을 빼앗는 치한이니 하는 가장 어감 나쁜 형용사를 마구 붙였었다. 무식은 언제나 말씨가 상스러운 법이다. 무지한 사람은 몹시 단정적인 말투를 쓰며 악의적으로 해석한다. 사실을 확인하고 눈을 뜨게 된 지금은 진노래기벌에게 공개적으로 용서를 빌며 경의를 표한다. 자신이 잡은 꿀벌의 위 속에 아무것도 남지 않도록 비운 것으로 어미는 모든 업무 중 가장 칭찬받을 일을 한 것이다. 어미는 독약에서 가족을 보호한 것이다. 자신을 위해서 죽이고 꿀을 토하게 한 다음 시체를 버리더라도 나는 감히 그런 것들을 그의 죄로 돌리지 못하겠다. 좋은 동기에서 꿀벌의 위장을 퍼내는 습관이 생긴 다음에는 굶주림이나 다른 핑계가 없어도 그것을 계속하라는 유혹은 큰 법이다. 또 어쩌면 사냥할 때마다 언제나 내심으로 애벌레들이 이용할 사냥감이라는 생각을 했을 수도 있을 것이다. 결과가 따르지 않더라도 의향이 행위의 변명이 되는 것이다.

그래서 나의 나쁜 형용사를 모두 철회하고 곤충의 모성적 논리에 감탄하며 남들도 감탄시켜 보련다. 꿀은 새끼에게 해롭다. 어미는 제가 맛있게 먹는 시럽이 어린것들의 건강에는 해롭다는 것을 어떻게 알았을까? 이 질문에 우리 지식은 대답하지 못한다. 이미 말했던 것처럼 꿀은 애벌레에게 위험하므로 꿀벌이 미리 토해 내게 해야 한다. 꿀벌을 갈기갈기 찢지 않고 꿀이 토해져야 하는 것이다. 애벌레는 신선한 상태의 먹이를 원한다. 그런데 반신불수의 위장이 저항해서 그런 조작이 어렵다. 결국 꿀벌을 마비만 시키는 게 아니라 완전히 죽여야 한다. 그렇지 않으면 꿀이 나오지 않을 것이며 즉사시키려면 생명의 가장 중심적 중추를 손상시키는 길밖에 없다. 따라서 칼날은 육신의 모든 부분을 통제하는 신경 분포의 중심인 뇌신경으로-향하는 것이다. 거기에 도달하는 길은 하나뿐이다. 즉 목의 좁은 구멍이다. 침이 거기를 찔러야 하는데 사실상 표면적이 겨우 $1mm^2$가 될까 말까 한 점이다. 이렇게 촘촘하게 연결되어 있는 고리 중 하나만 없애 보자. 그러면 꿀벌을 먹고사는 진노래기벌은 더 이상 존재할 수 없게 된다.

　육식성 곤충들의 애벌레에게 치명적인 꿀은 풍부한 결론의 출발점이다. 여러 약탈자가 꿀벌로 가족을 기른다. 내가 알기로는 대형 꼬마꽃벌로 땅굴을 가득 채우는 왕관진노래기벌(*Ph. coronatus*), 자신의 몸집에 맞으면 종의 구별 없이 모든 소형 꼬마꽃벌을 사냥하는 겁탈진노래기벌(*Ph. raptor → venustus*), 역시 꼬마꽃벌을 무척 좋아하는 장식노래기벌(*Cerceris orné: Cerceris ornata → rybyensis*), 희한한 절충주의자로서 힘겹지 않으면 어느 벌이든 방안에 쌓아 놓는 노랑뾰족구멍벌(*Palarus flavipes*) 등이 있다. 이 네 종과 비슷한 습성을 가진 다른 사냥꾼들은 위 속에 꿀이 든 사냥감 꿀벌을 어떻게 할까? 이들도 진노래기벌의 본을 받아 꿀을 토하게 할 것이 틀림없다. 그렇지 않으면 가족도 그 요리로 위험해질 테니 역시 죽은 꿀벌을 처리하여 위장 속 내용물이 남지 않도록 할 것이다. 모두가 그렇다고 단정한다. 이런 내 원칙의 명백한 증거를 밝히는 소임은 미래에 맡기련다.

12 나나니의 사냥 수단

내가 곤충학에서 이룬 자그마한 발견들의 가치에 대한 평가는 분야에 따라 등급이 다를 것이다. 형태를 기록하는 동물학자는 남가뢰(*Meloe*)의 과변태(過變態)와 우단재니등에(*Anthrax*)의 동종이형(同種二型) 애벌레의 발전을 발견한 것을 더 좋아할 것이고 알의 신비를 캐는 발생학자는 뿔가위벌(*Osmia*)의 산란에 관한 연구를 어느 정도 존중할 것이다. 또한 본능의 본질에 관심 있는 철학자는 사냥성 곤충들의 수술 행위에 관한 연구에 상을 주고 싶어 할 것이다. 나는 철학자 편이다. 철학적 발견에 관한 것이라면 주저하지 않고 나머지의 내 곤충학 보따리를 모두 던져 주겠다. 더욱이 철학적 문제는 시간적으로 보아도 가장 먼저였고 그 기억은 내게 가장 소중한 것이기도 하다. 본능의 타고난 지식에 관해서는 어디서도 여기보다 명백하며 더욱 웅변적으로 증명된 것이 없고 생물변이론(진화론)의 이론은 어디서도 여기보다 통째로 부딪쳐서 더욱 난처하게 흔들린 경우가 없다.

참으로 정통한 학자, 다윈(Darwin)도 그 점은 착각하지 않았다. 그는 본능 문제를 대단히 두려워했다. 특히 내가 처음 얻은 결과들로 더욱 불안해했다. 만일 쇠털나나니(*Podalonia hirsuta*), 사마귀구멍벌(*Tachysphex costae*), 진노래기벌(*Ph. triangulum*), 황띠대모벌(*Caliculgus→ Crytocheilus*), 그 뒤에 연구된 여러 육식성 곤충의 전술을 그가 알았다면 불안해서 본능을 자기 공식의 틀 속에 집어넣을 수 없다고 솔직히 고백했을 것이라 생각한다. 아아 슬프도다! 다운(Down, 영국의 지명)의 철학자, 다윈은 논제가 이제 겨우 실험으로 뒷받침하기 시작하려는데 벌써 떠나 버렸다. 그 시절에는 내가 이룬 약간의 실험 결과를 그에게 좀더 설명해 보려는 희망 속에 있었다. 다윈의 관점에서는 본능이 언제나 후천적 습관이었다. 사냥벌들이 처음에는 사냥감의 여기저기에서 가장 연한 부분을 무턱대고 찔러서 죽였다. 차차 침이 가장 효과적인 지점을 찾아낸다. 그러고 길들여진 습관이 참다운 본능으로 변했다. 이 작업 방식에서 다른 방식으로 옮겨 가는 중간 과정이 있다면 이 광대한 주장을 뒷받침하기에 충분하다. 1881년 4월 16일자 편지에서 다윈은 이 문제에 관한 검토를 로만(Romanes)[1] 씨에게 부탁했었다.

다윈은 이렇게 말했다.

1 George John Romanes. 1848~1894년. 찰스 다윈의 연구 계승자

나는 선생의 책 『동물들의 지능(*Intelligence des animaux*)』에서 가장 복잡하고 가장 놀라운 본능을 몇 가지 문제로 논하려는지 모르겠습니다. 그것은 헛수고한 작품입니다. 화석 상태의 본능은 없으니 헛수고를 한 것입니

다. 유일한 안내자는 같은 무리의 다른 종에 있는 본능의 상태일 것입니다. 따라서 개연성밖에 남아 있지 않습니다. 그러나 선생이 본능 문제 중 몇 가지만 논하겠다면 나는 사냥감을 마취시키는 동물들의 본능보다 더 흥미 있는 문제를 택하지는 못할 것이라 생각합니다. 선생께서 감탄할 만한 그들의 행동에 대한 보고서, 즉 「과학연보」의 「비망록(*Souvenirs*)」 안에서 상세히 설명한 것과 같은 문제 말입니다.

저명하신 선생님, 선생께서 본능에 관한 내 연구에 대해 강한 흥미를 느끼셨다는 증거로 칭찬해 주신 표현에 감사드립니다. 하지만 본능의 연구는 보람 없는 짓이 아니며 필연적인 업무처럼 연구해야만 합니다. 그것도 사실에 대해 정면으로 공략해야지 완곡한 토론 방법으로 공략해서는 안 됩니다. 만일 우리가 명백한 사실 가운데 있기를 바란다면 토론이란 결코 소용없는 짓입니다. 토론이 우리를 어디로 인도하겠습니까? 화석으로 보존되지 않은 옛날 본능을 핑계로 댈 것입니까? 선생의 말대로 한 본능에서 단계를 거쳐 다른 본능으로 유도된다는 본능의 변화를 우리가 원한다면 이렇게 암흑의 과거 속에서 본능을 떠올리는 것은 아주 무익한 짓입니다. 현재의 세상도 본능의 다양성을 충분히 보여 주고 있습니다.
수술장이 벌들은 각기 자신만의 수단, 즉 자신만의 사냥감, 검술, 수술 공략점 등을 가지고 있다. 하지만 이렇게 무수히 다양한 기술 중에서도 항상 가장 우세한 재능은 희생물의 기관에 따른 시술과 애벌레의 요구가 완전히 일치한다는 점이다. 한 곤충의 기술은 그처럼 까다로운 규칙을 가진 다른 곤충의 기술을 설명해 주지 못한다. 각자에게는 견습이 용납되지 않는 제 나름대로의 완전한 전술이 있다. 나나니(*Ammophila*), 배벌(*Scolia*), 진노래기벌(*Philanthus*), 그 밖의 여러 벌이 태초부터 오늘날까지 능란하게 수술하거나 죽이는 벌이 아니었다면 어느 종도 후손을 남기지 못했음을 보여 준다. 종족의 장래가 달렸을 때는 대강이란 있을 수 없다. 처음 태어난 포유동물에게 젖 빨기의 완전한 본능이 없었다면 어찌 되었겠나?

역시 불가능한 일이지만 어느 벌이 우연히 그 종족의 유지에 전유물이 될 수술법을 발견했다고 가정해 보자. 하지만 어미벌은 조그마한 그 요행을 주의해서 시도해 보려 하지 않았는데 어떻게 그 행위가 깊은 흔적을 남기고 유전으로 충실하게 전해진다고 가정할 수 있겠나? 현재의 세계에는 유례가 없는 그 이상한 힘에 대해 어느 것도 알려진 게 없는데 논리를 초월하지도 않고 어떻게 유전에 있다고 가정할 수 있는가? 존경하는 선생이시여, 이에 관해서 할 말이 참으로 많으시겠지요! 하지만 다시 한 번 말씀드리지만 여기서는 토론이 통하지 않고 사실의 자리밖에 없습니다. 그래서 드러난 사실을 다시 한 번 설명해 보겠습니다.

내가 포식성 벌들의 시술 방식을 연구하면서 지금까지는 한 가지 방법밖에 몰랐었다. 불시에 벌을 덮쳐서 사냥물을 빼앗고 대신 같은 종류의 살아 있는 사냥감을 바꿔 주는 방법이었다. 이런 바꿔 치기 수법은 훌륭했다. 하지만 이 방법의 유일한 결점, 그것도 매우 중대한 결점은 관찰 자체가 매우 불확실한 운명에 맡겨진다는 점이다. 사냥한 희생물을 끌고 가는 벌을 만나는 우연이란 그리 흔하지 않았다. 또 다른 결점은 행운이 갑자기 내게 미소를 던

졌어도 다른 일에 전념했던 내 손에는 대신할 사냥감이 없다는 점이다. 필요한 사냥감을 미리 준비해 놓고 있으면 이번에는 사냥꾼이 없다. 암초 하나를 피한 다음에 또 다른 암초에 부딪쳐 파선하는 것이다. 게다가 어떤 때는 실험실 중에서도 최악의 실험실인 노상에서 관찰하는 경우인데 예상치 못했던 여기서는 절반밖에 만족할 수가 없다. 완전한 확신에 이를 때까지 반복 실험할 능력이 없는 나는 언제나 빨리 진행된 장면에서 잘못 본 것은 없는지, 전체를 못 보지는 않았는지 염려하게 마련이었다.

자기 집에서, 특히 편안한 가운데서 마음대로 조종하는 실험 방식이 보다 정확성을 보장받는 조건이 될 것이다. 그래서 그들의 이야기를 쓰고 있는 바로 내 탁자 위에서 벌들의 작업 광경을 보고 싶었다. 여기라면 그들의 비밀을 별로 놓치지 않을 것이다. 이런 실험은 오래전부터 가졌던 소원이다. 처음에는 유리 뚜껑 밑에서 왕노래기벌(*C. tuberculata*)ᵒ과 노랑조롱박벌(*S. funerarius*)로 몇 가지 실험을 했다. 그런데 어느 녀석도 내 소원에 응해 주지 않았다. 녀석들은 자신의 사냥감인 흰줄바구미(*Cleonus → Leucosomus*)나 귀뚜라미(*Gryllus*)의 공격을 거절해서 나를 낙심시켰다. 그래서 이 방법을 일찍이 포기했었으나 잘못이었다. 아주 오랜 세월이 흐른 뒤 꿀벌을 토하게 하는 진노래기벌을 야외에서 우연히 만났다가 마침내 이 벌을 유리 뚜껑 밑에 넣을 생각이 떠올랐다. 포로가 얼마나 열심히 꿀벌을 학살하던지 오래전의 희망이 어느 때보다도 생생하게 되살아났다. 나는 칼을 가진 모든 벌을 점검하여 각자의 전술을 토설시켜 볼 생각이다.

하지만 야심을 많이 깎아 내렸다. 성공도 했지만 실패가 더 많았다. 먼저 사육장부터 말해 보자. 사육장은 모래를 깐 그릇 위에 넓고 둥근 지붕의 철망을 씌운 것이다. 그 안에다 채집한 곤충들을 보관했다. 계절에 따라 라벤더나 엉겅퀴, 미나리과 식물, 절굿대 따위의 두상화(頭狀花) 위에 꿀을 몇 방울씩 떨어뜨려 곤충들을 길렀다. 포로 대부분은 이 식사법에 만족했고 갇혀 있는 것에 대해 별로 충격을 받지도 않는 것 같았다. 하지만 몇몇은 향수병에 걸려 2~3일만에 죽었다. 이 절망의 곤충들은 단시간 내에 필요한 먹이를 구할 수 없어서 거의 언제나 실패를 안겨 주었다.

최근에 입수한 사냥벌이 요구하는 사냥감을 내 포충망으로 때맞춰 구한다는 것은 사실 결코 만만한 일이 아니었다. 식량 조달의 조수로 몇몇 어린 학생을 데리고 있었다. 아이들은 학교가 끝나면 동사 활용법에서 해방된다. 그러고 나를 위해 풀밭을 살피고 근처의 덤불을 뒤진다. 실은 큼직한 두 푼(sou)짜리 동전이 그들의 열성을 자극했다. 하지만 결과에는 얼마나 낭패가 많았더냐! 오늘은 귀뚜라미가 필요하다. 그래서 떠났던 꼬마들이 돌아오는데 귀뚜라미는

어리장미가위벌 성충은 5, 6월과 8월에 야산의 각종 꽃에 모여들며 둥지는 주로 바위틈에다 오려 온 나뭇잎으로 짓는다. 시흥, 10. VI. 03

한 마리도 없고 민충이(*Ephippigera*)만 잔뜩 잡아 온다. 지난번에도 부탁했는데 그날은 홍배조롱박벌(*Palmodes occitanicus*)˚이 죽어서 민충이마저 필요 없게 되었다. 거래가 갑자기 바뀌는 바람에 모두 놀라는 게 보통이었다. 어리둥절한 꼬마들은 이틀 전에 그렇게도 귀중했던 곤충이 지금은 쓸모없다는 것을 이해하기 어려웠다. 야외에서 민충이가 나오기 시작할 무렵에는 포충망의 운에 따라 필요도 없는 귀뚜라미를 가져온다.

내 투기꾼들은 가끔씩 성공해서 격려받지 않으면 거래가 오래 가지 못할 것이다. 급하게 필요해서 값을 올렸는데 한 아이가 코벌(*Bembix*)에게 줄 아주 큼직한 등에(*Tabanus*) 한 마리를 가져왔다. 해가 쨍쨍 내리쬐는 2시간 동안 이웃집 마당에서 기다렸다가 잡은 것이다. 등에는 거기서 종종걸음으로 뱅뱅 돌며 곡식단을 밟는 노새의 엉덩이로 피를 빨러 왔던 것이다. 용감한 그 소년은 두 푼짜리 동전에다 잼 바른 빵까지 받았다. 다른 아이는 뜻밖에도 내 대모벌(*Pompilus*)이 기다리는 왕거미(*Epeira*)를 발견해서 다행이었다. 이 행운아에겐 동전 두 닢에 한 장의 성화(聖畵)가 보태졌다. 이런 식으로 공급자들의 손이 유지되었는데 중요한 문제는 진절머리 나는 몰이꾼 역할의 대부분을 내가 책임지지 않으면 절대로 안 되었다는 점이다.

필요한 사냥감을 얻으면 내걸할 사냥벌의 사육장으로 옮겨진다. 유리 뚜껑을 씌운 사육장은 1~3ℓ 들이 그릇인데 넓이는 사냥꾼의 크기와 활동 범위에 따라 결정된다. 희생물을 경기장에 넣고 그릇을 햇빛이 비치는 곳에 내놓는다. 이 조건 없이는 대개 산 제물 바치기 임무를 부여받은 곤충이 거사를 거부한다. 나는 인내심으로 무장하고 벌어질 사건을 기다렸다.

가까운 쇠털나나니부터 시작해 보자. 해마다 4월이면 제법 여러 마리가 우리 울타리 안의 오솔길에서 분주히 돌아다니는 게 보인다. 6월까지 땅굴 파기, 송충이 찾기, 지하 창고에 식량 저장 작업하기 따위를 지켜본다. 쇠털나나니의 전술은 내가 아는 것 중 가장 복잡해서 모든 활동을 특별히 자세하게 조사할 가치가 있다. 그런데 녀석들이 대문 앞에서 작업 중이니 거의 한 달 동안은 이 숙련된 생체 해부자들을 잡았다가 놔주고 다시 잡는 게 아주 쉬웠다.

이제는 송충이를 구하는 일이 남았다. 그런데 예전에 고생스럽게 실패를 거듭했던 일이 이번에도 되풀이 되었다. 마치 송로버섯을 찾기 위해 데리고 다니는 개가 냄새를 맡는 곳마다 뒤져 보는 사람처럼 나도 송충이 한 마리를 얻기 위해 사냥 중인 나나니의 지적에 의존해야만 했었다. 아르마스(Harmas)에서 끈질기게 찾아보다가 백리향을 하나씩 뒤져도 한 마리조차 발견할 수 없었다. 나와 경쟁적으로 찾는 나나니는 언제나 제 사냥감을 찾아내는데 나는 한 번도 못 찾는다. 자신의 사업 관리에는 한 수 위인 곤충 앞에서 또 한 번 고개를 숙일 차례였다. 어린 학생들도 근처에서 작전을 폈다. 하지만 없다. 언제나 아무것도 없다. 나도 밖으로 나가 탐색해 본다. 벌레 한 마리를 얻는 데 약 10일 동안 잠을 설칠 정도로 고통을 당했다. 마침내 승리다! 햇볕이 잘 드는 담 밑에서 새로 돋아나는 근생엽(根生葉)의 수레국화 밑에서 귀중한 송충이, 또 그와 비슷한 아주 많은 벌레를 발견했다.

이제 나나니에게 제공할 송충이가 유리 뚜껑 밑에 있다. 대개는 아주 빨리 공격한다. 큰턱으로 벌레의 목덜미를 덥석 문다. 큰턱은 살아 있는 원통을 통째로 잡을 수 있는 구부러진 집게였다. 잡힌 벌레는 몸을 뒤틀고 때로는 엉덩이를 흔들어 멀리까지 뒹군다. 공격자는 그런 반항에도 상관 않고 재빨리 가슴에다 세 방의 침을 놓는데 제3체절(뒷가슴마디)에서 시작하여 1체절로 끝낸다. 1체절은 다른 마디보다 더 오랫동안 찌른다.

다음 벌레를 놓아준다. 나나니는 그 자리에서 발을 구르고 떨리는 발목마디로 유리 뚜껑 밑에 깔린 골판지를 살살 두드린다. 몸을 엎드려서 쭉 펴고 기다가 다시 일으키고 다시 납작 엎드리곤 한다. 날개는 갑작스럽고 불규칙하게 경련을 일으킨다. 가끔 큰턱과 이마를 땅에 댔다가 재주넘기를 하려는 것처럼 뒷다리를 추켜세우고 거드름을 핀다. 내가 보기에는 그런 행동이 기쁨의 표시이다. 우리는 성공해서 기쁠 때 손을 비빈다. 나나니도 나름대로 괴물에 대한 승리를 축하하는 것이다. 이렇게 기쁜 흥분으로 폭발해 있는 동안 상처 입은 녀석은 어떻게 하고 있을까? 이제 걷지도 못하고 나나니가 다리를 올려놓으면 가슴 뒤쪽 전체를 심하게 구부렸다 폈다 하며 몸부림을 친다. 큰턱도 위협적으로 여닫는다.

제2막. 재수술 때는 송충이를 넘어뜨린다. 먼저 시술한 가슴의 세 마디는 놔두고 나머지의 모든 마디를 앞에서부터 차례대로 배쪽 면을 찌른다. 중대한 위험은 제1막의 타격으로 모두 없어졌다. 그래서 벌은 이제 처음처럼 물건을 급하게 다루지는 않는다. 조직적으로 침착하게 급소를 찔렀다가 빼곤 하는데 부위를 골라서 찌른다. 마디에서 마디로 옮겨 다시 찌르는데 매번 등을 좀더 뒤쪽에서 물어 마비시킬 마디에 침이 닿도록 조심한다. 두 번째로 애벌레를 놓아준다. 녀석은 큰턱 외에는 완전히 무력해졌다.

제3막. 나나니는 마비된 벌레를 다리로 껴안고 앞가슴마디가 시작되는 목덜미를 큰턱으로 물고 잡아당긴다. 거의 10분 동안 뇌신경 바로 뒤의 약한 부위를 우물우물 씹는다. 집게의 타격은 급격하지만 간격을 두고 조직적으로 실행해서 마치 처리 중인 벌이 매번 어떤 결과가 생겼는지 판단하려는 것처럼 보인다. 가격 횟수를 세어 보려던 내가 지쳐서 진력날 때까지 반복되었다. 가격이 끝난 송충이의 큰턱은 움직이지 않는다. 이제 희생물을 옮겨야 하는데 여기서 상세히 다룰 문제가 아니다.

방금 비극을 전체적으로 설명했는데 상당한 경우가 그렇게 진행되지만 언제나 꼭 그런 것은 아니다. 벌은 자신의 톱니바퀴에 묶여 변화가 불가능한 기계는 아니었다. 그때그때의 돌발 사건에 대비할 수 있는 어느 정도의 재량권이 주어졌다. 싸움이 항상 방금 말한 것과 똑같이 진행될 것으로 기대한 사람은 실망할지도 모른다. 일반적인 규칙과는 다소 어긋나는 특별한 경우들이 있는데 사실상 아주 많다. 미래의 관찰자들에게 경계시키려면 중요한 것들은 언급하는 게 좋겠다.

가슴을 마비시키는 제1막의 행위에서 세 번 찌르는 대신 두 번만 찌르는 경우도 드물지 않고 한 번만 찌르는 경우도 있다. 이럴 때는 앞가슴마디를 찌른다. 나나니가 꼭 거기만 찌르려고 고집하는 것으로 보아 앞가슴마디 공격이 어느 곳보다도 중요한가 보다.

시술자가 제일 처음 가슴을 찌를 때 그를 굴복시켜 반항하지 못하게 하거나, 또는 까다롭고 오래 걸리는 제2막의 시술 때 반항하지 못하는 상태로 만들려고 그랬다면 불합리한 생각일까? 나는 이 생각에 수긍이 간다. 그렇다면, 즉 세 번 찌르는 대신 두 번이나 한 번으로도 충분하다면 한 번만 찔러도 무방하지 않을까? 하지만 틀림없이 송충이의 활력의 정도가 고려되었을 것이다. 어쨌든 제1막에서 쏘이지 않은 가슴마디도 제2막에서는 찔린다. 어떤 때, 즉 벌이 굴복시킨 희생물로 다시 돌아왔을 때 가슴의 3마디가 두 번씩 찔리는 경우를 보기도 했다.

승리로 의기양양한 나나니가 찔린 몸을 뒤트는 송충이 옆에서 발을 구르는 것에도 예외가 있다. 때로는 희생물을 잠시도 놓지 않고 가슴에서 다른 마디로 바로 옮겨 가 단번에 모든 수술을 끝내기도 한다. 막간의 기쁨을 없애서 파들파들 떠는 날갯짓과 재주넘기 자세가 삭제되기도 한다.

총 마디 수가 몇 개든 규정은 앞에서 뒤로 차례차례 마비시키는 것이며 항절(肛節)에 배다리가 있으면 그 마디 역시 마비시킨다. 그런데 아주 흔한 예외는 끝의 두세 마디를 그대로 놔두는 경우이다. 이와 반대로 극히 드물어서 한 번밖에 보지 못한 예외가 있는데 제2막의 찌르기가 반대 방향으로, 즉 뒤에서 앞으로 온 경우였다. 이때는 벌레의 뒤쪽 끝이 잡혀 있고 나나니는 뒷마디부터 머리 쪽으로 후진하면서 찌르는데 이미 찌른 가슴까지 찌른다. 이렇게 거꾸로 조작하는 것을 나는 대개 곤충의 부주의로 본다. 부주의든 아니든, 거꾸로 한 것도 최종 결과는 바로 한 것과 같다. 즉 모든 마디의 마비인 것이다.

끝으로 목덜미를 큰턱 집게로 압착하기, 즉 두개골 뒤쪽과 앞가슴마디 사이의 약한 부위를 깨무는 것은 때에 따라 시행하거나 소홀히 한다. 만일 송충이가 큰턱을 벌려 위협하면 목덜미를 물어서 위협할 수 없게 하지만 이미 무기력 상태의 큰턱이라면 이 과정을 생략한다. 벌레를 옮길 때 꼭 필요하지는 않아도 이 절차가 도움이 되는 것이다. 너무 무거워서 날아서 옮길 수 없는 애벌레는 다리 사이에 끼고 끌어가는데 머리를 앞으로 향하게 한다. 만일 송충이의 큰턱이 활동 중인데 그 공격에 무방비 상태인 운반자라면 위험이 따를 것이다.

한편 운반 도중 우거진 풀밭을 지날 때 송충이가 한 오라기의 풀잎을 붙잡아 끌려가는 것에 필사적으로 저항하는 수도 있다. 그뿐만이 아니다. 나나니는 대개 벌레를 잡은 다음에 땅굴에 관심을 갖거나 굴을 완성시킨다. 굴을 파는 동안 개미가 사냥물을 건드리지 못하게 덤불 위나 관목의 잔가지처럼 높은 곳에 놓아둔다. 이때 사냥꾼은 가끔씩 파기를 멈추고 달려와서 사냥물이 여전히 거

기에 있는지 확인한다. 이 행동은 굴에서 상당히 떨어진 사냥물의 임시보관소에 대한 기억을 새롭게 하고 도둑들의 계획을 무력화 시키는 방법이다. 보관소에서 사냥물을 끌어낼 때 만일 벌레가 큰 턱으로 덤불을 꽉 물고 단단히 매달렸다면 난제는 극복할 수 없을 것이다. 따라서 옮기는 동안은 반드시 그의 유일한 저항 수단인 큰턱을 마비시켜 무력하게 만들 필요가 있다. 이런 무력화는 나나니가 목덜미를 조금씩 깨물어서 뇌신경절을 압박하는 것으로 해결한다. 무기력은 일시적이어서 잠시 후 사라진다. 하지만 사냥물이 방안에 들어 있고 알은 큰턱에서 먼 가슴 위에 놓인 뒤라서 갈고리 이빨을 무서워할 필요가 없다. 머리의 신경중추를 마비시키는 나나니 집게의 조직적인 조작과 꿀벌의 위를 비우는 진노래기벌의 거친 조작 사이에는 비교할 것이 없다. 송충이를 사냥하는 벌은 일시적으로 큰턱을 무기력하게 하고 꿀벌을 납치하는 벌은 꿀을 토하게 한다. 누구든 분별력이 조금만 있다면 이 두 작동을 혼동하지는 않을 것이다.

쇠털나나니의 방법에 대해서는 이제 그만 하고 그 친구들의 행동양식을 보자. 9월에 실험실에 나타난 꼬마나나니(*A. sabulosa*)가 오랜 거부 끝에 마침내 내가 준 연필 굵기의 힘센 애벌레를 접수했다. 수술 방식은 쇠털나나니가 송충이를 단번에 수술하던 것과 다르지 않았다. 끝 쪽의 세 마디 외에는 앞가슴에서 시작하여 뒤쪽으로 모든 마디가 침을 맞았다. 이렇게 유일하고 단순한 방식으로도 성공을 했다. 다른 부차적인 조작들을 보이지는 않았으나 그역시 전 종과 비슷한 조작들일 것임을 의심치 않는다.

아직 확인되지 않은 부차적 조작들, 즉 의기양양한 발 구르기나 목덜미 조이기도 쉽사리 인정된다. 모습이 송충이와는 크게 다른 자벌레에게도 그런 행동을 보였으니 마찬가지일 것이다. 털보나나니(A. holosericea)와 쥘나나니(A. julii)[*]는 이상하게 컴퍼스처럼 큰 걸음으로 전진하는 사냥감을 좋아한다. 8월에 유리 뚜껑 밑에 자주 제공한 사냥감을 전자는 거절했는데 후자는 재빨리 받아들였다.

자스민에서 잡은 가느다란 갈색 자벌레를 쥘나나니에게 주었다. 즉시 공격이 시작된다. 공격받은 자벌레가 목덜미를 물렸다. 녀석이 몸을 심하게 뒤트는데 공격자와 함께 뒹굴며 싸우느라 엎치락뒤치락한다. 우선 가슴 세 마디가 뒤쪽부터 앞쪽으로 찔렸다. 목 근처의 첫 마디가 다른 마디보다 오랫동안 꽂힌다. 다음, 희생물을 놔주고 발목마디로 구른다. 날개를 닦고 기지개를 켜기도 한다. 승리감 표현도 회색 송충이 사냥벌과 같다. 자벌레를 다시 잡는다. 세 개의 가슴 상처로는 별로 약해지지 않은 뒤틂에도 불구하고 다리가 있든 없든 앞에서 뒤쪽으로 가며 아직 안 찔린 마디에 모두 침을 놓는다. 나는 자벌레의 앞쪽 진짜 다리와 뒤쪽 배다리 사이는 침질을 안 할 것으로 기대했었다. 방어 기관이나 운동 기관이 없는 마디를 꼼꼼하게 수술할 필요가 없다고 생각했던 것이다. 하지만 내 생각은 틀렸다. 녀석은 어느 마디도 무사하지 못

[*] 『곤충기』 제1권에서 내가 명명했다.(역주: 파브르는 전자가 holosericea라고 했는데 벌 전문가들은 A. heydeni를 연구했을 것으로 보며, 후자는 A. terminata로 정리되었다.)

했고 맨 끝마디도 마찬가지였다. 물론 끝마디의 배다리도 매우 잘 붙잡을 수 있으니 그 마디를 소홀히 했다가는 나중에 위험한 일이 벌어질 수도 있을 것이다.

처음보다 두 번째 작업에서는 침질이 훨씬 빠른 점에 유의했는데 이는 아마도 처음에 받은 세 개의 상처로 절반쯤 정복된 애벌레에게는 침이 쉽게 들어가서이던가, 아니면 머리와 먼 체절들은 독을 덜 주입해도 되어서일 것이다. 어디든 가슴마디를 마비시킬 때처럼 정성들이지는 않았으며 앞가슴마디만큼 오래 찌르는 곳은 없었다. 나나니는 성공의 기쁨을 나타내는 이벤트를 벌인 다음, 자벌레를 다시 잡아 너무 빨리 처리해서 그것을 한 번 보려면 필히 다시 시켜야만 할 정도였다. 멋대로 찔린 희생물은 아직도 몸 전체로 날뛴다. 하지만 시술자는 서슴없이 두 번째 메스를 뽑아 다시 수술한다. 가슴이 충분히 마취된 다음에는 일정한 규정에 맞추어져서 더는 움직이지 못하게 된다.

침질한 다음 길고 구부러진 큰턱이 개입하지 않는 경우는 드물다. 이빨이 마비된 녀석의 목을 때로는 아래쪽, 때로는 위쪽을 조금씩 깨문다. 쇠털나나니가 보여 준 것을 되풀이하는 셈이다. 상당히 긴 간격을 두었다가 갑작스럽게 집게질하는 것 같다. 이렇게 중단하는 시간, 조절해 가며 깨무는 것, 조심성 있는 자세 등이 시술자가 다시 집게질하기 전에 어떤 결과가 왔는지 알아본 것이라고 말하는 것 같았다.

쥘나나니의 증언은 참으로 귀중했다. 녀석은 자벌레와 송충이를 제물로 바치는 곤충들이 똑같은 방법을 이용한다는 것과 외부 구조가 매우 다른 사냥감이라도 내부 조직이 같으면 수술 조작을 변경하지 않는다는 것을 보여 주었다. 신경중추의 수, 배치, 상호 의존 정도가 침을 인도하고 사냥감의 해부학적 구조가 형태보다

줄범재주나방 애벌레

훨씬 더 사냥꾼의 전술을 좌우한다.

이야기를 마치기 전에 이 놀라운 해부학적 식별의 훌륭한 사례 하나를 더 들어야겠다. 쇠털나나니의 다리 사이에 잡혀 있는 줄범재주나방(*Dicranura→ Cerura vinula*)의 애벌레를 빼앗았다. 보통의 송충이에 비하면 이 얼마나 괴상하게 생긴 벌레를 사냥한 것이더냐! 목의 분홍빛 띠 밑에 굵은 주름이 졌고 머리를 뒤로 젖혀 가슴을 불쑥 내밀었으며 앞부분은 스핑크스의 자세처럼 쳐들었고 뒤쪽은 꼬리에서 가늘고 긴 두 줄의 실오라기가 천천히 흔들린다. 이렇게 이상한 벌레는 그를 내게 가져온 어린 학생에게나 버들가지를 잘라 단으로 묶고 있던 나에게나 송충이가 아니었다. 하지만 나나니에게는 송충이였으니, 적당히 요리한 것이다. 바늘 끝으로 이 이상한 벌레의 몸마디들을 조사했더니 모든 마디에 감각이 없다. 즉 모든 체절이 침을 맞은 것이다.

13 배벌의 사냥 수단

뇌가 아닌 신경중추들의 역할을 없애려고 단검으로 여러 번 찔러서 마비시키는 나나니를 살펴본 다음, 역시 두개골 외의 전신이 상처를 받는 사냥감이지만 칼은 한 번만 사용하는 곤충들을 조사해봐야겠다. 배벌(Scolies: *Scolia*)은 종에 따라 규정된 사냥감인 꽃무지(*Cetonia*), 장수풍뎅이(*Oryctes*), 검정풍뎅이(*Anoxia*) 따위의 말랑말랑한 굼벵이로 첫번째 조건을 채운다. 두 번째 조건도 만족시켜 줄까? 나는 미리부터 그럴 것으로 확신하고 있었다. 배벌 이야기 때 희생물들을 해부해 보고 집중신경계를 가졌으므로 칼을 한 번밖에 뽑지 않는다고 예측했었다. 어디를 찌를 것인지까지도 분명히 밝혔었다.

직접 관찰한 사실적 증거는 아직 없었어도 해부학자의 해부도가 단정적으로 말해 주는 결과였다. 땅속에서 행해지는 조작은 사람의 눈길을 벗어났고 앞으로도 항상 벗어날 것 같다. 사실상 땅속의 부식토에서 기술을 발휘하는 곤충이 어떻게 밝은 곳에서 작

두줄배벌

업하도록 결심해 주길 바라겠나? 나는 전혀 기대하지 않았다. 그래도 마음의 위안이라도 얻어 보고자 배벌을 사냥 감과 함께 유리 뚜껑 밑에 넣어 보았 다. 생각과 달리 성공적인 결과가 나왔

으니 해보길 잘했다. 진노래기벌(Philanthus) 다음에 어느 사냥벌도 인공 조건하에서 이렇게 열성적으로 공격 행동을 보여 준 경우는 없었다. 실험한 모든 배벌이 일찍이, 또는 늦게 나의 참을성을 보 상해 주었다. 꽃무지 굼벵이를 수술하는 두줄배벌(Scolie à deux bandes: *S. bifasciata→ hirta*)의 작업을 관찰해 보자.

옥에 갇힌 굼벵이는 저 무서운 이웃을 피해 보려고 애를 쓴다. 벌렁 누워서 등으로 악착같이 기면서 원형 유리 경기장을 돌고 또 돈다. 곧 배벌의 주의가 끌렸다. 그는 더듬이 끝으로 흔히 두드리 던 땅바닥 대신 경기장 바닥을 두드리며 나타난다. 곧 사냥감으로 달려가 괴물 같은 덩치를 뒤끝에서 습격한다. 배 끝을 발판 삼아 굼벵이 위로 기어오른다. 공격당하는 녀석은 몸을 둥글게 말아 방 어 자세를 취하지 않고 더 빨리 등으로 기어갈 뿐이다. 잠시 승마 자세가 된 배벌은 굼벵이의 자세에 따라 떨어지거나 아주 여러 번 사고를 당하면서도 사냥감의 앞부분에 다다른다. 그러고는 큰턱 으로 가슴의 등 쪽 표면의 한 곳을 물고 굼벵이를 가로타며 제 몸 을 활처럼 구부려 침놓을 자리에 배 끝이 닿도록 노력한다. 활이 커다란 사냥감의 몸통 전체를 껴안기에는 좀 짧다. 그래서 새로운 시도와 노력이 오랫동안 계속된다. 배 끝으로 여러 번 시도하다가

많이 지친다. 여기저기에 댔다가 또 다른 곳에 대어 보지만 아직 어디에도 멎지는 않았다. 이렇게 끈질기게 찾는 것만으로도 마취 주사를 시도하는 곤충이 침 꽂을 자리를 얼마나 중요시하는지에 대한 증거가 된다.

그사이에도 굼벵이는 계속 등으로 기어간다. 갑자기 몸을 둥글게 말며 머리를 흔들어 적을 멀리 내던진다. 벌은 이런 모든 실패에도 낙심하지 않고 다시 일어나 날개를 가다듬고 거구를 공격하는데, 거의 언제나 굼벵이의 뒤쪽 끝으로 기어오른다. 수많은 헛수고 끝에 마침내 적당한 위치를 얻었다. 벌은 녀석을 가로타고 앉아, 가슴의 등 쪽 어느 지점을 문다. 활처럼 구부린 몸의 배 끝은 꽃무지의 아래를 지나 목 근처에 닿게 된다. 커다란 위험을 만난 굼벵이는 몸을 뒤튼다. 구부렸다 폈다 하며 뒹군다. 배벌은 녀석을 꼭 껴안은 채 함께 뒹군다. 뒤트는 대로 위아래로, 옆으로 엎치락뒤치락하며 끌려 다닌다. 벌이 얼마나 악착스럽던지 뚜껑을 치우고 맨눈으로 비극적 연출을 자세히 지켜볼 수 있을 정도였다.

어쨌든 요란스러웠어도 배벌의 배 끝은 적당한 자리를 찾아냈음을 느꼈다. 그제야 비로소 단검을 꺼낸다. 그리고 찌른다. 이제 되었다. 활발하고 팽팽했던 굼벵이가 갑자기 무기력하고 물렁물렁해진다. 이제는 마취되어 더듬이와 입틀 외에는 움직이지 않는다. 이 기관들이 오랫동안 생명이 남아 있음을 입증해 줄 것이다. 유리 뚜껑 밑에서 벌어지는 일련의 싸움에서도 공격당한 지점은 다른 부위와 전혀 달라 보이지 않았다. 그 지점은 앞가슴과 가운데가슴의 배쪽 면 경계선 한가운데였다. 꽃무지 굼벵이의 신경 연쇄처럼 신경계가 집중된 바구미를 수술하는 노래기벌(Cerceris)도 같은 자리에 단검을 꽂았던 것에 유의하자. 신경조직이 같으면 수술 방법도 같아진다. 배벌의 침이 상처 속에 얼마동안 머물면서 유난히 계속 쑤시는 것에도 유의하자. 배 끝의 움직임을 보면 탐색과 선택을 그 무기가 하는 것 같다. 아마도 좁은 구역 내에서 이쪽이든 저쪽이든 마음대로 향할 수 있는 침 끝이 즉각적으로 마비시키려고 찌르거나, 아니면 적어도 독을 부어야 할 작은 신경 덩이를 찾는 것 같다.

결투 보고서를 끝내기 전에 약간 덜 중요한 몇 가지 사실을 보태야겠다. 두줄배벌은 꽃무지의 열렬한 박해자이다. 한 어미벌이 내가 보는 앞에서 침으로 단번에 연거푸 굼벵이 세 마리를 찔렀다. 네 번째는 거절했는데 지쳤던가 아니면 독병이 바닥나서 그럴 것이다. 하지만 일시적 거부였다. 다음 날은 다시 시작해서 두 마리를 마비시켰고 다음다음 날도 그대로 했다. 하지만 열성은 나날이 줄어들었다.

멀리 사냥을 떠나는 다른 벌들은 각자 나름대로 무기력해진 희생물을 연속적으로 껴안아 옮긴다. 유리 뚜껑 밑의 배벌도 무거운 짐을 짊어지고 감옥을 벗어나 땅굴로 가려고 오랫동안 시도한다. 헛수고에 낙심한 벌들은 짐을 버린다. 사냥물을 옮기지 못하니 굼벵이는 희생된 자리에서 언제까지나 뒤집힌 채 누워 있다. 상처에서 칼을 빼낸 벌은 사냥물을 놓아두고 유리벽을 향해 계속 날 뿐 굼벵이에게는 관심을 보이지 않는다. 정상상태의 부식토 안에서는 마비된 식량을 다른 곳으로, 즉 특별한 움막으로 옮기지 않을 것이다. 싸움이 벌어졌던 그 자리에서 펼쳐진 굼벵이의 배에다 알을 낳고 알에서는 맛 좋은 비계 덩이를 먹을 애벌레가 나올 것이다. 결국 집 짓는 비용이 절약되었다. 유리 뚜껑 밑에서는 당연히 산란하지 않는다. 너무도 신중한 어미가 알을 그렇게 위험한 곳에 넘겨주지는 않는다.

배벌은 의지할 땅속이 없음을 알았는데, 왜 꿀벌을 향한 진노래기벌처럼 억제할 수 없는 열정으로 이용치도 못할 굼벵이를 악착스럽게 뒤쫓을까? 진노래기벌은 가족과 무관한 살육 행위에 대해 자기 자신이 꿀을 좋아해서 그렇다고 답변해 주었다. 하지만 배벌은 우리를 곤혹스럽게 한다. 산란 없이 버려진 굼벵이에서 얻을 게 전혀 없으니 자신의 행위가 무익하다는 것을 뻔히 알 것이다. 그런데도 단도로 찌른다. 부식토도 없고 희생물을 옮기는 관습도 없는데 찌른다. 다른 포로까지 적어도 한 번은 찌르고 그것을 다리 사이에 끼고 탈출하려 애를 쓴다. 배벌에게는 원래 그런 시도가 없었다.

이 유능한 수술장이에 대해 전반적으로, 또한 적어도 알에 대한 예견은 가졌을지 곰곰이 생각해 보자. 배벌들은 가장 정통한 재주꾼이다. 그러니 공격 행위에 지쳤고 탈출이 불가능함을 인식했을 때 더는 공격을 시도하지 말았어야 할 텐데 몇 분 뒤에 또다시 시작한다. 이 훌륭한 해부학자들은 전혀 아무것도, 즉 수술받은 식량이 필요한지조차 알지 못한다. 죽이고 마비시키기에 능통한 이 기술자들은 기회가 올 때마다 죽이고 마취시킬 뿐 알에 대한 최종 결과는 아무래도 상관없다. 재주와는 달리 알에 대한 의식은 손톱

만큼도 없으니 우리의 머리가 혼란스러워진다.

　두 번째로 충격을 준 미세 항목은 배벌의 악착스러움이었다. 벌이 필요한 자세를 갖춰 배 끝의 침이 뚫고 들어갈 지점에 이르기까지 성공과 실패가 번갈아 가며 15분 이상 계속되는 것을 보았다. 밀려나기가 무섭게 다시 달려들며 공격하는 동안 녀석의 배 끝은 굼벵이에게 여러 번 접촉하지만 단검을 뽑지는 않았다. 뽑았다면 찔린 통증으로 몸부림치는 굼벵이의 모습을 보았을 것이다. 배벌은 무기 밑에 원하는 자리가 오지 않으면 꽃무지의 어디도 찌르지 않는다. 두개골은 제외하더라도 어디든 피부가 연해서 쉽게 침투될 굼벵이의 조직과 관련된 것은 아니다. 침이 찾아낸 지점도 다른 곳과 똑같이 진피층으로 둘러싸인 곳이었다.

　싸우는 동안 활처럼 구부린 배벌이 때로는 몸을 세게 움츠려서 말고 있는 굼벵이 바이스(étau)에 물리는 수도 있다. 거칠게 꽉 조이는데도 아랑곳 않고 벌은 이빨로 문 녀석을 놓아주지 않는다. 그때는 서로 뒤엉켜서 엎치락뒤치락하는 두 벌레가 갈피를 잡을 수 없이 뒹굴게 된다. 굼벵이가 적을 몰아내는 데 성공하면 말았던 몸을 다시 풀어서 좍 펴고 가능한 한 급히 등으로 기어간다. 그는 다른 방어 수단을 알지 못한다. 아직 실제를 보지 못한 상태에서 그럴듯한 수단을 생각하다가, 굼벵이가 몸을 둥글게 마는 것을 보고는

그가 개를 비웃는 고슴도치의 꾀를 가
졌을 것이라고 생각했었다. 내 손가락
으로도 제법 힘을 주어야 열릴 정도의
근력으로 몸을 움츠리면 배벌은 그것
을 풀어낼 힘이 없고 더욱이 절대로

노란점배벌

제가 선택할 지점만 찾는 벌을 비웃는 결과가 될 것이다. 녀석이
그렇게 간단하며 효과적인 방어 수단을 가졌기를 바랐고 또 그럴
것이라 생각했었다. 하지만 나는 녀석의 재주를 지나치게 믿었다.
고슴도치처럼 움츠리고 기다리는 게 아니라 배를 위로 드러내 놓
고 도망친다. 어리석게도 배벌이 다시 공격하면 치명타를 입을 지
점을 노출한 자세를 취한 것이다. 얼빠진 벌레는 진노래기벌의 다
리 사이로 경솔하게 투신하는 꿀벌을 생각나게 한다. 생존경쟁이
가르치지 못한 또 하나의 애벌레로다.

　이제 다른 벌을 보자. 조금 전에 사냥감을 찾느라고 모래 속을
뒤지는 게 분명한 노란점배벌(*Colpa interrupta→ sexmaculata*) 한 마리
를 잡았다. 짜증나는 포로 생활로 녀석의 열기가 식기 전에 빨리
시험해야 한다. 녀석의 식량이 새벽검정풍뎅이(Anoxie australe:
Anoxia australis)[1] 굼벵이임은 이미 알고 있었다. 이 굼벵이가 좋아하
는 지점도 알고 오래전에 발굴도 했었다. 근처 언덕의 로즈마리
밑에 바람에 날려 쌓인 모래언덕인데 굼벵이가 매우 드물어서 찾
아내기가 만만치는 않다. 개똥도 약에 쓰려
면 없는 법이다. 나는 아직도 여전히 I자 모
양으로 꼿꼿하신 90세 노인인 아버님께 도

1 『파브르 곤충기』 제3권 33쪽에
서는 갈색날개검정풍뎅이(*A.
villosa*)라고 했는데 여기서는 다
른 이름을 쓴 이유를 모르겠다.

움을 청했다. 우리는 계란이 익을 정도로 뜨거운 햇볕을 받으며
토목 인부들이 쓰는 삽과 쇠스랑을 메고 떠났다. 허약한 두 사람
의 힘을 번갈아 가며 내가 바라는 검정풍뎅이 굼벵이를 찾고자 모
래에 구덩이를 팠다. 내 희망이 저버려지지는 않았다. 이마에 땀
을 뻘뻘 흘려 가며―그 어느 때보다도 지금에 꼭 맞는 말―내가
그들을 원치 않았다면 한 줌도 안 파냈을 흙인데 적어도 2m³가량
의 많은 모래흙을 손가락으로 헤치며 체질해서 두 마리를 얻었다.
초라하고 희생이 따르는 수확이었으나 지금은 이것으로 충분하

어리줄배벌의 사냥 제천. 12. IX. 06

1. 9월에 드물게 출현하는데 굼벵이를 사냥하는 기간이 아닐 때는 까실쑥부쟁이, 돌마타리 등의 야생화에서 꿀을 빤다.

2~4. 굼벵이를 찾아 부식토를 파 들어간다.

다. 내일은 팔이 튼튼한 사람들을 보내서 더 파 봐야겠다.

그러면 이제 유리 뚜껑 밑에서 일어나는 연극으로 우리의 고생을 보상 받자. 걸음걸이가 서툴고 묵직한 노란점배벌이 천천히 원형경기장을 돈다. 사냥감이 보이자 주의가 끌린다. 싸움은 두줄배벌이 보여 준 것과 같은 준비로 예고된다. 벌이 날개를 닦고 더듬이로 판자를 두드린다. 그리고 과감하게! 공격을 개시한다. 뚱보굼벵이는 다리가 너무 짧고 약해서 평평한 곳에서는 움직이지 못하는데 꽃무지처럼 희한하게 누워서 기는 이동 방법도 갖지 못했으니 도망칠 생각도 못하고 몸을 둥글게 만다. 배벌은 억센 집게로 녀석의 피부 여기저기를 한 번씩 깨물어 본다. 몸의 양끝을 거의 맞닿을 정도로 구부린 고리 모양의 굼벵이에서 벌은 배 끝을 그 좁은 구멍 안으로 들여보내려고 애쓴다. 싸움은 심한 티격태격 없이 다양한 변화와 함께 조용히 진행된다. 마치 산 채로 주조된 고리가 그 몸의 한쪽 끝을 역시 산 채로 주조된 다른 고리 속으로 집어넣으려고 애쓰는 끈질긴 시도였다. 다른 고리 역시 그대로 유지하려는 똑같은 끈질김의 형상이었다. 배벌의 다리와 큰턱은 굼벵이를 제압해서 한쪽 옆구리를, 다음은 다른 쪽 옆구리를 시도해 보지만 점점 위험해짐을 느낀 굼벵이는 더욱 몸을 수축시켜서 고리를 풀지 못하게 한다. 지금의 상황에서는 수술이 어렵다. 너무 심하게 싸우면 굼벵이가 판자 위로 미끄러지며 둥글게 감긴다. 그러면 받침대가 없어서 침이 원하는 지점에 닿을 수 없다. 한 시간 이상 헛수고가 계속되는 동안 가끔씩 쉬는데 그때도 두 상대는 서로 뒤엉킨 두 개의 고리를 이루고 있다.

꽃무지 굼벵이가 자기보다 허약한 두줄배벌에게 용감히 맞서려면 무엇이 필요할까? 검정풍뎅이를 본떠서 적이 물러갈 때까지 몸을 고슴도치처럼 마는 방법이다. 그런데 녀석은 도망치겠다고 말았던 몸을 푸는데 그것이 파멸의 길이다. 하지만 검정풍뎅이는 자신의 방어 자세에서 움직임 없이 저항하는데 이 경우는 성공한다. 이것이 후천적인 조심성 덕분일까? 아니다. 그게 아니라 판판한 판자 표면에서는 어쩔 도리가 없어서 그런 것이다. 뚱뚱하고 무거우며 다리가 다른 굼벵이처럼 갈고리 모양으로 구부러진 검정풍뎅이 애벌레는 평평한 표면에서 이동하지 못한다. 그런 곳에서는 겨우 옆으로 누워서 버둥댈 뿐이다. 녀석들은 자신을 보호하는 데 보슬보슬한 모래땅 파기용 보습 날이 달린 큰턱이 필요하다.

한 시간도 넘게 기다렸으나 아직도 끝이 보이지 않는 싸움을 흙이 단축시켜 줄지 시험해 보자. 그래서 경기장에다 모래를 살짝 뿌렸다. 공격이 다시 격렬하게 시작된다. 제집의 모래를 느낀 굼벵이가 무모하게 빠져나가려 한다. 나는 끈질긴 똬리 틀기가 후천적인 조심성이 아니라 그때의 필요성이라 생각했었다. 하지만 위험해서 똬리를 풀지 못했던, 그동안의 견디기 힘들었던 불운의 경험조차 매우 값진 이익이 있음을 녀석에게 알려 주지 못했다. 더욱이 단단한 탁자 위에서도 꽃무지 애벌레는 조심하는 게 아니다. 좀 자란 녀석들은 어릴 때 그렇게도 잘 알았던 기술, 즉 똬리 틀기의 방어 기술을 잊어버린 것 같다.

배벌이 밀어도 밀릴 만한 크기의 사냥감 이야기를 더 해보자. 앞의 녀석보다 어리고 몸집이 절반밖에 안 되는 굼벵이는 습격에도 전자처럼 몸을 움츠려서 똬리를 틀지 않는다. 몸을 절반쯤 벌리고 옆으로 누워서 서툴게 흔들고 있다. 방어책은 그저 몸을 뒤틀고 커다란 큰턱을 여닫고 또 여닫는 것뿐이다. 배벌은 그 비계덩이를 되는 대로 물고 털북숭이 다리로 껴안은 채 거의 15분 동안 애를 먹는다. 마침내 별로 요란하지 않은 다툼 끝에 유리한 자세를 얻는 절호의 순간이 오자 굼벵이의 목 아래쪽의 앞가슴 중앙에 침이 꽂힌다. 결과는 즉각적이라 머리의 부속물인 더듬이와 입틀 말고는 전신이 무기력해진다. 가끔씩 잡혀 온 여러 종류의 시술자들이 변함없이 알려 오는 결과는 같았고 정확히 똑같은 지점에 침질되었다.

끝으로 노란점배벌의 공격은 두줄배벌처럼 맹렬하지 않았다. 모래를 억척스럽게 파내는 이 벌은 걸음걸이가 둔하고 움직임이 어색해서 거의 기계 같다. 쉽사리 침을 다시 놓지도 않는다. 실험한 녀석들의 대부분이 한 번 공적을 올리면 다음 날이나 그 다음 날도 두 번째 사냥감을 거절했다. 조는 것 같아 보이는 녀석들을 지푸라기로 귀찮게 굴어야만 자극을 받아 흥분되었다. 좀더 잽싸며 사냥을 더 좋아하는 두줄배벌도 매번 단검을 뽑지는 않았다. 모든 사냥꾼은 새 식량이 있어도 자극하지 않으면 활동하지 않는 시기가 있다.

다른 종의 배벌들은 실험 재료가 없어서 더는 알려 주는 게 없었다. 하지만 내가 얻은 결과만으로도 작은 승리가 아니라는 생각이다. 나는 배벌들의 시술 장면을 보기 전에 희생물들의 해부에만 의존하여 꽃무지, 검정풍뎅이, 장수풍뎅이의 굼벵이들은 침 한 방

풍뎅이 성충은 주로 6, 7월에 활동하며 사진은 달맞이꽃의 잎을 갉아먹는 암컷과 짝짓기 중이다. 매우 반짝이는 색깔로 우리나라도 한때 합성수지에 매몰하여 백화점에서 판매한 적이 있다. 금산. 11. Ⅵ. 06

으로 마비될 것이 틀림없다고 했었다. 칼을 꽂아야 하는 곳은 앞다리 근처의 중앙 지점이라는 것까지 분명히 밝혔었다. 제물을 바치는 세 종의 배벌 중 두 종은 제 수술 장면을 내게 참관시켰는데 세 번째 종도 다르지 않을 것임을 나는 확신한다. 두 종의 경우 모두 한 번만 비수를 찔렀고 미리 정해진 지점에 독액을 주입시켰다. 행성의 위치를 관측하는 천문대 사람도 유성의 위치를 이보다 더 잘 예언하지는 못한다. 하나의 관념이 미래에 대하여 수학적으로 예측하게 되고 미지에 대하여 확실한 지식을 갖게 되었을 때 그 역량이 발휘된다. 우연을 찬양하는 사람들은 도대체 언제 이런 성공을 거둘까? 질서는 질서를 부르지만 우연에는 규칙이 없다.

14 황띠대모벌의
사냥 수단

유리 뚜껑 실험 도구로 초대되었던 희생자들, 즉 갑옷을 못 입어 거의 전신에 단검이 꽂힐 수 있는 구조로서 자신의 방어 수단이란 오직 큰턱 말고는 몸을 둥글게 말거나 뒤트는 수단밖에 없는 송충이, 자벌레, 굼벵이 대신 이번에는 거미가 붙들려 왔다. 거미도 보호가 안 되기는 거의 마찬가지다. 그렇지만 이들에겐 무서운 독니가 있다. 특히 한 번만 물어도 두더지와 참새를 죽이고 사람도 위험한 무서운 독거미 검정배타란튤라(*Lycosa narbonnensis*, 일명 나르본느타란튤라)를 황띠대모벌(Calicurgue annelé: *Calicurgus*→ *Batozonellus annulatus*→ *Cryptocheilus alternatus*)[이] 수술할 때는 어떻게 처리할까? 비록 담대한 황띠대모벌이

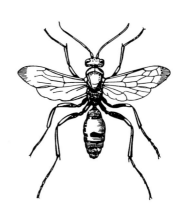

황띠대모벌 실물의 0.8배

라고는 하나 자기보다 힘세고 훨씬 강한 독을 지녀 자신을 공격하고 잡아먹을 수 있는 상대를 어떻게 제압할까? 어느 종류의 포식성 벌이든 이들처럼 공격자가 먹이가 되기도, 사냥감이 사냥꾼이 되기도 하는 이런 이상한 싸움을 감행하려 하지는 않는다.

이 문제는 끈질기게 연구할 만한 가치가 있다. 나는 거미의 기관 구조에서 어렴풋이 가슴의 가운데 꽂히는 단검의 타격을 예감했었다. 하지만 사냥감과의 한판 승부에서 무사히 빠져나온 벌의 승리가 이 예감을 설명해 주지는 않았다. 꼭 봐야겠다. 제일 어려운 문제는 황띠대모벌이 드물다는 점이다. 원하는 시간에 독거미를 얻는 것은 문제가 아니다. 전에 이웃의 포도 경작자들이 아직 개간하지 않고 내버려 둔 곳에서 얼마든지 제공된다. 하지만 황띠대모벌을 잡는 것은 사정이 다르다. 나는 녀석을 찾는 것이 무익하다는 생각으로 거의 기대를 걸지 않은 정도였다. 어쩌면 찾으려 하는 것이 못 찾아내는 방법인지도 모르니 우연의 사건에다 운을 맡기기로 했었다. 녀석을 얻을까, 못 얻을까?

얻었다. 뜻밖에도 꽃에서 한 마리를 잡았다. 다음 날 나는 반 타(6마리)의 독거미를 마련할 생각이며 한 마리씩 반복되는 결투에 쓸 것이다. 땅거미(독거미)를 잡아서 돌아왔더니 또 행운이 내게 미소를 보내와 소원을 충족시켜 준다. 두 번째 벌이 걸려든 것이다. 그 녀석은 마비된, 그리고 무거운 거미의 다리를 끌며 먼지 속 큰길을 지나가는 중이었다. 산란이 급한 녀석이니 별로 망설임 없이 대용품을 받아들이겠지. 이런 생각으로 소중하게 여겨진 뜻밖의 발견물이었다. 두 포로는 각자 제 유리 뚜껑 밑에서 독거미 한 마리와 함께 놓였다.

나의 온 신경을 집중시켰다. 잠시 후 활극이 벌어지겠지! 초조하게 기다린다……. 아니……, 그런데……, 이게 웬일일까? 둘 중 누가 공격자이고 누가 피습자일까? 역할이 뒤바뀐 것 같다. 미끄러운 유리벽 기어오르기에 적합하지 못한 황띠대모벌은 원형경기장의 둘레를 거만하고 빠른 걸음걸이로 성큼성큼 돈다. 곧 땅거미를 발견한다. 전혀 겁 없이 녀석에게 다가가 둘레를 빙빙 도는데 다리 하나를 잡으려는 것 같다. 하지만 독거미는 즉시 4개의 뒷다리에 몸을 의지하고 거의 수직으로 일어선다. 4개의 앞다리는 펼쳐서 반격 태세를 취한다. 독니가 넓게 열리며 끝에 독액이 방울진다. 그 모습에 나는 소름끼쳤다. 이렇게 무서운 태도로 듬직한 가슴과 검정 벨벳 모양의 배를 내보이며 벌을 위협한다. 벌이 갑자기 뒤로 돌아 물러선다. 그러자 거미는 단도를 넣어두는 도구 상자를 닫고 8개의 다리로 의지하며 편안한 자세를 취한다. 하지만 벌이 조금만 공격하려는 기미를 보여도 다시 위협 자세를 취한다.

땅거미가 한술 더 뜬다. 갑자기 벌에게 덤벼든다. 재빨리 안아 이빨로 조금씩 계속 깨문다. 공격받은 녀석은 침으로 반격하지 않았다. 하지만 살짝 빠져나와 맹렬한 주먹질에서 무사히 벗어났다. 이런 공격이 여러 번 목격되었으나 벌은 한 번도 심각한 일을 당하지 않았으며 곤경에서 재빨리 빠져나와 아무 일도 없었던 것처럼 보인다. 왕래의 걸음걸이가 다시 시작되는데 처음과 똑같이 대담하고 빠르다.

무서운 이빨에서 그렇게 잘 빠져나온다면 상처를 입힐 수 없는 녀석이란 말일까? 물론 그건 아니다. 물리면 치명적일 것이다. 실제로 물었다면 피가 나는 상처가 보였을 것이고 이빨이 잠시 그 자리에 박혀 있었을 것이다. 그런데 그런 것은 보이지 않았다. 그러면 이빨이 벌의 피부를 뚫지 못했을까? 그것도 아니다. 피부의 저항력이 훨씬 강한 메뚜기의 앞가슴도 갑옷이 부서지듯 와지끈 소리를 내며 뚫렸었다. 그렇다면 황띠대모벌이 독거미의 다리 사이에서, 또한 그의 칼날 밑에서 이상할 정도로 무사한 이유는 무엇일까? 나는 모르겠다. 땅거미는 적 앞에서 죽음의 위험을 받으면서도 이빨로 위협만 한다. 무슨 혐오감이 있는지 깨물려 하지 않는다. 나는 그 혐오가 어떤 것인지를 설명할 책임까지 지지는 못하겠다.

경각심도, 심각한 주먹질도 보지 못한 나는 싸움꾼들의 투기장을 자연조건과 가깝게 바꿔 볼 생각이다. 어쩌면 땅굴의 역할이 공격에서든, 방어에서든 어떤 가치가 있을지도 모른다. 그런데 내 실험대는 지표면의 성질을 띠지 못하며 땅거미는 자신의 성채인 땅굴을 갖지 못했다. 커다란 항아리에 모래를 잔뜩 채우고 갈대 토막 하나를 수직으로 꽂았다. 이것은 땅거미의 굴이 될 것이다. 또 꿀이 발린 몇 대의 절굿대를 가운데다 심어 놓아 대모벌의 식당도 마련했다. 귀뚜라미 두 마리가 독거미에게 영양을 공급해 줄 것이다. 볕이 잘 드는 안락한 집 안에 두 포로를 넣고 오래 머물

수 있도록 환기가 잘 되는 철망 지붕을 씌웠다.

내 기교에도 성공하지 못했다. 실험이 성과 없이 끝난다. 하루, 이틀, 사흘이 지나도 별일이 없다. 황띠대모벌은 꿀 묻힌 두상화만 열심히 찾아 들고 실컷 먹고 나면 둥근 지붕으로 기어올라 지칠 줄 모르고 철망을 빙빙 돈다. 독거미는 조용히 귀뚜라미를 갉아먹는다. 만일 손 닿을 만한 곳으로 벌이 지나가면 홱 일어서서 도망가려는 시늉을 한다. 인공 땅굴인 갈대 토막이 제 역할을 잘한다. 땅거미와 대모벌이 번갈아 가며 그리 들어가 피신할 뿐 서로 싸우지는 않는다. 그뿐이다. 많은 것을 기대하게 했던 연극이 무한정 연기되는 것 같다.

내게는 마지막 수단 하나가 남아 있는데 그것에 큰 희망을 걸어본다. 두 마리의 황띠대모벌을 녀석들이 탐색하는 곳과 같은 장소로 옮겨 보기이다. 즉 자연 상태의 거미집 문 앞인 땅굴 위로 벌을 옮기는 것이다. 들판을 가로질러서 일체의 모든 도구로 조사 활동을 시작했다. 도구는 유리 뚜껑과 철망 뚜껑, 그리고 잘 흥분하며

대모벌 마취시킨 게거미 종류를 둥지로 옮기려 한다.
시흥, 23. VIII. 06

위험한 피실험자를 다루거나 옮기는 데 필요한 여러 도구이다. 자갈밭의 백리향과 라벤더 줄기 사이에서 곧 땅굴을 찾아냈다.

여기에 훌륭한 땅굴이 있다. 이삭을 집어넣어 내 계획에 맞는 크기의 독거미가 그 안에 있음을 확인했다. 입구 근처를 치워 평평하게 하고 철망 뚜껑을 씌운 다음 황띠대모벌을 넣었다. 지금은 파이프 담배에 불을 붙이고 자갈 위에 누워서 기다릴 시간이다. 하지만 또 한 번 실망을 맛보았다. 반 시간이 지났어도 벌은 철망에서 돌아다니기만 한다. 독거미의 눈이 다이아몬드처럼 반짝이는 저쪽의 땅굴 앞에서는 어떤 갈망의 표시도 보이지 않았다.

울타리를 철망에서 유리로 바꿨다. 그러면 위로 오를 수 없는 벌이 바닥에만 있게 될 것이고, 그래서 몰랐던 땅굴도 알게 될 것이다. 이번에는 성공했다. 벌은 몇 번 돌다가 앞에 뚫려 있는 동굴에 주의를 기울인다. 그리 내려간다. 이 대담성에 내가 어리둥절해졌다. 예측이 거기까지는 미치지 못했으니 말이다. 독거미가 굴 밖에 있을 때 불시에 달려드는 것은 그런 대로 있을 수 있는 일이다. 그런데 지금은 독검을 가지고 기다리는데 그 소굴로 들어가다니! 이 무모한 짓의 결과가 어떻게 될까? 깊은 곳에서 희미한 날갯소리가 올라온다. 아마도 은밀한 아파트 안에 꼼짝없이 몰린 땅거미와 한판 벌이나 보다. 날갯소리는 대모벌의 승리나 죽음의 노래일 것이다. 살육자가 당했을지도 모른다. 저 밑의 둘 중 누가 살아남았을까?

살아남은 자는 땅거미였다. 녀석은 부리나케 달려 나오더니 굴 입구의 탑 위에 떡 버티고 서서 이빨을 벌리고 4개의 앞다리를 들

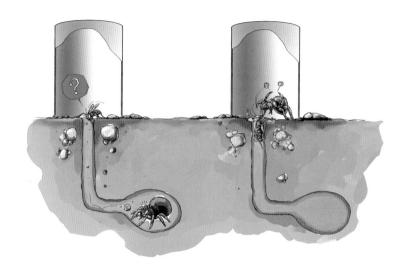

어 방어 태세를 취한다. 상대가 칼을 맞았을까? 천만에. 그도 달려
오며 지나다가 거미의 공격을 받는다. 거미는 곧 굴로 들어간다.
굴에서 두 번, 또 세 번째로 쫓겨난 독거미는 여전히 상처를 입지
않고 다시 올라온다. 그리고 언제나 문지방에서 침입자를 기다리
다가 벌을 혼내 주고 다시 들어간다. 두 마리의 황띠대모벌을 번
갈아 넣어 주었고 땅굴을 바꿔 봐도 소용이 없다. 나는 이 짓 말고
는 아무것도 보지 못했다. 연극을 완성하려면 어떤 조건이 부족한
지 내 계략이 아직 깨닫지 못했다.

　성과 없는 실험의 되풀이에 낙담한 나는 게임을 포기했다. 그래
도 거기에는 어느 정도 가치 있는 실상이 있었다. 즉 황띠대모벌
은 전혀 겁 없이 독거미 소굴로 내려가 녀석을 내쫓은 것이다. 유
리 뚜껑의 밖이라도 경과는 같았을 것이다. 제집에서 쫓겨난 거미
가 더 겁을 먹었으나 공격에 대비도 더 잘한다. 한편 좁아서 운신

하기 거북한 굴속에서는 시술자가 제 뜻에 맞춰 비수를 정확한 방향으로 향하지 못할 것이다. 어쨌든 벌은 내 탁자 위 승부에서 보여 주었던 대담한 침입 행동을 다시 한 번 확인시켜 주었고 땅거미도 제집 안에서는 상대를 이빨로 뚫는 것에 대한 혐오감이 없음을 보여 주었다. 두 녀석이 굴속에서 서로 마주했을 때야말로 그어느 때보다도 싸울 기회였다. 독거미에게는 보루의 구석구석이 낯익은 곳으로 제집 안에서의 모든 편의를 누릴 수 있다. 하지만 침입자는 활동이 거북하고 장소도 생소하다. 가엾은 독거미야, 빨리 한 번 물어라, 그러면 너의 박해자는 끝장날 것이다. 너의 혐오감이 무모한 그를 보호하는 셈이다. 너는 그렇게 하지 않는데 왜내가 이러는지 알 수 없구나. 어리석은 양은 제 이마에 돋은 뿔로도살자의 칼을 받아넘기며 저항하지 않는다. 너도 황띠대모벌의 양이란 말이더냐?

두 실험동물은 다시 연구실로 옮겨졌다. 위는 철망이 덮였고 모래가 깔린 아래에는 갈대 토막으로 만든 땅굴이 있다. 그리고 꿀이 끊이지 않게 보급된다. 녀석들은 처음에 만났던 땅거미를 다시 만났고 거미는 귀뚜라미를 먹으며 살아간다. 간단한 주먹질과 위협 말고는 별 사고 없이 3주일이 지났다. 이쪽에서도 저쪽에서도 심각한 적의는 없었다. 마침내 대모벌들이 죽는다. 수명이 다한 것이다. 시작은 열광적이었는데 종말은 한심했다.

이 문제를 나는 포기해야 하나? 오오! 천만에! 다른 때도 많이 그래왔지만 나는 이런 일을 열렬히 추구하는 계획을 버리지는 않는다. 행운은 꾸준한 자들을 좋아한다. 새 행운은 내 독거미 사냥꾼들이 죽은 지 보름만인 9월에 찾아왔다. 처음으로 잡힌 다른 대모벌이 내게 알려 준 것으로 그 행운을 증명했다. 이 벌은 먼젓번 녀석처럼 눈에 거슬리는 빛깔의 복장에 크기도 거의 같은 광대황

뱀허물대모벌의 먹이 보관 시흥, 9. VII. 06

1, 2. 둥지 지을 장소로 사냥한 왕거미를 가져와 땅굴을 파려 한다.

3. 완성된 집 안에 거미를 들여놓고 산란한 다음 나오는 중이다.

4. 잔돌과 흙을 물어다 굴 입구를 막고 있다.

5. 굴 입구를 절반쯤 막고는 큰턱과 엉덩이로 흙을 다진다. 성충의 활동은 6월부터 8월 사이 한여름에 관찰되나 상당히 드물다.

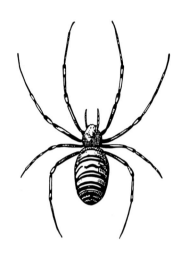

세줄호랑거미 실물의 약 1.25배

띠대모벌(C. bouffon : *C. scurra*→ *Cryptocheilus variabilis*)이었다.

이 새 황띠대모벌에 관해서는 아는 게 없는데 녀석은 무엇을 원할까? 분명히 거미를 원하겠지만 어떤 거미일까? 이런 사냥꾼에게는 큰 몸집의 사냥감이 필요할 것이다. 어쩌면 이 고장에서 독거미 다음으로 큰 누에왕거미(Épeire soyeuse : *Epeira sericea*→ *Aranaeus sericina*→ *Argiope lobata*)나 세줄호랑거미(É. fasciée : *E. fasciata*→ *Argiope aurelia*→ *trifasciata* → *bruennichii*)가 필요할 것 같다. 전자는 여기저기의 덤불에서 커다란 수직 그물을 치는데 귀뚜라미들이 잡힌다. 거미는 근처 야산의 숲에서 만날 수 있다. 후자는 잠자리들이 잘 다니는 도랑이나 개울을 건너 그물을 친다. 아이그 하천 지류의 개울 근처와 물을 대는 용수로 가에서 만날 것이다. 다음 날 두 지역을 탐사해서 두 종의 대형 거미를 마련하여 포로에게 한꺼번에 주었다. 선택은 녀석의 취미에 달렸다.

곧 선택되었다. 세줄호랑거미가 뽑혔다. 하지만 거미가 반항 없이 굴복만 하지는 않았다. 벌이 다가가자 벌떡 일어서서 땅거미와 같은 모습의 방어 태세를 취한다. 벌은 이 위협에도 아랑곳하지 않고 익살꾸러기 광대 차림인 울긋불긋한 복장 밑의 다리를 잽싸

294

게 놀리며 거칠게 공격한다. 빠른 주먹질이 오가고 거미가 벌렁 자빠진다. 벌은 배에 배를, 머리에 머리를 맞대고 그 위에 올라탄다. 다리로 거미의 다리를 누르고 큰턱으로 두흉부(頭胸部, 머리＋가슴)를 꽉 물었다. 아래쪽으로 보낸 배를 바짝 구부리고 단검을 뽑는다. 그리고…….

독자들이여 잠시만, 침이 어디에 꽂힐까? 다른 마취사 곤충들이 알려 준 것에 따르면 다리의 운동을 없애려고 가슴을 찌를 것이다. 나는 그렇게 생각했었고 또 그렇게 믿었다. 에 또, 그런데, 우리 모두의 오해를 너무 부끄러워하지 말고 곤충이 우리보다 더 많이 안다는 것을 고백합시다. 이 곤충은 그대도, 나도 생각하지 못했던, 그러나 준비된 조작으로 확실히 성공할 줄 알았다. 아아! 이 얼마나 훌륭한 벌레들의 학파이더냐! 사실상 적을 치기 전에 자신이 먼저 당하지 않도록 조심하는 게 옳지 않을까? 광대황띠대모벌은 이 조심성에 대한 권고를 무시하지 않았다. 호랑거미[1] 머리 밑에는 독방울을 내보내는 두 날의 날카로운 단도가 있다. 이 단도에 찍히면 끝장이다. 따라서 마취 시술은 완전한 안전도의 메스를 요구한다. 가장 확고부동한 수술자라도 당황시킬 만한 그런 위험에서 어떻게 해야 할까? 우선 수술받을 자의 무장을 해제시키고 나서 수술해야 한다.

앞쪽을 향한 황띠대모벌의 단검이 세심하게 주의해가며 호랑거미의 입 속으로 꾸준히 꽂혀 들어가는 사실을 보시라. 독니들은 즉시 힘없이 다물어지고 위험한 사냥꾼을 해칠 수 없게 된다. 벌

1 계통분류학적으로는 거미와 곤충과의 관계는 매우 멀다. 지네나 노래기보다도 멀다.

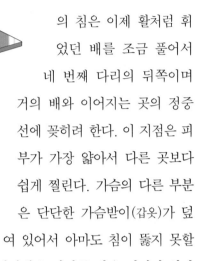

의 침은 이제 활처럼 휘었던 배를 조금 풀어서 네 번째 다리의 뒤쪽이며 거의 배와 이어지는 곳의 정중선에 꽂히려 한다. 이 지점은 피부가 가장 얇아서 다른 곳보다 쉽게 찔린다. 가슴의 다른 부분은 단단한 가슴받이(갑옷)가 덮여 있어서 아마도 침이 뚫지 못할 것이다. 다리 운동의 중심인 신경핵은 상처를 받은 지점의 약간 위쪽에 있다. 그렇지만 앞으로 향한 침이 그곳에 다다를 수 있다. 8개의 다리는 이 마지막 타격으로 한꺼번에 마비가 온다.

더 긴 부연 설명은 이 전술이 지닌 무한한 표현력에 손해가 될 것이다. 제일 먼저 수술자 자신의 보호를 위해 가장 무섭게 무장된 곳, 즉 입에 일격을 가한다. 다음은 새끼들의 보호를 위해 거미의 운동력을 없애 줄 가슴의 신경중추를 가격한다. 힘센 거미를 제물로 바치는 곤충들은 특별한 재주를 전수받았을 것으로 짐작은 했었다. 하지만 마취 수술 전에 무장을 해제시키는 과감한 논리는 전혀 예상치 못했었다. 유리 뚜껑 밑에서 자신의 비밀 노출을 거부했던 타란튤라의 사냥꾼도 이렇게 행동할 것이 분명하다. 그의 동료가 비밀을 폭로했으니 이제는 나도 알게 되었다. 벌은 무서운 땅거미를 자빠뜨리고 입을 단검으로 찔러 칼을 무력하게 만든 다음, 편안히 침을 한 방 더 놓아서 다리를 마비시킨다.

수술 직후의 호랑거미를, 그리고 벌이 다리를 잡아 담장 밑의 굴로 끌고 들어가던 거미를 조사해 보았다. 호랑거미는 아직 얼마간, 길어야 1분 동안 다리를 경련 일으키듯 움직였다. 이 단말마의 떨림이 계속되는 동안은 황띠대모벌이 거미를 놓아주지 않는다. 벌은 진행되는 마비를 지켜보는 것 같았다. 독니가 정말로 무력해졌는지 알

꼬마호랑거미 야산 기슭 작은 나뭇가지에 거미줄을 친다. 거미줄 중앙에서 X모양의 흰색 띠를 치고 곤충이 날아들기를 기다리는 특이한 모습이다. 시흥, 10. VIII. '90

아보려는 듯 이빨로 거미의 입을 여러 번 조사했다. 그 다음 흥분을 완전히 가라앉히고 사냥물을 다른 곳으로 끌고 갈 채비를 했다. 그 순간에 거미를 빼앗았다.

무엇보다도 내게 깊은 인상을 준 것은 독니의 절대적인 무력화였다. 독니를 지푸라기로 건드려도 마비 상태에서 깨어 나게 할 수는 없었다. 하지만 바로 옆의 촉수(각수)들은 조금만 건드려도 움직인다. 작은 병에 안전하게 넣어 두었던 호랑거미를 일주일 뒤에 다시 조사했다. 감응성이 부분적으로 돌아왔다. 지푸라기로 자극하니 다리를 조금씩 움직인다. 특히 발목마디의 마지막 마디가 잘 움직인다. 촉수는 훨씬 쉽게 자극되어 매우 잘 움직인다. 그렇지만 이 모든 운동은 힘이 없고 정돈되지 않아 스스로 몸을 뒤집

거나, 특히 도망칠 수는 없다. 독니는 아무리 자극해도 소용없다. 벌리거나 움직이게 할 수 없었다. 결국 독니는 특별한 방식으로 심하게 마비된 것이다. 입을 찌를 때 특히 뜸을 들이는 것이 이것을 대변해 주었다.

수술받은 지 거의 한 달 뒤인 9월 말에도 호랑거미는 죽지도, 살지도 않은 상태였다. 지푸라기로 건드리면 촉수는 여전히 떨리는데 다른 곳은 아무것도 안 움직인다. 6~7주간의 가사 상태가 계속된 다음 마침내 실제 죽음이 오고 그에 따른 부패가 왔다.

황띠대모벌이 운반 중에 빼앗은 타란튤라거미도 같은 특성을 보였다. 독니는 지푸라기로 건드려도 전혀 자극되지 않았다. 따라서 독거미도 호랑거미처럼 입에 침을 한 방 맞았다는 것을 유추해서 증명할 수 있었다. 반대로 촉수는 자극을 매우 잘 받아 잘 움직이며 몇 주 동안 그대로일 것이다. 나는 이 점을 강조하는데 그 강점은 곧 알게 될 것이다.

광대황띠대모벌에게 두 번째 공격을 시킬 수는 없었다. 재주를 행사하는 데는 포로 생활의 권태가 불리했다. 한편 호랑거미는 벌의 거절이 언제까지나 낯설지만은 않았다. 내 눈앞에서 두 번 사용된 교활한 전술이 공격자를 어리둥절하게 만들었다. 거미는 흠잡을 데 없는 무기를 가졌으면서도 힘은 약하나 좀더 대담한 공격자에게 감히 그 무기를 사용치는 못했다. 저 어리석은 거미를 좀 좋게 평가해 주기 위해서라도 이 말을 해야겠다.

호랑거미는 8개의 다리를 철망 위에 넓게 펼쳐서 한쪽 울타리를 차지하고 있다. 벌은 둥근 천장에서 빙빙 돈다. 적이 오는 것을 본

거미는 공포에 사로잡혀서 바닥으로 떨어져 벌렁 누워 다리를 오므리고 있다. 벌이 달려와 그를 껴안고 살펴보며 입을 찌를 자세를 취한다. 하지만 침을 뽑지는 않았다. 거미의 무서운 무기를 알아보려는 듯 조심스럽게 독니 쪽으로 몸을 기울이는 게 보인다. 그러다가 가 버린다. 거미는 여전히 꼼짝 않는다. 어찌나 꼼짝 않던지 한 순간 나도 모르게 마비되어 죽었다고 생각할 정도였다. 검사해 보려고 사육장에서 꺼내 탁자에 내려놓자 즉각 되살아나 달아나 버렸다. 약아빠진 녀석이 벌의 침 밑에서는 죽은 체하고 있었는데 너무도 재주를 피우는 바람에 나마저 속았었다. 녀석은 나보다 더 정통한 황띠대모벌도 속였다. 그래서 벌은 거미를 아주 자세히 조사하고도 침놓을 가치가 없는 시체라고 생각했나 보다. 어쩌면 이 순진한 녀석은 옛날 우화에 나오는 곰처럼 거미에게서 벌써 썩기 시작한 냄새가 난다고 생각했는지도 모르겠다.

꾀가 있다고 쳤을 때 독거미나 호랑거미, 그 밖의 거미들의 이런 꾀가 내 생각에는 더 불리하게 작용할 것만 같은 기분이다. 심한 주먹질이 오간 다음 거미를 자빠뜨린 황띠대모벌은 그가 아직 죽지 않았음을 아주 잘 알고 있을 것이다. 그러나 거미는 자신을 보호할 요량으로 시체처럼 못 움직이는 체했다. 공격자는 이때를 이용해서 가장 강력한 가격, 즉 단도로 입 속을 가격할 수 있을 것이다. 만일 그때 이빨 끝에 독액이 나온 독니를 벌려 필사적으로 물면 벌은 감히 제 배를 치명적인 독니에 물리도록 내놓지는 못할 것이다. 하지만 죽은 체함으로써 사냥꾼이 수술에 성공하는 계기를 마련해 준다. 오오, 순진한 호랑거미들아, 생존경쟁이 너희 자신을 보호하려고 그렇게 무력한 태도를 취하라고 권했다는 말들을 한다. 자 그렇다면, 생존경쟁은 아주 나쁜 충고자이로다. 차라리 상식을 믿고, 특히 자기를 보호할 수단을 가지고 따끔하게 역습하는 것이 적의 입장에서 존중심을 갖게 할 가장 좋은 방법임을, 너희를 희생시켜 가며 차차 배우도록 해라.

유리 뚜껑 사육장에서의 다른 관찰은 긴 실패의 연속에 지나지 않았다. 바구미를 수술하는 두 벌 중 하나인 띠노래기벌(*C. arenaria*)⌐은 제공한 사냥감을 철저히 무시했다. 또 한 종, 녹슬은노래기벌(*C. flavilabris*)은 갇힌 다음 이틀 만에 유혹에 걸려들었다. 내가 원하는 것은 녀석의 전술도 이 연구의 시발점이었던 왕노래기벌(*C. tuberculata*)⌐과 정확히 똑같은지 알아보자는 것이었다. 큰밤바구미(Balanin des glands: *Balaninus*→ *Curculio glandium*)와 마주한 벌은 파이프처럼 터무니없이 길게 늘어난 바구미의 콧대를 붙잡고 앞가슴 뒤쪽, 즉 첫째와 둘째 다리쌍 사이에 단도를 찔러 넣었다. 더 긴말은 필요 없다. 이런 행태는 흰줄바구미(*Cleonus*) 사냥꾼이 이미 그 수술 방식과 결과에 대해 충분히 알려 주었다.

등에(Tabanidae)를 사냥하거나 천한 집파리(Muscidae)를 좋아하

녹슬은노래기벌 실물의 약 1.5배

는 코벌(*Bembix*)은 어느 종도 내 소원을 만족시켜 주지 않았다. 이들의 방법에 대해서는 오래전에 이사르츠(Issarts) 숲에서 엿보았던 것밖에는 아는 게 없다. 맹렬하게 높이 나는 정열이 포로

300

생활과는 조화될 수 없었다. 유리나 철망 감옥의 벽에 부딪쳐서 머리가 돌아 버린 녀석들이 24시간 안에 죽는다. 보다 얌전한 태도에 언뜻 보기에는 내가 준 꿀 발린 엉겅퀴 줄기에 만족할 것 같은 귀뚜라미나 민충이 사냥꾼, 즉 조롱박벌(*Sphex*)도 향수병으로 그것들을 외면하고 곧 죽는다.

호리병벌(*Eumenes*) 중에서 특히 가장 크고 자갈로 돔을 건축하는 아메드호리병벌(*E. arbustorum*)은 아무것도 알려 주지 않았다. 광대 황띠대모벌 외에는 어느 대모벌도 내가 준 거미를 접수하지 않았다. 특히 다양한 종류의 벌을 먹는 뾰족구멍벌(*Palarus*)도 진노래기벌(*Philanthus*)처럼 꿀벌의 위장 속 꿀을 말려 버리는지, 그냥 놔두어 토하지 않는지를 알려 주지 않았다. 구멍벌(*Tachytes*)도 귀뚜라미를 거들떠보지 않았고 붉은뿔어리코벌(*Stizus ruficornis*)[2]도 사마귀를 본 체도 않고 빨리 죽어 버렸다.

이렇게 실패한 것들만 계속 늘어놓아 무엇하나? 하지만 이 몇몇 예로 통칙이 명확해진다. 즉 성공은 별로 없고 실패가 많다는 것이다. 이 현상이 어디서 왔을까? 가끔 꿀 한 모금에 유혹당하는 진노래기벌 외에는 어느 사냥벌도 자신을 위해서 사냥하지는 않았다. 그들의 사냥 시기는 산란이 임박해서 가족의 양식이 필요한 때이다. 저 달콤한 음료수를 마시는 녀석들이지만 이때가 아니면 아주 훌륭한 사냥감에도 무관심했다. 그래서 나는 가능한 한 적당한 시기에 피실험자들을 잡도록 노력했다. 특히 땅굴 문턱에서 희생물의 다리를 끌고 가는 어미들을 즐겨 구했다. 이런 주의에도 늘 좋은 결과가 나오지

---

2 벌 전문가들은 *S. distinguendus* 였을 것으로 본다.

는 않았다. 유리 뚜껑 밑에서 잠시 기다렸는데 녀석들이 좋아하는 품목과 동일한 품목을 거절해서 내게 실망만 안겨 주었다.

아마도 모든 종류가 사냥에 똑같은 열의를 갖지는 않은 것 같았고 형태보다 기질에 훨씬 더 변화가 많았다. 아주 미묘한 분류학적 계통이란 이유 말고도 시기의 문제가 있다. 꽃에서 실험 대상을 잡았을 때는 시기가 잘 맞지 않은 경우가 많았다. 잦은 실패의 원인을 설명하려면 필요 이상의 이유가 얼마든지 있다. 어쨌든 내 실패를 통칙으로 제시하는 것은 삼가겠다. 어느 날 좋은 결과를 내지 못했던 실험이 조건이 바뀐 다른 날에는 얼마든지 성공할 수도 있을 것이다. 끈기를, 또 약간의 재치를 가지고 이 흥밋거리 연구를 계속하고 싶은 사람은 많은 결함을 보충할 것이라고 확신한다. 문제는 까다롭다. 하지만 불가능은 아니다.

유리 뚜껑을 버리기 전에 포로들이 공격을 결심할 때의 곤충학적 상황에 대해서 한마디 하련다. 가장 용감한 실험곤충의 하나였던 쇠털나나니(*P. hirsuta*)는 가족의 전통적 요리인 회색 송충이를 항상 갖지는 못했다. 나는 우연하게 만나는 대로, 피부에 털이 없어 매끈한 애벌레라도 구별 않고 주었다. 노란색, 초록색, 갈색이 도는 것, 흰 띠가 둘러쳐진 것 등의 여러 종류를 주었다. 모두가 몸집 크기만 적당하면 주저 없이 받아들였다. 나나니는 전혀 어울리지 않는 제복의 사냥감도 아주 잘 알아보았다. 하지만 라일락 줄기에서 잡아 온 굴벌레나방(*Zeuzera*)의 어린 애벌레와 몸집이 작은 누에(*Bombyx mori*)는 절대로 사절했다. 양잠꾼들을 과로하게 하는 누에와 목재 속을 파먹는 어두운 빛깔의 애벌레도 칼질이 쉬운 피부를 가졌고 형태는 다른 송충이와 비슷했으나 경계심과 혐오감을 주는 식량들이었다.

검정풍뎅이(*Anoxia*) 굼벵이의 열렬한 사냥꾼인 노란점배벌(*C. sexmaculata*)은 꽃무지(*Cetonia*) 굼벵이를 거절했고 두줄배벌(*S. hirta*)은 검정풍뎅이를 원치 않았다. 꿀벌의 목을 맹렬히 따는 진노래기벌은 내가 베르길리우스(Virgile)의 벌이라고 했던 꽃등에(*E. tenax*)를 내놓았을 때 내 계략을 실패시켰다. 진노래기벌에게 파리 종류를 벌로 보라고 하다니! 어림도 없지! 고대인들은 베르길리우스의 농경시가 증언한 것처럼 속아 넘어갔다. 그 시에서는 제물로 바쳐진 황소의 썩는 곳에서 벌 떼가 탄생하는 것으로 그려졌다. 하지만 진노래기벌은 속지 않는다. 우리보다 밝은 그의 눈에 꽃등에는 흉하고 악취 나는 유기질을 좋아하는 쌍시류일 뿐 결코 그 이상은 아니었다.

15 반론과 답변

적당한 수준의 사고를 비상시켜 보려면 으레 그 날개를 즉각 부러뜨리고 손상된 사상을 발뒤꿈치로 뭉개 버리고 싶어서 들고 나서지 않고는 못 배기는 괴팍한 인간들이 있다. 사냥벌에게 통조림 식량을 주고 수술시킨 내 발명도 같은 법칙을 겪었다. 이론(理論)에 대하여 토론하는 것은 좋다. 상상의 세계란 각자가 자유롭게 자기 견해를 도입시킬 수 있는 모호한 분야이다. 하지만 진실은 토론 대상이 아니다. 엄연한 사실을 허위라고 하고자 확인도 없이 부인하는 것은 잘못이다. 내가 아는 한 사냥벌들의 해부학적 본능에 대하여 내가 아주 오래전부터 말해 온 것과 반대의 경우를 관찰해서 파손시킨 사람은 아무도 없었다. 단지 반대의 논쟁만 있었을 뿐이다. 괴로운 일이로다! 먼저 눈으로 보고 나서 반론을 제기할지어다! 보기를 권해 보려고, 또한 이왕에 시간이 생겼으니 이미 나온 반대와 장차 나올 반대를 반박해 보련다. 물론 너무 빤히 들여다보이는 유치한 비방의 반대는 불문에 붙인다.

단검이 향한 곳은 다른 곳보다 그 지점이 손상을 입기 쉬워서 그렇다고 말들 한다. 곤충이 상처 입힐 곳을 고른 게 아니라 찔리는 곳을 찔렀다는 이야기이다. 그들의 수술이 희한한 것은 희생물의 구조에 따른 필연적인 결과라는 점이다. 만일 우리가 명확성을 원한다면 우선 '손상 입기 쉬운' 이란 말의 뜻부터 풀어 보자. 그대는 이 말을 침에 찔린 지점이, 또는 침이 그곳을 손상시키면 갑자기 죽음이나 마비가 뒤따르는 유일한 지점이라는 뜻으로 이해하십니까? 그렇다면 그대와 나는 의견이 일치했습니다. 의견의 합치뿐만 아니라 그것을 공언하는 데 내가 앞장서지요. 내 이론 전체가 여기에 있다. 그렇다. 백 번이라도 그렇다. 상처를 입은 지점만 손상받을 수 있는 곳이고 수술자의 의도에 따라 아주 심한 상처를 받은 곳만 유일하게 급사나 마비를 일으키기에 적합한 지점이다.

그러나 당신들은 '손상 입기 쉬운' 이란 말을 나처럼 이해하지 않는다. 당신들은 이 말을 '단검에게 상처 입을 수 있는', 즉 '칼에 뚫릴 수 있는' 이라고 해석하고 있다. 그 순간 우리의 의견 일치는 끝났다. 노래기벌(Cerceris)의 바구미와 비단벌레가 내가 한 말의 반대편에 있음은 나도 인정한다. 갑옷을 입은 그들에게 단검의 침투를 허용하는 곳은 앞가슴의 뒤쪽밖에 없는데 침이 실제로 그곳을 뚫는다. 만일 섬세한 것에 흥미를 가진 사람이라면 앞가슴의 앞쪽인 목 밑에도 침이 들어갈 수 있는데 노래기벌들은 그곳을 노리지 않는다고 한 내 지적을 기억할지도 모른다. 하지만 이 점은 그냥 지나쳐 봅시다. 갑옷을 입은 딱정벌레는 내가 포기하지요.

대신 나나니(Ammophila)가 좋아하는 여러 종류의 송충이는 어떨

까요? 송충이는 두개골 외에는 등, 배, 옆구리, 앞, 뒤, 어디든 단검이 쉽게 뚫을 수 있는 요릿감이다. 그런데 벌은 항상, 그렇게 똑같이 뚫릴 만한 수없이 많은 지점 중에서 오직 10여 군데만 택한다. 그 지점들은 신경계의 핵이 아주 가까이 있다는 것 말고는 다른 곳과 조금도 다르지 않다. 다른 요릿감들의 피부도 어디나 똑같이 연해서 침의 찔림에 대한 저항력 역시 똑같이 약하다. 따라서 공격자는 어디든 마음대로 찌를 수 있다. 그런데 오랜 전쟁을 힘들게 치르고 난 뒤 항상 가슴의 첫째 마디만 공격당하는 풍뎅이의 굼벵이들에 대해서는 무슨 말을 하려나?

큰 덩이의 배는 물렁해서 버터 뭉치에 바늘이 꽂히듯이 침이 잘 들어갈 텐데 거기는 무시되고 제법 잘 보호된 가슴 밑을 세 번 찔리는 조롱박벌(*Sphex*)의 민충이나 귀뚜라미는 어떻게 생각해야 할까? 배판 밑에 갈라진 틈새나 앞가슴 뒤쪽의 넓은 틈은 문제 삼지 않고 1mm도 안 되는 목 밑의 좁은 구멍에 칼을 꽂아 넣는 진노래기벌(*Philanthus*)도 잊지 말자. 사마귀구멍벌(*Tachysphex costae*) 이야기를 좀 해보자. 녀석은 사마귀를 공격하다가 실패하면 되레 자신이 잡혀서 찢기고 그 자리에서 씹혀 먹힐 것이다. 그런데 이런 위험을 무릅쓰고 톱날이 장착된 가공할 만한 무기, 즉 두 팔받이의 밑동을 찌른다. 어째서 이렇게 방어가 가장 잘 된 곳을 상대할까? 긴 배를 공격하면 어떨까? 그러면 아주 쉽고 위험하지도 않을 텐데.

황띠대모벌(*Cryptocheilus*)도 좀 볼까요? 이들도 우선 독니를 마비시키는 것부터 시작한다. 그래도 겨우 쉽게 찔리는 곳에 단검을 꽂는 졸렬한 검투사란 말인가? 타란튤라와 호랑거미에서 무섭고 공격하기 까다로운 곳이 있다면 거기는 바로 두 개의 작살로 확실하게 깨무는 독니이다. 그래도 무모한 이 벌들은 치명적인 함정을 감히 무릅쓰지 않더냐! 녀석들은 왜 당신의 현명한 충고를 따르지 않을까? 보호되지 않은 뚱뚱한 배를 찔러야 할 텐데 그렇게 하지 않는다. 벌에게 다른 녀석들처럼 나름대로의 이유가 있는 것이다.

첫째부터 마지막까지 모든 벌에서 수술당하는 희생물의 외부 구조와 수술 방법과는 무관함이 불을 보듯 훤하게 증명된다. 수술 방법은 내부 구조, 즉 해부학적 구조가 결정한다. 손상을 입는 곳은 단순히 칼에 뚫리기 쉬워서 찔린 곳이 아니라 거기가 아니면 침투할 가치가 없는 지점인 것이다. 이런 조건은 신경중추의 바로 근처에 존재한다. 피부가 연하든, 갑옷을 입었든 사냥벌은 사냥감과 단병접전을 하면서 신경 분포의 체계를 누구보다 잘 아는 것처럼 행동한다. 이제는 칼이 뚫어야 할 유일한 지점에 대한 경솔한 반론은 영원히 멀어졌겠지.

내게 또 이런 말을 한다.

신경중추 근처에 침이 찔린다는 것은 엄밀한 의미에서 가능한 일이다. 사냥감은 기껏해야 3~4cm밖에 안 되는 아주 짧은 거리에 있어서 대강의 짐작과 당신이 말하는 정확성과는 거리가 멀다.

아아! 그게 대강이라니! 어디 한번 봅시다. 그대는 숫자를, 밀리미터를, 그리고 소수점을 원하시는구려! 그럼 그런 것을 드리지요. 우선 노란점배벌(*C. sexmaculata*)의 증언부터 들어 보자. 만일 독자께서 배벌의 수술 방법을 잊으셨다면 기억을 잘 떠올려 주시기 바란다. 두 적수의 예비 싸움은 두 개의 고리라는 표현이 잘 어울릴 것이다. 서로 얽혔으나 직선이 아니라 직각으로 얽힌 두 개의 똬리 모양 말이다. 배벌은 검정풍뎅이(*Anoxia*) 굼벵이의 가슴에서 한 지점을 문다. 그러고는 아래로 몸을 구부려 굼벵이의 몸을 한 바퀴 감은 다음, 배 끝으로 목의 정중선을 더듬는다. 공격자는 가로놓인 위치로 보아 제 무기가 들어간 굼벵이의 목에서 약간 비스듬히 머리 쪽으로든, 가슴 쪽으로든 향할 수 있다. 한편 반대 방향의 두 경사 사이는 아주 짧은데 그 거리가 과연 얼마나 될까? 2mm, 어쩌면 이보다 짧을 것이다. 그것은 별로 중요한 게 아니다. 시술자가 이 길이를 착각해서—내게 사소한 문제라고 말한 사람도 있다—침이 가슴 쪽이 아니라 머리 쪽으로 기울면 수술 결과가 전혀 달라진다. 머리 쪽으로 기울면 뇌가 손상되고 이때는 즉사가 따른다. 이는 꿀벌을 턱 밑에서 위쪽으로 찔러 죽이는 진노래기벌(*Philanthus*)의 행동인 셈이다. 배벌은 죽은 게 아니라 무기력해도 신선한 식사를 제공하려 한다. 그런데 공격 방향이 잘못되면 벌의 새끼는 썩어서 독이 될 시체밖에 얻지 못한다.

침이 가슴 쪽으로 기울면 닿는 곳은 가슴신경절의 작은 덩어리가 된다. 이 방법이 식량을 신선한 상태로 보존하는 데 필요한 마취법, 즉 미약한 생명을 남겨 둘 수 있는 정규의 타격법이다. 1mm만 위쪽으로 올라가면 죽이고 아래쪽으로 내려가면 마비시킨다. 아주 작은 이 기울기에 배벌 종족의 운명이 달려 있다. 시술자가 이 미세한 측량법에 착오를 일으킬까 봐 염려하지 말라. 반대쪽 기울기도 실현성이 같고 쉬운 일이나 침이 기우는 방향은 언제나 가슴 쪽이다. 이 상황에서 대강이라면 무엇이 얻어질까? 아주 빈번히, 굼벵이에게 치명적 요릿감인 시체만 얻어질 것이다.

두줄배벌(S. *hirta*)은 좀더 아래로, 앞쪽 두 가슴마디의 경계선을 찌른다. 이 벌의 자세도 꽃무지(*Cetonia*) 굼벵이에 대하여 가로놓인다. 그러나 침이 들어가는 지점에서 목(식도하)신경절까지의 거리가 멀어서 혹시 무기가 머리 쪽으로 방향을 잘못 잡았더라도 급사는 면할지 모른다. 나는 다른 관점에서 이 증인을 출두시켰다. 사냥감이 무엇이든, 방법이 어떻든, 시술자가 가벼운 착각을 일으켜 필요한 지점의 옆을 찌르는 일은 매우 드물다. 나는 벌이 배 끝으로 모든 곳을 샅샅이 더듬고 어떤 때는 침을 뽑기 전에 오랫동안 찾는 것을 보았다. 상처가 완전한 효력을 발휘할 정확한 지점이 칼 밑에 도달했을 때야 비로소 뽑는다. 특히 두줄배벌은 원하는 곳을 찌르게 되기까지 녀석과 반 시간 동안이나 싸운다.

끝이 없는 토론에 지쳤는데 배벌 포로 중 한 마리가 정말 놀랍게도 눈앞에서 작은 실수를 저질렀다. 무기가 중앙에서 조금 옆으로 약 1mm쯤 되는 곳을 뚫고 들어간 것이다. 물론 그래도 앞쪽 두 가슴마디의 경계선 위였다. 나는 잘못 공격했을 때 생길 결과를 내게 가르쳐 줄 그 귀한 배벌을 즉시 빼앗았다. 이런 경우에 손 끝에 잡힌 배벌은 자신을 방어하는 꿀벌처럼 아무 방향으로나 마구 찔러 대는데 일정한 목표가 정해지지 않은 상태에서 아무 곳이나 무턱 대고 독액을 내보낼 것이기 때문이다. 이 포로는 장소를 조금 틀린 것 말고는 모든 작업을 규칙대로 진행했다.

수술을 잘못 받은 굼벵이는 왼쪽 다리가 마비되었다. 오른쪽만 움직이는 반신불수가 된 것이다. 만일 정상적으로 수술되었다면 6개의 다리에 급격한 마비가 왔을 것이다. 사실상 이 반신불수도 잠시뿐이다. 왼쪽 절반의 마비가 금세 오른쪽으로 퍼졌다. 그래서 녀석은 못 움직여 부식토 속으로 도망칠 수가 없었다. 그렇지만 배벌의 알이나 애벌레의 안전에 꼭 필요한 조건들이 실현된 것은 아니다. 핀셋으로 다리나 피부를 잡으면 몸을 갑자기 둥글게 말고 한창 활기찼을 때의 모습처럼 부풀린다. 이런 식량 위에서는 알이 어떻게 될까? 이 거친 바이스가 조이자마자, 즉 몸을 움츠리자마자 으깨질 것이다. 아니면 적어도 제자리에서 떨어져 나갈 텐데 어미가 고정시킨 곳에서 떨어진 알은 반드시 죽는다. 알에게는 갓난 애벌레가 물어도 움찔거리지 않을 굼벵이 배 위의 물렁물렁한 터전이 필요하다. 이 무른 비계 조각을 약간 빗나간 찌름은 결코 반작용 없이 항상 펼쳐져 있는 굼벵이를 제공하지 못한다. 다음 날은 마비가 진전되어 굼벵이가 움직이지 못하고 적당하게 연해진다. 하지만 이미 늦었다. 알이 그런 녀석 위에 있었다면 그사이 벌써 중대한 위험을 맞았을 것이다. 침이 1mm도 안 되는 잘못을 저지른 것이 가족 없는 배벌을 만들어 놓았을 것이다.

나는 분수(소수점)도 약속했었는데 이제 때가 왔다. 황띠대모벌이 방금 수술한 독거미와 호랑거미를 보자. 처음에 입 안을 단검으로 찔렀다. 두 사냥물 모두 독니가 아주 무력해졌다. 지푸라기로 긁어도 이빨을 열지 못한다. 하지만 바로 옆의 촉수와 입틀 부속물들은 여느 때처럼 잘 움직이며 손대지 않으면 여러 주 동안 유지된다. 입안으로 들어간 단검은 목신경절에 닿지 않았다. 만일 거기가 찔렸다면 급사가 따랐을 것이고 신선하거나 생명의 흔적이 장기간 동안 나타나는 식량 대신 며칠 안에 썩어 버릴 시체가 되었을 것이다. 결국 뇌신경의 중심은 화를 면한 것이다.[1]

도대체 무엇이 침해당했기에 독니가 그렇게도 무력해졌을까? 나의 해부학 지식이 여기서 결단을 내리지 못해 유감이다. 두 독니는 특수 신경핵으로 움직일까? 아니면 다른 기능을 공유한 신경 중추의 섬유로 작동할까? 이렇게 불분명한 문제를 분명하게 밝히는 소임은 나보다 훌륭한 도구를 갖춘 해부학자에게 맡기련다. 촉수가 움직여서 후자[2] 경우가 그럴듯해 보인다. 촉수의 신경과 독니의 신경은 근원이 서로 다를 것 같다는 생각이다. 후자[3]의 가정으로 추론해 보면 촉수들의 기동성에 상해를 주지 않고, 특히 뇌에 손상을 주지 않아 급사는 없이 독니의 기능만 없애려는 황띠대모벌의 가능한 방법은 오직 하나뿐일 것이다. 독니 조정 신경섬유는 물론 다른 모든 신경섬유가 머리카락처럼 가늘어도 유독 그 섬유 뭉치만 침이 단번에 손상시켰을 것 같다.

나는 극도의 섬세함에도 불구하고 두 개의 가는 섬유가 직접 손상을 입어야 함을 강조한다. 만일 침이 독을 대강 몇 방울만 촉수의 신경 집단에 보낸 것으로 충분했다면, 또한 신경섬유들이 서로 인접해 있다면 그 부속물들도 이웃의 중독에 영향을 받아서 무력해졌을 것이기 때문이다. 그런데 촉수

1 독거미의 시술 장면은 보지 못했으니 앞부분의 문장은 옳지 않다. 거미류의 신경계는 뇌와 가슴신경절이 융합된 두흉신경절(頭胸神經節) 구조여서 목신경절이 없다.
2 전자의 경우라야 맞는 문장일 텐데 원문에서 후자로 표기되어 있다.
3 문맥으로 보아 전자인데, 계속 후자로 기술했다.

는 움직였고 기동성도 상당히 오랫동안 유지되었다. 그렇다면 독액의 작용은 틀림없이 독니 신경에만 국한된 것이다. 매우 가늘어서 전문 해부가라도 찾아내기 어려운 그 신경섬유는 두 그룹이다. 황띠대모벌은 그 중 하나만 손상시키고 어쩌면 이 하나만 뚫고 거기에 독액을 부어야 했을지도 모른다. 어쨌든 매우 한정적으로 시술해서 주위로 퍼진 독액이 다른 기관을 위태롭게 해서는 안 된다. 단도가 입 속에 오랫동안 머문 것은 이 수술이 극도로 까다롭다는 것을 설명해 주는 셈이다. 독액을 쓰려는 단검 끝이 1/수mm로 아주 미세한 부위를 찾다가 결국은 발견하는 것이다. 무력해진 독니 옆에서 촉수의 움직임이 알려 주는 것은 바로 이것이다. 촉수의 움직임이 황띠대모벌은 놀랄 만큼 정확한 생체 해부가라고 말해 준다.

독니용 특수 신경설을 인정한다면 시술자의 솜씨를 깎아 내리지 않고도 어려움이 줄어들 것이다. 그때는 단도가 겨우 보일까 말까한 지점, 즉 우리네 바늘 끝이 들어갈까 말까한 아주 미세한 자리를 찾아서 손상시켜야 할 것이다. 그런데 이런 어려움을 마취사 곤충들은 무난하게 해결해 낸다. 이들은 자신의 칼로 그 영향을 없애야 하는 신경절을 직접 손상시킬까? 가능은 한 일이다. 하지만 그렇게 무한히 작은 상처가 내가 가진 광학 수단으로는 확인될 것 같지 않아서 전혀 확인해 보려 하지 않았다. 그들이 작은 독방울을 신경절이나 적어도 그 근처에 떨어뜨리는 것으로 그칠까? 아니라는 말도 하지 못하겠다.

그뿐만이 아니라 전격적인 마비를 일으키려면 독액이 신경 뭉치에 직접 떨어지지 않더라도 최소한 그 근처에서는 작용해야 한다고 단언한다. 이 단언은 좀 전에 두줄배벌이 알려 준 것의 메아리에 지나지 않는다. 규정된 장소에서 1mm도 안 떨어진 곳을 찔린 굼벵이가 다음 날 무력해졌다. 이 사례에 따르면 독의 효력이 어느 정도의 범위에서 사방으로 퍼진다는 것에는 의심의 여지가 없다. 하지만 자신이 곧 낳을 알을 위해 처음부터 완전한 안전이 필요하기 때문에 시술자에게는 이런 확산이 불만이다.

한편 마취사 곤충들의 솜씨는 신경절을 정확히 찾는다는 것, 적어도 가장 중요한 앞가슴신경절의 정확한 위치를 찾아냈음을 보여 주었다. 특히 쇠털나나니가 이 문제에 대한 좋은 자료를 제공했다. 송충이의 가슴에 찌르는 세 방의 침, 특히 앞다리와 가운데 다리 쌍의 사이에 찌르는 침질은 복부 신경절들을 가격할 때보다 시간이 오래 걸린다. 전체적으로 미루어 볼 때 결정적인 독액 주입을 위해서 단검은 해당 신경절을 찾고 뾰족한 끝이 그것을 찾은 다음에야 비로소 행동하는 것으로 믿어진다. 배에서도 그렇게까지 주의하지는 않는다. 침은 각 마디로 재빨리 옮겨 간다. 위험이 덜한 마디에서는 아마도 독액이 퍼져 나가는 것에 맡기는 모양이다. 하지만 이렇게 급하게 찔러도 신경절 근처를 벗어나지는 않는다. 찔림에 영향 받는 범위가 매우 한정적이라서 그렇다. 결국 이 행동이 완전한 혼수상태에는 많은 접종이 필요함을 증명하는 것이고, 특히 다음의 사례는 보다 간결하게 증명해 준다.

방금 뒷가슴마디에 첫번째 침을 맞은 회색 송충이가 갑자기 몸을 뒤틀어 나나니를 멀리 날려 버렸다. 이 틈에 송충이를 빼앗았다. 뒷다리만 마비되었고 다른 다리들은 여느 때처럼 움직인다. 두 다리를 못 써도 벌레는 아주 잘 기어간다. 땅속으로 파고들었다가 밤에는 내가 준 상추 고갱이를 갉아먹으러 올라온다. 녀석은 수술당한 마디 말고는 행동이 완전히 자유로웠다. 그러다가 죽었는데 상처가 아니라 사고 때문이었다. 따라서 이 기간에는 독액의 효력이 침을 맞은 마디 밖으로 퍼지지 않았다는 이야기가 된다.

단검이 찌른 지점은 어디든 신경핵이 존재함을 해부학이 알려주었다. 그 중추가 무기에 의해서 직접 상처를 입었을까? 아주 가까운 곳의 독액이 옆의 조직으로 차차 스며들어서 중독되었을까? 여기에는 의문점이 있다. 그렇다고 해도 비교적 소홀했던 배에서 침질의 정밀도가 떨어지지는 않았다. 물론 가슴에 놓은 침은 정밀도가 분명했다. 나나니와 배벌, 특히 나나니를 조사하고도, 또 다른 증인들을 심문에 출두시킬 필요가 있을까? 모두가 세부적인 면은 차이가 있어도 사냥감의 신경기관에 따라 칼이 엄밀하게 조절되었음을 확인시켜 줄 것이다. 이해하려고 하는 사람들에게는 증명이 된 셈이다.

어떤 사람들은 이상한 이의를 제기해서 또 나를 놀라게 했다. 그들은 사냥벌의 독액을 방부액으로 보고 땅굴에 저장된 식량이 신선하게 보존되는 것은 생명이 남아 있어서가 아니라 바이러스와 세균 때문이란다.— 유식한 선생님들, 우리끼리 그 이야기를 좀 더 해봅시다. 그들의 창고를 전혀 못 보셨죠.— 조롱박벌, 배벌, 나나니 따위의 숙달된 사냥꾼들의 식량 보관창고를 본 적이 있습니까? 아니오, 못 봤습니다. 그럴 줄 알았습니다. 그렇지만 세균을 등장시키기 전에 그것부터 보는 게 옳았을 겁니다. 조금만 조사해 봐도 선생은 바로 식량이 훈제한 햄과는 비교되지 않음을 알게 될 것입니다. 그것들은 움직입니다. 그러니 죽은 게 아닙니다. 여기 서 사건 전체가 자연스럽고 간결하게 드러납니다. 촉수가 움직이 고, 큰턱을 여닫고, 창자에 든 것을 내보내고, 바늘로 자극하면 반 응합니다. 이 모든 것이 소금에 절인 물체라는 생각과는 양립할 수 없는 표시들입니다.

선생은 내가 관찰한 것을 자세히 기록한 책장을 열어 볼 만큼 호 기심을 가진 적이 있습니까? 아니오, 그런 적 없습니다. 역시 그럴 줄 알았는데 그것 참 유감이군요. 거기는 특히 조롱박벌에게 쏘인 뒤 내가 젖을 먹이다시피 하며 정성껏 기른 민충이(*Ephippigera*) 이 야기가 있습니다. 그게 방부액으로 처리한 이상한 통조림이라고 인정해 봅시다. 녀석들은 지푸라기 끝에 묻혀서 준 한 입씩의 설 탕물을 받아먹었습니다. 영양을 섭취하고 식사를 합니다. 나 역시 정어리 통조림이 그런 일들을 보여 줄 거라는 희망은 전혀 갖지 못했었습니다.

신경에 거슬리는 중언부언은 포기하련다. 내 증거 다발에 아직 설명하지 않은 몇 가지 사실을 덧붙여서 충분해지길 바랄 뿐이다. 작은집감탕벌(*S. murarius*)은 자기 방안의 갈대 벽에 몇 마리의 잎 벌레 애벌레가 엉덩이로 붙어 있는 것을 보여 주었다. 애벌레가 껍질을 떠날 때가 되면 의지할 곳을 마련하려고 포플러 잎에 그렇 게 고정한다. 그렇게 번데기 준비를 하는 것은 벌레가 아직 죽지 않았다는 명백한 표시가 아닐까?

쇠털나나니가 좀더 훌륭한 자료를 제공했다. 내 앞에서 수술당한 애벌레 중 일부는 조금 일찍 또는 늦게 번데기가 되었다. 노란 뜰담배풀(V. sinuatum) 꽃에서 잡은 송충이 중 세 마리에 대한 기록은 확실했다. 4월 14일 제물이 된 그들은 2주일이 지난 다음에도 지푸라기로 긁으면 자극을 받았다. 얼마 후 배의 중간 서너 마디 말고는 연녹색이던 처음의 색깔이 붉은 밤색으로 변했다. 피부에 주름이 잡히며 갈라지지만 거기서 빠지지는 않았다. 쉽게 벗겨지는 껍질을 한 조각씩 뜯어냈다. 그 허물 밑에서 번데기의 단단한 밤색 각질 피막이 나타났다. 번데기 상태로의 변화가 너무도 정확해서 단검에 10번이나 찔린 그 미라에서 나비의 출현을 볼 것이라는 터무니없는 희망을 잠시 가졌을 정도였다. 하기야 번데기가 되기 전에 비단실을 토해서 고치를 지으려는 시도는 없었다. 혹시 정상적인 조건이었다면 탈바꿈에도 지장이 없었을 것이다. 어쨌든 나비를 기다리는 것은 가능성 밖의 일이었다. 수술받은 지 한 달 뒤인 5월 중순, 세 마리의 번데기는 쇠락해졌다. 마침내 늘 불완전했던 아래쪽 서너 마디의 배에 곰팡이가 슬었다. 이번에는 결정적일까? 실제로 죽은 것이나 다름없는 식량, 또는 방부제로 썩지 않게 보존된 시체에서 어쩌면 생명의 가장 미묘한 과정, 즉 성충 형태를 향한 애벌레의 진전이 이루어질 것이라는 어리석은 생각을 누가 하겠나?

진리가 몽둥이로 크게 한 방 내려쳐서 반항하려는 머리를 뚫어버렸다. 이 방법을 다시 한 번 써 보자. 9월에 부식토 더미에서 두줄배벌에게 마비되었고 배 위에는 아직 부화하지 않은 알이 붙여진 다섯 마리의 꽃무지 굼벵이를 파냈다. 알은 떼어 내고, 무력한 굼벵이는 다른 부식토에 안치시켜서 유리 뚜껑을 덮었다. 녀석들이 얼마나 오랫동안 큰턱과 촉수를 움직이며 신선한 상태로 보존되는지를 보려는 것이었다. 이 문제는 이미 여러 사냥벌의 희생물이 알려 준 것이다. 생명의 표시가 2, 3, 4주일, 그 이상도 유지됨을 잘 알고 있었다. 예를 들어 홍배조롱박벌(P. occitanicus)의 민충이는 인위적으로 양분을 제공하자 40일이 지나서야 마비 상태의 몸 움직임과 더듬이 흔들기가 중단되었다. 그래서 다른 희생물들의 빠른, 또는 늦은 죽음이 수술 후의 굶주림에서 왔을 가능성을 생각해 보았다. 한편 성충의 형성은 대개 기간이 엄격하게 한정되어 있다. 수술받은 녀석들은 어떤 사고가 없어도 곧 삶에 지쳐서 사망한다. 이 연구에는 굼벵이가 좋다. 보다 튼튼한 체질에, 특히 겨울의 혼수상태 기간 중 오랜 절식에도 적당하다. 녀석들은 내 소원대로 겨울에 자신의 지방으로 양분을 취하는 진짜 비계 덩이, 즉 필요한 조건이 채워졌다. 부식토에서 배를 위로 향하고 누워 있는 이 굼벵이는 어떻게 될까? 겨울을 탈 없이 날까?

한 달이 지나자 세 마리의 굼벵이는 갈색으로 변하며 썩는다. 다른 두 마리는 완전히 싱싱한 상태로 남아 있으며 지푸라기로 건드리면 더듬이와 촉수를 움직였다. 추워지자 건드려도 생명의 표시가 깨어나지 않았다. 전혀 움직이지 않는 것이다. 하지만 변질의 표시인 갈색의 흔적은 없이 정상적인 모습을 훌륭하게 유지했다. 다시 따뜻해진 5월 중순경 부활하는 것 같았다. 두 마리가 뒤집어서 배를 깔고 있는 게 발견된 것이다. 한술 더 떠서 몸통이 부

조롱박벌의 생애

1. 안지름 5~10mm의 대나무 토막 10개를 한데 묶어서 집단 둥지 재료를 설치한 다음 둥지 터를 찾아오는 벌을 관찰했다. 벌은 6mm짜리를 선택했다. 시흥, 18. VI. 06

2. 방 하나에 6마리의 실베짱이 애벌레를 잡아다 넣었다. 시흥, 10. VIII. 06

3. 방 세 개 중 하나가 기생쉬파리에게 희생 당한 흔적이 보인다. 시흥, 24. VIII. 06

4. 사냥물과 벌 애벌레는 사라지고 기생쉬 파리 고치만 남아 있다. 시흥, 10. IX. 06

5. 조롱박벌 둥지에서 태어난 기생쉬파리. 시흥, 20. V. 05

6. 벌 번데기가 흑갈색 두터운 고치 속에 들 어 있다. 시흥, 20. X. 06

7. 어미가 천적의 침입을 방지하려고 막아 놓았던 입구를 뚫고 아들 벌이 나온다. 시흥, 1. VIII. 06

8. 현 집을 다시 쓰려고 낡은 풀을 물어내 청소한다. 시흥, 10. VIII. 06

9. 기둥에 뚫린 구멍에 마른 잎을 물어와 방을 만든다. 시흥, 6. VIII. 06 『파브르 곤충기』 제1권 109쪽, 제3권 319쪽 참조

식토에 절반쯤 파묻혀 있었다. 자극하면 느릿느릿 몸을 만다. 다리와 입틀도 움직이나 활력은 없었다. 그러다가 원기를 회복하는 것 같다. 부활한 녀석들은 아직 환자로서 잠자리인 부식토를 서툴게 파고 그 속으로 2인치쯤 숨어 들어가 보이지 않았다. 치유가 임박했다는 표시였다.

하지만 틀린 생각이었다. 6월에 불구자들을 파냈는데 모두 죽었다. 갈색으로 변한 색깔이 죽었음을 분명히 해준다. 나는 그보다 좋은 결과를 기대했었다. 하지만 상관없다. 이 성공도 작지만은 않은 것이다. 9달, 기나긴 9달 동안 배벌에게 수술받은 애벌레들

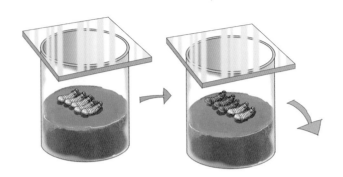

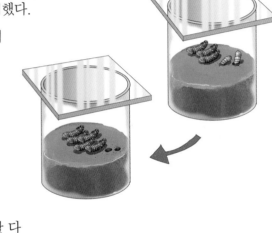

은 신선한 생명을 유지했다.
끝 무렵에는 마비 상태
가 사라지고 안치시
켰던 부식토 표면을
떠나 그 속에 통로를
만들고 깊은 곳으로
들어가기에 충분한
힘과 움직임이 다시
돌아왔었다. 이런 부활 다
음에 통조림 공장의 청어가 소금물에서 다시 팔딱팔딱 뛰지 않는
이상 다시는 방부제 이야기를 꺼내지 않을 것이라 기대한다.

16 벌침의 독성

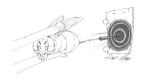

이번에는 화학이 우리 일을 방해하러 다가선다. 화학은 모든 벌이 같은 성질의 독을 갖지는 않았다고 한다. 꿀벌(Apidae)들은 복합적이어서 산성과 알칼리성의 두 요소로 구성되었으나 사냥벌들은 산성 요소만 가졌다는 것이다. 식량이 보존되는 것은 소위 시술자들의 재주라는 것 덕분이 아니라, 바로 이 산성도의 덕분이란다.

이 반론들이 사실로 인정되더라도 지금 토론 중인 문제와는 무관한데 왜 그런 반발들이 나오는지 힐끗 알아보려 했지만 헛수고였다. 나는 산, 약산, 알칼리, 암모니아수, 중성 물질, 알코올, 테레빈유 등 다양한 액체를 주사하여 사냥벌들의 희생자와 같은 상태, 즉 무기력하나 더듬이와 입틀의 움직임으로 지속적인 생명력을 은은하게 나타내는 상태를 얻어 냈다. 물론 독을 바른 바늘이 거칠게 낸 상처나 손의 떨림에 의한 부정확성이 정확한 자연 상태의 단검과는 비교도 안 되어 성공률이 일정치는 않았다. 그래도 확신이 인정될 만큼 충분히 반복은 되었다. 성공하려면 반드시 신경 연쇄가 집중된 실험 재료, 즉 바구미(Curculionidae), 비단벌레(Buprestidae), 진왕소똥구리(*Scarabaeus sacer*) 따위가 필요하다는 말을 덧붙이는 게 좋겠다. 마비가 한 방에 해결되는 방법을 알려 준 노래기벌(*Cerceris*)의 공략법, 즉 앞가슴과 가운데가슴의 연결 부위에 한 번만 찌르는 방법이 필요하다. 약물의 과다 사용은 벌레를 죽인다. 그래서 독액을 주입할 때 실험곤충이 덜 위험하도록 가능한 한 그 양을 적게 했다. 신경중추들이 집중되지 않은 경우는 각 신경절을 하나씩 모두 수술해야 하므로 이 실험에는 이용할 수가 없다. 나는 옛날에 했던 이 실험의 기억이 되살아나 대단히 창피했다. 나보다 권위 있는 손으로 반복실험이 계속되었다면 화학의 반대에서 우리를 일찍이 구해 주었을 것이다.

꿀벌 냉초 꽃에서 꿀을 빨고 있다. 벌통 안에 일벌 수가 늘어나면 일벌 방보다 큰 여왕벌 방을 만들고 로열젤리로 기른다. 날개돋이를 한 여왕벌은 일부 일벌을 거느리고 나와 새 집을 마련한다(분봉). 시흥, 15. VIII. 06

햇빛은 참으로 잘 보이는데 학자들은 왜 암흑에만 조예가 깊을까? 모든 것을 증명하는 사실에다 도움을 청하기는 아주 간단한 일인데 왜 아무런 증명도 없는 산성이나 알칼리성 반응을 찾을까? 사냥벌들의 독이 산성만의 고유 효력으로 방부제의 특성을 가졌다고 주장하기 전에 혹시 산성과 알칼리성인 꿀벌(*Apis mellifera*)에게 쏘인 곤충은 사냥벌의 독작용만큼의 효과가 없는지 알아보았어야 했는데 화학은 그 생각을 못했다. 우리 실험실에서 단순함이 항상 환영받는 것은 아니다. 미미한 태만이라도 속죄하는 것이 내 의무이다. 나는 꿀벌 계열의 선두부터 그들의 독이 죽이지는 않고 마비만 시키는 수술에도 적당한지를 규명할 작정이다.

미미한 성공조차 거두지 못하면서 실험하자니 내 인내력이 지쳐 버린다. 연구에 어려움이 많다고 해서 그것이 연구를 포기하는 동기가 될 수는 없다. 방금 잡은 상태의 벌로 수술시키기는 불가능하다. 우선 꿀벌의 침이 일정한 지점, 즉 사냥벌의 침이 뚫고 들어갈 지점과 동일한 지점을 뚫고 들어가야 한다. 그런데 다루기 힘든 이 포로는 화가 나서 몸부림치며 제 멋대로 찌를 뿐 결코 내가 원하는 지점을 찌르지는 않는다. 실험 대상보다 오히려 내 손가락이 더 자주 찔린다. 복종시킬 수 없는 침을 약간 통제하는 방법은 한 가지밖에 없다. 가위로 배를 싹둑 잘라 즉시 가는 핀셋으로 침 끝을 뚫어야 할 지점에 갖다 대주는 방법이다.

배 끝의 벌침은 아직 얼마 동안 작동한다. 자신이 무기력한 죽음으로 빠져 들기 전에 원수를 갚는 데 머리의 명령이 필요치 않음은 누구나 다 아는 사실이다. 강한 복수심이 이렇게 끈질긴 덕분에 내게는 도움이 된다. 다른 도움들도 받는다. 찌르자마자 바로 빠져나오는 침이라면 그 자리를 확인할 수 없는데 까칠까칠한 침 끝이 아직 피부에 박혀 있어서 손상된 지점을 정확히 확인할 수 있다. 또 어떤 때는 투명한 조직이 내 의도대로 수직 방향의 침인지, 기울어서 가치가 없는 침질인지를 확인시켜 준다.

하지만 불리한 상황도 있다. 잘라 낸 배 끝은 온전한 벌보다 다루기는 쉬워도 내 소원을 만족시키기에는 어림도 없다. 변덕스럽게 빗나가거나 엉뚱한 지점을 찌르니 말이다. 나는 여기를 찔러 주기 바랐으나 핀셋을 따돌리고 다른 곳을 찌른다. 아주 먼 곳을 찌르는 것은 아니나 조금만 비켜나도 손상시킬 신경중추를 무사하게 놔두는 결과가 된다. 수직으로 찔러 주길 바랐으나 역시 아니다. 대부분 비스듬히 들어가서 피부밖에 뚫지 못한다. 이쯤이면 얼마나 많이 실패하며 성공은 아주 드물었음을 충분히 알았을 것이다.

이것이 전부가 아니다. 내가 쏘이면 매우 아프다는 생각에서 무엇인가를 알아내지 못한다면 소용없는 일이다. 사냥벌이 쏜 경우는 대부분 별 것 아니다. 다른 사람과 똑같이 민감한 내 피부도 그들에게 쏘이는 것은 문제 삼지 않는다. 조롱박벌(*Sphex*), 나나니(*Ammophila*), 배벌(*Scolia*) 따위의 침은 걱정 않고 다룬다. 이 말은 여러 번 했는데 이 연구의 필요성 때문에 독자의 기억을 되살리려고 또 하는 것이다. 화학적 특성이나 또 달리 알려진 특성이 없어서 두 독성의 비교 방법은 사실상 한 가지밖에 모른다. 즉 그것이 일으키는 아픔의 정도이다. 나머지는 모두 수수께끼이다. 한편 방울뱀의 독이나 다른 독들이 가져오는 무서운 결과의 원인이 무엇인지 아직은 알려진 것이 없다.

그래서 나는 이 유일한 안내자, 즉 통증의 정도를 조언으로 받아들여 공격용 무기로서는 꿀벌의 단검이 사냥벌의 단검보다 훨씬 강한 것으로 판정했다. 꿀벌은 한 번만 쏜 효력으로도 사냥벌이 여러 번 쏜 상처와 맞먹거나 이를 능가했다. 각종 이유로, 즉 지나친 정력, 방출량을 정할 수 없는 침으로 주입된 독액의 양, 내 마음대로 조종할 수 없는 침, 즉 깊은 침질로 신경중추에 도달했거나 피부만 찔러서 신경 근처의 조직에만 영향을 미치는 침질, 비스듬히 꽂히거나 똑바른 침질 등으로 실험 결과는 무척 다양하게 나타났다.

사실상 나는 온갖 무질서를 모두 경험했다. 운동 실조증(失調症) 환자가 있는가 하면 영구 또는 일시적 불구자가 된 녀석, 반신불수가 된 녀석, 마비된 녀석, 기절했다가 다시 깨어난 녀석, 제법 많게는 머지않아 죽는 녀석 등이 있었다. 100번도 넘는 내 실험 결과를 모두 나열한다는 것은 이 책을 어수선하게 만들 뿐이다. 이런 나열은 실용성도, 규칙적인 진행도 없어서 읽기도 징그럽고 이득도 없으니 구체적인 내용을 몇 가지 사례로 요약해 보겠다.

이 지방에서 그보다 활기찬 곤충이 없을 정도로 큰 무사마귀여치(Dectique verrucivore: *Decticus verrucivorus*)가 목 아래, 앞다리의 중간 지점을 수직으로 찔렸다. 귀뚜라미와 민충이를 제물로 바치는 칼이 상처를 입히는 곳과 비슷한 지점이다. 찔리자마자 즉시 뛰어올라 맹렬히 뒷발질하며 날뛰더니 옆으로 쓰러져서 다시는 일어나지 못한다. 앞다리는 마비되었고 다른 다리들은 움직인다. 건드리지 않으면 옆으로 누워서 더듬이와 촉수의 움직임, 배의 고동질, 경련을 일으키는 듯한 산란관의 움직임 외에는 살아 있다는 표시를 보

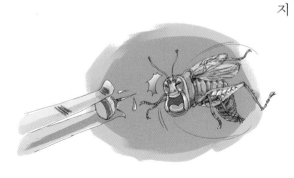

이지 않는다. 하지만 가볍게 자극하면 네 개의 뒤쪽 다리를 흔드는데 특히 굵은 뒷다리의 힘찬 뒷발질이 더욱 활발했다. 다음 날은 비슷한 상태였으나 마비가 퍼져서 가운데다리까지 미쳤다. 그 다음 날은 모든 다리가 움직이지 않았다. 그러나 더듬이, 수염, 산란관은 여전히 잘 움직인다. 마치 홍배조롱박벌(*Palmodes occitanicus*)에게 가슴을 세 번 찔린 민충이 같은 상태였다. 단지 한 가지 부족한 점은 중대한 문제, 즉 잔여 생명이 오래가지 못한다는 점이다. 사실상 넷째 날은 짙은 색깔로 죽었음을 알 수 있었다.

이 예에서 두 가지 결과가 얻어지는데 분명히 설명하는 게 좋겠다. 꿀벌의 독은 너무도 강해서 신경중추가 한 방만 쏘여도 직시류(메뚜기목) 중 제일 대형의 하나이며 건강한 체질의 여치가 나흘 만에 죽을 정도였다. 두 번째 결과는 처음에는 마비가 신경절이 손상된 다리에만 오다가 천천히 가운데로, 결국은 뒷다리까지 미친다. 즉 국부마취가 확산되는 것이다. 사냥벌들의 희생물에서는 극히 제한적인 확산이 이들의 수술 방식에서는 통하지 않았다. 곧 낳아야 할 알은 처음부터 식량의 완전한 무력화를 요구한다. 그래서 이동 운동을 관장하는 모든 신경중추가 즉시 독액으로 마비되어야 한다.

이제 사냥벌들의 독성이 왜 그렇게 별것 아닌지를 이해하겠다. 만일 그들의 독성도 꿀벌의 독처럼 강력했다면 한 번만 단검으로 찔러도 먹잇감의 생명력을 위태롭게 할 것이다. 또한 강력한 효력이 며칠 동안은 남아 있어서 사냥꾼, 특히 알에게 매우 위험할 것이다. 그래서 효력이 약화된 독액을, 특히 송충이를 사냥할 때처럼 여러 신경중추에 주입하여 절대적으로 필요한 부동성을 즉시 얻어 내는 것이다. 희생물은 상처가 많음에도 불구하고 단시간 내에 시체가 되지는 않는다. 마취사 곤충들의 놀라운 재주에 또 하나의 놀라움이 덧붙여졌다. 힘을 조절하고 미묘하게 완화시킨 그들의 독이 또 하나의 놀라움인 것이다. 원수를 갚으려는 꿀벌은 자신의 생성물에 독성을 증대시키는데 새끼들의 식량을 혼수상태에 빠뜨리려는 조롱박벌은 그것을 꼭 필요한 정도로만 약화시켰다.

거의 비슷한 예가 하나 더 있다. 실험 대상은 될수록 직시류에서 골랐는데 이들은 몸집이 크고 손상을 입힐 곳의 피부가 얇아서 내가 다루기에 편해서였다. 비단벌레의 갑옷, 굼벵이의 두꺼운 비계, 송충이의 몸 뒤틀기 따위는 침을 마음대로 조정할 수 없어서 실패의 원인이 되었다. 이번에는 녹색의 커다란 중베짱이(Sauterelle verte: _Locusta → Tettigonia viridissima_)⁎ 성충 암컷을 꿀벌의 침에게 맡겼다. 살(침)은 앞다리 선의 중간 지점에 꽂혔다.

결과는 전격적이었다. 베짱이는 2~3초 동안 경련을 일으키며

중베짱이 성충은 8, 9월에 출현하며 애벌레와 함께 풀밭이나 야산의 작은 나무에서 곤충을 잡아먹는다. 전주. 9. IX. '92

허우적거리다 모로 쓰러져서 산란관과 더듬이 말고는 아무것도 움직이지 못한다. 조용히 놔두면 아무것도 안 움직이나 붓으로 쓸어 보면 네 개의 뒷다리를 활발히 움직여서 붙잡는다. 신경 분포 중심에 손상을 입은 앞다리는 영구히 무력해졌다. 사흘 동안 같은 상태가 유지된다. 닷새째, 점진적으로 퍼져 마비에서 아직 남겨진 곳은 좌우로 흔드는 더듬이, 불룩이는 배, 똑바로 세워지는 산란관뿐이다. 엿새째, 베짱이가 갈색을 띠기 시작한다. 끈질긴 생명력 말고는 무사마귀여치의 경우와 같았다. 이 지속 기간을 연장해 보자. 그러면 조롱박벌의 사냥감이 얻어질 것이다.

그러나 앞가슴신경절이 아닌 곳을 찔린 결과도 알아보자. 민충이 암컷 배의 가운데쯤에서 아랫면을 찌르게 했다. 찔린 녀석은 상처도, 병도 걱정하지 않는 눈치였다. 위에 덮어 놓은 유리 뚜껑의 벽을 용감하게 기어오른다. 전처럼 톡톡 뛰어다니기도 한다. 한술 더 떠서 내가 위로하려고 신경 써 준 포도 잎을 갉아먹는다. 몇 시간이 지났어도 흥분이 남았음을 보이는 것은 하나도 없다. 건강이 빨리, 그리고 완전히 회복된 것이다.

두 번째 민충이에게는 배의 양 옆구리와 중간쯤에 세 개의 상처를 입혔다. 첫날은 아무것도 못 느끼는 것처럼 거북하다는 표시의 행동이 없었다. 나는 통증이 심할 것이라 의심치 않지만 극기심을 가진 그 녀석은 자신의 불행을 잘 나타내지 않는다. 이튿날은 다리를 좀 끌고 느리게 걷는다. 다시 이틀 뒤, 눕혀 놓았더니 도로 뒤집지를 못한다. 닷새째는 쓰러졌다. 이번에는 분량이 지나치게 많았다. 단검으로 세 번 찔린 충격은 너무도 컸던 것이다.

연한 귀뚜라미까지, 다른 곤충들도 마찬가지였다. 배에 한 방 맞은 귀뚜라미는 하루 만에 고통의 시련에서 회복되어 상추 잎으로 돌아간다. 하지만 상처가 몇 번 되풀이되면 좀더 빨리 또는 느리게 죽음이 뒤따른다. 내 잔인한 호기심에 희생물로 바쳐진 녀석들 중 꽃무지 굼벵이는 침으로 세 번, 네 번 찔려도 예외적이었다. 갑자기 무기력하게 뻗으며 축 늘어져서 죽었거나 마비되었다고 생각한 순간 생명력 강한 이 녀석들은 다시 살아나 등으로 기어서 부식토 속에 파묻힌다. 그에 대해 정확히 알아낼 수 있는 것이 아무것도 없다. 사실은 그들의 듬성듬성 나 있는 털과 갑옷 같은 비계 덩이가 침에게 울타리와 장벽을 만들어 준 것 같다. 침이 거의 언제나 비스듬히, 또는 별로 깊지 않게 꽂혔다. 관리가 불편한 이 녀석들은 버리고 실험하기 쉬운 메뚜기목 곤충으로 만족하자. 단검이 가슴신경절을 향해서 단지 한 번만 찔러도 녀석들을 죽이고

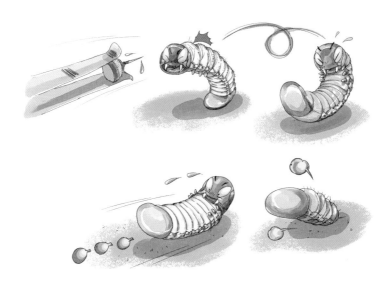

다른 지점을 향해서 찌르면 잠시 거북하게 만드는 것뿐이다. 따라서 독은 분명히 신경중추에 직접 작용함으로써 그 무서운 특성을 드러내는 것이다.

가슴신경절을 찌르면 곧 죽음이 뒤따른다는 말을 일반화시키면 너무 지나친 주장이 될 것 같다. 죽음이 잦기는 해도 결과를 확정할 수 없는 예외적 상황도 무척 많았다. 나는 단검의 방향, 찌르는 깊이, 투여되는 독액의 양 등에 대해 아무것도 조정할 수 없었고 잘린 꿀벌 토막 자체도 내 무능을 보충하기에는 어림도 없었다. 여기서는 사냥벌의 능란한 검술이 아니라 규격이나 측정 없이 되는 대로 찌르는 것뿐이었다. 그래서 가장 심각한 것부터 가장 가벼운 것까지 모든 사고가 다 일어났다. 가장 흥미 있었던 몇몇 사례를 들어 보자.

황라사마귀(*Mantis religiosa*) 성충이 강탈용 다리(앞다리)가 달린 곳 근처의 가슴을 찔렸다. 만일 정가운데가 상처를 입었다면 이미 여러 번 확인한 사실을 충격이나 놀라움 없이 다시 확인하는 정도였을 것이다. 그런데 사납게 무장한 녀석의 작살이 갑자기 마비되었다. 기계장치에서 큰 용수철이 부러져도 이보다 갑자기 멎지는 않을 것이다. 대개 하루나 이틀 만에 강탈용 다리의 무력화가 다른 다리까지 퍼지고 마비된 곤충은 대개 1주일 안에 죽었다. 하지만 이번 침질은 중심에서 벗어나 중앙에서 1mm도 안 되게 오른 다리 쪽으로 단검이 뚫고 들어갔다. 그 다리는 당장 마비되었다. 다른 다리는 마비되지 않아 경계를 게을리 했던 내 손가락이 희생 당했고 그 톱날에 피가 났다. 이튿날은 내게 상처를 입혔던 다리마저 못 움직였으나 마비가 더 멀리 번지지는 않았다. 녀석은 앞가슴을 거만하게 들어 올린 보통 때의 자세로 아주 잘 걸었다. 하지만 강탈용 팔은 공격 준비 자세로 구부려서 가슴에 붙여 두지 못하고 힘없이 늘어져 있었다. 이런 불구자를 12일간 보존했는데 먹이를 잡고 입으로 가져갈 집게를 쓰지 못하게 된 그는 모든 식사를 거부했다. 너무 오랫동안 먹지 않아 결국은 굶어 죽고 말았다.

운동 실조증에 걸린 녀석들도 있다. 내 기록에서 앞가슴의 중앙선 바깥이 찔리고 6개의 다리는 계속 쓸 수 있어도 운동이 조절되지 않아 걷지도, 기지도 못하던 민충이가 기억난다. 이상한 왼손잡이가 전진도 후퇴도, 좌나 우로 향하지도 못하고 머문 것이다.

반신불수가 된 녀석들도 있다. 앞다리 수준의 중심에서 벗어난 곳을 찔린 꽃무지 굼벵이의 왼쪽 반은 부풀고 주름이 잡히며 수축하는데 오른쪽 반은 수축이 안 되고 납작하게 펼쳐졌다. 왼쪽은 오른쪽 균형의 협력을 얻지 못해서 정상적인 고리처럼 몸을 말지 못했다. 고리 둘레의 한쪽은 꽉 죄어졌으나 다른 쪽은 열린 것이다. 다양한 결과 중 이 상태는 집중된 신경기관이 길이로 절반만 중독된 현상을 뚜렷이 설명해 준다.

꿀벌의 배 토막이 일정한 규격 없이 찔러서 얼마나 다양한 결과를 가져왔는지 충분히 알았으니 예를 더 드는 것은 소용없는 짓이다. 문제의 핵심으로 돌아가자. 꿀벌의 독으로 어떤 희생물을 사냥벌이 요구하는 상태처럼 만들 수 있을까? 할 수 있다. 내게는 실험에 의한 증거가 있다. 하지만 이 증거에는 너무도 많은 참을성과 희생이 뒤따르고, 솔직히 말해서 혐오감을 주는 잔인성이 뒤따라서 일단 한 종류에 대해 결과를 얻고 나면 그것으로 충분하다고 생각하게 되었다. 이토록 어려운 상황이고 보니 지나치게 강력한 독으로 한 번만 성공해도 확실한 증거로 채택되었다. 한 번 일어난 일이니 그런 일은 또 가능한 것이다.

민충이 암컷이 앞다리의 아주 조금 앞쪽 중앙을 찔렀다. 몇 초 동안 경련을 일으키며 허우적대다가 옆으로 쓰러져 배를 불룩거리며 더듬이가 흔들리고 다리가 약하게 몇 번 움직였다. 내가 내민 붓에 발목마디로 단단히 달라붙는다. 눕혀 놓았더니 꼼짝 않고 그 자세로 있었다. 마치 홍배조롱박벌이 민충이를 마비시킨 것과 꼭 같은 상태였다. 땅굴에서 꺼내거나 사냥꾼에게서 빼앗은 식량들이 내게 보여 준 것과 미세한 부분까지도 똑같은 모습을 3주 동안 보여 주었다. 긴 더듬이가 흔들리고 큰턱이 방싯거리며 수염과 발목마디가 떨리고 산란관이 급격히 움직였다. 배가 한참씩 불룩해지며 붓으로 건드리면 생명의 불똥이 다시 살아나곤 했다. 넷째 주에는 이 생명의 표시가 점점 약해지다가 사라진다. 하지만 벌레는 여전히 이상 없이 싱싱하게 유지되었다. 한 달이 지나자 마침내 갈색을 띠기 시작했다. 끝장이다. 죽음이 온 것이다.

귀뚜라미에서도 같은 성공을 거두었고 사마귀는 세 번째로 성공했다. 오래 유지되는 싱싱함과 약한 운동으로 확인되는 생명의 징후를 보여 준 세 경우 모두 내 희생물들은 사냥벌의 희생물과 너무도 닮았다. 그래서 조롱박벌과 구멍벌은 내 기술로 만든 희생물을 제 것이 아니라고 하지는 않을 것 같았다. 내 귀뚜라미와 민충이, 그리고 사마귀는 그들의 사냥물처럼 싱싱했고, 그들의 사냥물처럼 새끼들이 완전히 자라는 데 충분하고도 남을 만큼 오래 보존되었다. 그들은 꿀벌의 독이 그렇게 엄청난 강력성 말고는 사냥벌의 독과 다르지 않다고 분명히 단언해 주었다. 관심 있는 사람들에게는 지금도 그렇게 단언하고 있는 것이다. 그 독이 알칼리성인가? 산성인가? 여기서는 쓸데없는 질문이다. 이 독이든, 저 독이든 모두 중독시키고 신경중추에 충격을 주어 마비 상태에 빠뜨린다. 그리고 주입 방식에 따라 죽음이냐, 마비냐를 결정한다. 지금으로서는 모든 문제가 여기에 달려 있다. 극도로 적은 분량에도 아주 무서운 그 독액의 작용에 대해서는 아직 아무도 결정적인 답변을 할 수가 없다. 우리의 무식은 지금 계쟁점에서 중단되었다. 사냥벌이 새끼들의 식량을 보존하는 것은 독의 특성이 아니라 극도의 정확성을 가진 수술 솜씨 덕분이다.

어느 무엇보다도 그럴듯한 마지막 이의(異意), 즉 다윈의 반론이 제기된다. 본능이 화석 상태로는 보존되지 않았다는 것이다. 그런데 선생님, 본능이 화석으로 보존되었더라도 그것이 우리에게 무엇을 알려 주겠습니까? 현재의 본능이 보여 주는 것 이상의 것을 보여 주지는 못할 것입니다. 지질학자는 현재의 세상을 기준으로 하여 옛날 해골들의 정신을 떠올리지 않습니까? 지질학자는 유추하는 것 외의 다른 안내자 없이 이러저러한 도마뱀이 쥐라기 시대에 어떻게 살았었다고 말해 줍니다. 화석에 보존되지 않은 습성도 당당히 신뢰할 만큼 상세히 말해 줄 것입니다. 현재가 그에게 과거를 알려 주니까요. 우리도 지질학자처럼 되어 봅시다.

석탄을 함유한 혈암(頁岩) 속에 황띠대모벌(*Cryptocheilus*)의 선구자가 누워 있다고 가정해 봅시다. 그의 식량은 거미류의 맏형 격이며 보기 흉한 전갈이었습니다. 벌이 어떻게 그 무서운 사냥감을 제어했겠습니까? 유추학은 우리에게 오늘날 독거미를 제물로 삼는 곤충과 같은 방법을 썼다고 말해 줍니다. 벌은 적수의 무장을 해제시키려고 어느 지점에 타격을 가해서 독검을 마비시켰는데 그 지점은 벌레를 해부해 보면 확실히 지정될 수 있을 것입니다. 이 방법이 아니면 공격자가 되레 사냥감의 단도에 맞아 죽어서 먹힐 것입니다. 우리는 여기서 벗어날 수가 없습니다. 전갈을 괴롭혔던 황띠대모벌의 선구자는 자신의 임무를 철저하게 알았거나, 종족이 살아남지 못했거나, 둘 중 하나였을 것입니다. 마치 지금 타란튤라거미를 수술하는 곤충 족속이 독니를 마비시키는 침질 없이는 살아남을 수 없는 것과 같습니다. 석탄기의 전갈을 대담하게 단검으로 찌른 처음의 벌은 완전한 검술을 가지고 있었고 처음 독거미와 단병접전을 벌였던 벌도 자신의 위험한 수술 원리를 실수 없이 잘 알고 있었습니다. 그들 편에서 조금이라도 머뭇거리거나 더듬거렸다면 이미 끝장이 났습니다. 선구자는 자신의 임무를 계속하다가 제자들에게 완성시키라고 남겨 놓지는 않습니다.

하지만 이의가 계속 제기된다. 본능 화석이 중간 과정과 진전 단계를 보여 줄 것이란다. 그리고 아주 부정확한 우발적 시도가 긴 세월의 결과에 따라 완전 숙련 과정으로 차차 넘어가는 단계를 보여 줄 것이며, 그 다양성에 따라 간단한 것에서 복잡한 것으로 거슬러 올라가는 비교의 항목들을 제공해 줄 것이라며 이의를 제기한다. 그런 것은 아무래도 좋습니다. 만일 선생께서 복잡한 것이 단순한 것에 의해 창출되는 다양한 본능을 찾아보고 싶다면 저먼 옛날의 고문서들인 혈암 층과 바위 층을 조사할 필요가 없습니다. 어쩌면 지금 이 시간에도 모든 가능한 모호함 속에서 솟아날지 모르는 한없이 풍부한 명상 거리가 우리에게 주어집니다. 제가 연구를 시작한 지 곧 반세기가 됩니다만 저는 본능이라는 분야에서 하찮은, 정말로 하찮은 한 구석밖에, 그나마도 희미하게밖에 보지 못했습니다. 그런데도 거기서 거둔 수확은 그 다양성으로 저를 짓누릅니다. 저는 아직 아주 똑같은 방식을 가진 두 종의 사냥벌을 보지 못했습니다.[1]

단검으로 한 번만 찌르는 벌도 있고 두 번, 세 번, 열 번쯤 찌르는 벌도 있다. 한 녀석은 여기를, 다른 녀석은 저기를 찌르는데 셋째는 그들을 본받지 않고 또 다른 곳을 찌른다. 어떤 벌은 뇌신경을 손상시켜서 죽이고 다른 벌은 머리는 놔두고 마비만 시킨다. 일시적 마비 상태를 얻으려고 뇌신경절을 우물우물 씹는 녀석이 있는가 하면 뇌를 압착시켜서 얻은 결과가 무엇인지 전혀 모르는 녀석도 있다. 어떤 녀석은 새끼들을 중독시킬 꿀을 사냥물에서 토해 내게 한다. 하지만 대부분은 예방 조치를 취하지 않는다. 독검을 가진 적수를 우선 무장 해제시켜야 하는 녀석들이 있지만 훨씬 많은 벌은 희생물에 의한 피해가 없으니 구태여 목 졸라 죽이는 행위는 필요 없다. 나는 누가 예비 전투에서 수술받을 자의 목

---

1 앞의 두 문단에서는 다윈이 본능 화석은 없다고 했다며 이의를 제기했다. 그런데 이 문단에서는 본능이 진행 중인 화석을 찾아보라고 했다가 지금 자기는 보이지 않는다며 다시 항거한다. 두 내용이 이렇게 이율배반적이라 역자로서는 정확한 의미를 이해하지 못하겠다. 어쩌면 폭넓은 본능 화석을 비교해 보라는 의미였는데 파브르는 눈앞의 현상만 보면서 안 보인다고 우기는 것은 아닌지 모르겠다.

덜미를 잡고 누가 주둥이나 더듬이, 또는 가느다란 꼬리를 잡는지 알고 있다. 또 누가 희생물을 넘어뜨리고, 다시 일으켜서 가슴과 가슴을 맞대고, 정상적인 위치에 수술하고, 또 세로로 가로로 공격하여 필사적으로 오므린 똬리를 배 끝의 쐐기로 풀게 하는지도 알고 있다. 이것이 내가 아는 전부일까? 모든 검법이 다 동원된다. 먹잇감이 밑에서 활발히 움직이는데 한 가닥의 실로 시계추처럼 천장에 매달려 있는 알, 죽은 먹이라서 그날그날의 식량 보급을 필요한 시간에 맞추어 주려고 제일 처음 제공된 식사는 오직 하나뿐인데 그나마도 한입 거리밖에 안 되는 아주 보잘것없는 물체 앞에 맡겨진 알, 독특한 기술로 사냥되어 싱싱함을 보증받은 큰 덩치의 먹잇감 위에서 그것을 먹을 애벌레와 먹히는 사냥물 모두에게 위험이 적은 정확한 지점에 고정된 알, 이런 것 모두에 대해서 또 무슨 할 말이 없겠더냐!

이렇게 많고 다양한 본능의 점진적 변천 과정을 무엇으로 알려 줄 수 있을까? 노래기벌과 배벌의 침질 한 방이, 황띠대모벌의 침질 두 번이나 조롱박벌의 침질 세 번, 또는 나나니의 침질 여러 번이 우리를 한 걸음 진보시켜 줄까? 숫자상의 진행만 보면 그렇다. 1+1=2이고, 2+1=3이다. 숫자는 이렇게 진행한다. 하지만 이것이 정말 우리의 문제일까? 여기에 산수가 왜 끼어든단 말인가? 수로는 풀이되지 않는데 문제를 전체적으로 파악할 자료는 없을까? 먹잇감이 바뀌면 해부학적 구조도 바뀌는데 시술자는 수술받을 벌레를 완전히 알고 수술한다. 공동의 덩어리로 집합된 신경절에는 침을 한 번만 놓고 분리된 신경절에는 각각에다 놓는다. 타란튤라 사냥꾼의 두 번의 침질 중 한 번은 무장을 해제시키고, 또 한 번은 마비시킨다. 다른 것들도 마찬가지다. 즉 본능은 그때마다 신경조직의 비밀에 따라 조절된다. 수술 행위와 피수술자의 해부학적 구조 사이에는 완전한 일치가 존재한다.

배벌의 침질 한 방 역시 나나니의 여러 방 못지않게 놀라운 것이다. 각자의 몫으로 돌아오는 사냥감이 있고 각자는 우리의 지식이 더는 합리적인 것을 찾아내지 못할 방식에 따라 희생시킨다. 우리를 부끄럽게 하는 이 심오한 지식 앞에서 1+1=2는 얼마나 빈곤한 논거이더냐! 또한 단위에 따른 진전에 무슨 중요성이 있는가? 물방울 하나에서 우주가 재발견되고 오직 한 방의 논리적 침질에서 보편적 논리가 터져 나온다.

이 한심한 논거를 다른 면에서 좀더 자세히 따져 보자. 하나는 둘을 이끌고 둘은 셋을 이끌어 간다. 이것은 이의 없이 인정된다. 그래서 어쨌단 말이냐? 배벌을 초보자라고, 즉 기술의 첫 원리를 생각해 낸 자라고 가정하자. 기술을 쓰는 방법의 단순성이 이 가정을 허용한다. 배벌은 이렇게든 저렇게든 우연히 자신의 일을 배우게 된다. 그래서 굼벵이의 가슴에 단지 한 번만 침을 놓아서 마비시키는 방법을 아주 잘 알게 되었다. 어느 날 우연히, 또는 실수로 침을 두 번 놓을 생각을 한다. 굼벵이는 침이 한 방이면 되므로 사냥감이 바뀌지 않는 한 반복 침질은 전혀 가치가 없다. 백정의 칼 밑에 놓인 토막은 무엇이었나? 독거미와 호랑거미는 두 번의 타격을 요구하는 것을 보니 분명 커다란 거미였을 것이다. 처음에는 목구멍 아래를 찌르던 초보자 배벌은 첫 시도에서 우선 적을 무력하게 만들었고 다음에는 더 아래쪽, 거의 가슴 끝으로 내려가서 치명적인 곳을 찌르는 교묘한 재주를 가졌다. 그가 성공했더라도 나의 깊은 불신은 그대로 남는다. 나는 그의 단검이 실수로 잘못 찌르면 자신이 잡혀 먹히는 것을 보았다. 배벌이 불가능에 도전해서 성공했다고 가정해 보자. 그래서 육식성 애벌레의 소화기관이 매번 꽃꿀을 먹고사는 곤충의 기억 속에 흔적을 남겼다면 그 가족의 위장은 다행스런 그 사건의 기억밖에 간직하지 못하는 것으로 나는 알아야 한다. 그리고 이렇게 앎으로서 나는 실패하면 멸망한다는 조건 때문에 매번 그 자신과 후손을 위해 필히 성공해야 하는 두 번 침놓기의 착상을 한참씩 길게 기다려야 할 것이다. 이런 불가능 뭉치를 인정한다는 것은 내가 생각한 모든 능력을 초월하는 것이다. 하나는 둘을 잘 이끈다. 하지만 한 번뿐인 사냥벌의 침질은 결코 두 번의 침질로 이끌지 못한다.

살기 위해서는 각자에게 살게 하는 조건이 필요하다. 이것은 라 팔리스(La Palice)[2]의 유명한 원리에도 어울리는 진리이다. 사냥벌은 자신의 재주로 살아간다. 만일 그가 그 재주를 완전히 갖지 못했다면 종족은 살아남을 수 없다. 지난 세월의 어둠 속에 숨겨진 화석에 보존되지 않은 본능이라는 논거도, 다른 논거처럼 현존하는 사실들의 빛을 견뎌 내지는 못한다. 사실들의 밀어붙임으로 무너진다. 라 팔리스의 진리 앞에서도 사라져 버린다.

2 Jacques de la Palice. 1470 ~1525년. 프랑스의 세 왕을 보필한 육군 장교. Grand maître 작위를 받았으며 사후에 병정들의 노래로 유명함.

17 하늘소

내 젊은 날의 명상록은 콩디야크(*Condillac*)의 유명한 조각상 덕분에 얼마간 좋은 시절을 보낼 수 있었다. 그 조각상은 후각을 받았기에 장미꽃 향기를 맡을 수 있었고 그 냄새만으로도 정신적으로 풍부해져 많은 사상을 만들어 낸다. 내 나이 스무 살, 삼단논법에 대한 믿음으로 가득 찼던 그 시대에 나는 이 철학자 콩디야크 신부의 연역적 요술을 즐겨 따라다녔다. 콧구멍의 활약으로 조각상이 생명을 가지게 되어 마치 고여 있는 물이 한 알의 모래로 인해 움직이며 물결이 일듯이 주의력과 기억력과 판단력과 정신에 관계되는 모든 지식을 얻는 것을 보았다. 아니 본다고 생각했었다. 하지만 나는 가장 훌륭한 선생인 곤충에게 배웠고 그래서 그동안의 내 환상을 완전히 버렸다. 문제는 철학자가 내게 말했던 것보다 이해하기 어려운 점에 있었다. 그것을 하늘소(Capricornes: *Cerambyx*)가 알려 줄 것이다.

초겨울의 회색 빛 하늘 밑에서 쐐기와 방망이로 땔나무를 준비할 무렵 적절한 위안이 날마다 내 서정적 기분을 전환시켜 준다. 나무꾼이 나무를 벨 때 내가 일부러 부탁해서 가장 낡고 벌레가 제일 많이 먹은 줄기들을 골라 오게 했다. 그 사람은 내 취미가 재미있어서 빙긋이 웃는다. 정신적으로 무슨 괴벽이 있기에 훨씬 좋은 땔감인 성한 나무보다 벌레 먹은 나무를 더 좋아하는지 의아하게 생각한 것이다. 내게는 나름대로의 생각이 있었고 순박한 그 사람은 내 생각에 따를 뿐이다.

자, 상처 자국이 있고 그 상처의 구멍에서는 가죽 공장 냄새의 갈색 수액이 스며 나오는 어여쁜 내 참나무 줄기야, 이제는 너와 나 둘만의 문제이다. 방망이가 내려치고 쐐기가 물어뜯으니 나무는 우지끈 소리를 낸다. 네 허리 안에 무엇이 들어 있느냐? 내 연구를 위한 진짜 보물이 들어 있구나. 빈 구멍이 마른 곳에는 겨울나기에 적당한 여러 곤충 무리가 겨울 숙영지를 구축했고 어느 비단벌레(Buprestidae)의 작품인 납작한 굴에는 나뭇잎을 씹어서 반죽한 뒤 가공하는 뿔가위벌(Osmia)이 독방을 쌓아 놓았고 버려진 방과 현관에는 가위벌(Megachile)이 잎으로 만든 자루를 정돈해 놓았다. 또한 살아 있어서 수액이 많았을 때의 나무 속에는 참나무의 주요 해충인 유럽대장하늘소(C. miles) 애벌레들이 자리 잡고 있었다.

하늘소는 체질이 고급인 곤충인데 애벌레는 참으로 이상한 벌레였다. 창자 토막이 기어 다니는 것 같지 않더냐! 연중 이때쯤인 가을에는 두 해에 걸친 애벌레를 만나게 된다. 제일 늙은 것은 거의 손가락 굵기지만 다른 것은 연필 굵기밖에 안 된다. 농도가 다

양한 색깔의 번데기와 배가 빵빵
한 성충도 발견되는데 성충은 기
온이 따뜻한 계절이 돌아 와야
줄기 밖으로 나올 것이다. 결국
나무 속 생활은 3년이다. 고독
과 감금의 이 긴 기간을 무엇으
로 보낼까? 깊숙한 참나무 속을
천천히 누비며 식량 노릇을 했던

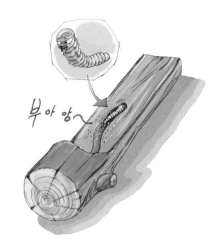

부아앙~

톱밥으로 길을 내며 보낸다. 욥(Job, 고지식한 사람)의 말(馬)은 표
현법의 그림으로 공간을 잡아먹지만 하늘소 애벌레는 문자 그대
로 자신의 길을 먹는다. 원통 모양 끝에 해당하는 큰턱은 짧고 단
단하며 새까만데 톱니는 없고 날카로운 가장자리가 숟가락처럼
파여 공격로의 앞쪽을 파낸다. 한입의 덩어리가 위장을 통과하면
서 변변찮은 수액을 넘겨주고 일꾼 뒤에는 가루 톱밥의 형태로 쌓
인다. 일꾼의 굴착 결과는 자유로운 공간을 남겨 준다. 영양 섭취
와 동시에 도로 공사가 된 이 통로는 뚫림과 동시에 먹힌다. 길이
앞으로 나아감에 따라 뒤쪽은 가루로 막힌다. 이렇듯 나무에 구멍
을 뚫어 식량과 집을 구하는 벌레들은 모두 작업 방식이 같다.

힘든 작업을 두 개의 끌로 해내는 하늘소 애벌레는 근육의 힘을
몸의 앞쪽에 집중시켰다. 그래서 앞부분이 절굿공이처럼 부풀었
다. 또 다른 부지런한 목수 비단벌레 애벌레도 같은 형태인데 녀
석들의 머리는 더 심하게 부풀기도 한다. 단단한 나무를 힘들게
깎아야 하는 부분은 튼튼한 구조가 필요하지만 몸의 나머지 부분

하늘소의 우화 시흥, 28. VII. '92

1. 애벌레는 살아 있는 참나무나 밤나무의 심층부를 갉아먹어 터널을 뚫어 놓는다.

2. 다 자란 애벌레는 나무껍질 근처로 뚫고 나와 번데기 방을 만들고 번데기가 되었다가 허물을 벗었다.

3. 7, 8월에 밖으로 나온 성충은 각종 참나무의 진에 모여 수액을 마시며 짝도 만난다.

은 그저 따라가기만 하면 되므로 가늘게 남아 있다. 중요한 것은 큰턱 연장이 든든한 받침과 강력한 원동력을 가지는 일이다. 애벌레는 입을 둘러싼 새까만 각질의 단단한 갑판으로 끝을 튼튼하게 했다. 하지만 두 개의 연장 말고는 비단처럼 곱고 상아처럼 흰색의 피부뿐이다. 광택 없는 하얀 빛깔은 다량의 지방층에서 오는 것인데 벌레가 먹은 그 보잘것없는 것에서 이런 게 만들어진다는 것은 짐작하기도 힘든 일이다. 사실상 녀석이 하는 일이란 그저 밤낮, 언제든 갉아먹는 것뿐이다. 애벌레의 위장을 거쳐 가는 영양소가 별로 없는 식품, 즉 나무의 양으로 보충하는 것이다.

다리는 세 마디로 구성되

었는데 첫째 마디는 공 모양이며 마지막 마디는 바늘 모양으로 그저 시늉만 낸 흔적기관에 지나지 않는다. 길이도 겨우 1mm밖에 안 되어 앞으로 전진하는 데는 쓸 수가 없다. 가슴이 지나치게 뚱뚱해서 서로 멀리 떨어진 이 다리는 바닥에 닿지도 않는다. 이동기관은 다른 종류이다. 꽃무지 애벌레는 등마루의 강모(剛毛)와 육관(肉冠)을 이용하여 보편적으로 수용되는 관습을 뒤집고 등으로 전진하는 방법을 보여 주었다. 하늘소 애벌레는 그보다 더 훌륭한 재주를 지녀 등과 배로 동시에 전진한다. 거의 다리에 해당하는 등 쪽 면의 보행 기구가 모든 규칙의 쓰임을 무시한 가슴다리를 대신한다.

앞쪽 일곱 마디의 배에는 아래와 윗면에 거친 유두돌기가 곤두서 있는데 벌레의 뜻에 따라 부풀기도, 꺼져서 납작해지기도 한다. 윗면에서는 등혈관으로 갈라져 두 개의 육관으로 나뉘었으나 아랫면에서는 나뉜 모양이 보이지 않는다. 이것이 이동 기관인 보대(步帶)이다. 전진할 때는 애벌레가 뒤쪽의 육관과 보대를 부풀리고 앞쪽 보대는 꺼트린다. 좁은 통로의 벽에 오톨도톨한 것으로 달라붙은 뒤쪽 보대가 벌레에게 받침대가 되어 주고 앞쪽 보대는 꺼져서 몸통 지름이 작아지며 벌레가 앞으로 반걸음 미끄러져 나간다. 완전한 한 걸음이 되려면 몸길이만큼 떨어진 하반신을 앞쪽으로 끌어 와야 한다. 이때는 앞쪽 육관이 부풀어 받침점을 만들고 뒤쪽 육관은 꺼지며 뒷마디들을 수축시킨다.

애벌레는 등과 배의 양면에 의지하기와 교대로 부풀기로 톱밥이 빽빽이 들어찬 거푸집 모양의 제 굴속을 자유로이 드나든다.

하지만 보행용 육관을 한쪽 면만 사용하면 진행이 불가능해진다. 애벌레를 빤빤한 나무 탁자 위에 올려놓았더니 느리게 구부리며 허우적거린다. 몸을 늘였다 줄였다 해보지만 눈금 하나도 못 나간다. 쐐기에 쪼개진 참나무 조각 그대로의 거칠고 울퉁불퉁한 표면에 올려놓았더니 몸을 뒤튼다. 몸의 앞부분을 아주 천천히 좌우로, 그리고 조금씩 쳐들었다 내리기를 반복한다. 그것이 녀석의 가장 광범한 운동이다. 그러면 왜 다리가 존재할까? 만일 참나무 속에서만 기어야 해서 처음에는 훌륭했던 다리를 잃게 된 게 사실이라면 차라리 완전히 잃는 게 더 나았을 것이다. 대단히 훌륭하게 착상한, 즉 애벌레에게 보행용 육관을 마련해 준 환경 영향이 퇴화된 다리를 그대로 남겨 둔 것은 참으로 가소로운 일이다. 혹시 기관이 환경의 규칙이 아니라 다른 규칙을 따랐을까?

무용지물인 다리는 미래(성충)의 다리 싹으로 남아 있다. 하지만 다른 기관도 성충 때는 훌륭한 기능을 지녔는데 애벌레 때는 흔적조차 없다. 시각기관은 아주 작은 표시마저 없다. 암흑의 두꺼운 줄기 속에서 이 애벌레가 시각으로 무엇을 하겠나? 그런데 청각기관도 없다. 깊은 참나무 속에서는 고요가 깨지는 일이 없을 테니 청각도 난센스일 것이다. 소리가 없는 곳에서 청각기관으로 무엇을 하겠나? 만일 의심된다면 이런 실험으로 의문에 대응해 보겠다. 길이 방향으로 쪼개진 애벌레 집에 반쪽짜리 통로가 남아 있어서 그 안의 녀석의 행동을 지켜볼 수 있었다. 가만히 놔두니 통로 앞쪽을 갉아먹기도, 보대로 고랑 양옆에 붙어서 쉬기도 한다. 이때의 고요한 시간을 이용해서 청각 기능을 알아보자. 단단한 물체끼리 부딪치거나, 금속성 물체를 울리거나, 톱을 줄로 갈 때의 찢어지는 소리를 내보았으나 소용이 없었다. 벌레는 태연했다. 피부를 쭈그리거나 주의가 끌린다는 표시가 없다. 꼬챙이로 바로 옆의 나무를 긁어서 이웃 애벌레가 중간의 나무 벽을 갉아먹는 흉내를 내도 마찬가지였다. 소리를 내는 내 기교에 관심 없는 건 무생물이라도 그보다 무심하지는 않을 것 같다. 녀석은 귀머거리였다.

냄새는 맡을까? 여러 모로 보아 그렇지 않다. 후각은 먹이를 찾는 데 보조 기능을 한다. 하지만 하늘소 애벌레는 식량을 찾아 나설 필요가 없다. 제집을, 즉 제게 집을 제공하는 나무를 먹고산다. 다른 것으로 몇 가지 실험을 해보자. 싱싱한 실편백 가지에다 원래의 굴과 같은 지름의 굴을 파고 애벌레를 옮긴다. 실편백은 나무 냄새가 대단히 강하다. 침엽수 대부분의 특징인 송진 냄새를 강하게 풍기는 나무이다. 그런데 옮겨진 애벌레가 막다른 골목으로 들어가더니 더는 움직이지 않는다. 이렇게 평온한 부동자세는 후각이 없음을 입증하는 것이 아닐까? 항상 참나무 속에서만 살아온 그에게는 아주 생소한 송진 냄새가 기분을 상하게 하여 불안하고 불쾌한 지각에 대한 얼마간의 동요나 거기를 떠나려는 몇 번의 시도가 있었어야 할 것이다. 그런데 비슷한 행동조차 없다. 고랑에서 좋은 자리가 발견되자 움직이지 않았다. 한술 더 떠서 굴의 바로 앞에다 장뇌를 조금 놓아 보았다. 반응이 없다. 다음에는 나프탈렌을 놓았다. 여전히 아무 반응도 없다. 이렇게 성과 없는 시도를 계속하고 나서 애벌레에게 후각이 없다고 말해도 내 평판이 너무 위태로워진다고 생각지는 않는다.

미각은 이론의 여지가 없다. 하지만 어떤 미각이더냐! 식량은 3년 동안 변함없이 참나무일 뿐 다른 것은 없다. 먹는 것이 이렇게 단조로운데 애벌레의 입천장[1]이 무엇을 평가할 수 있겠나? 수액이 스며 나오는 싱싱한 조각의 타닌 맛, 그리고 너무 메마른 조각의 양념 없는 무맛, 아마도 이것이 맛의 다양성의 전부일 것이다.

찌르면 아파서 깜짝 놀라는 피부, 피동적이며 널리 퍼진 촉각(觸覺)이 아직 남았다. 결국 하늘소 애벌레의 감각에 대한 종합 평가는 미각과 촉각으로 요약되는데 두 가지 모두 매우 빈약하다. 우리는 거의 콩디야크의 조각상을 대하는 셈이다. 철학자의 공상이 만들어 낸 존재는 다만 한 가지 감각, 우리의 후각과 맞먹는 예민한 후각을 가졌는데 참나무에 피해를 주는 실재적 존재는 두 감각을 가졌으나 전체적으로 보면 조각상만도 못하다. 조각상은 장미꽃 냄새를 아주 잘 맡고 다른 냄새와도 잘 구별했다. 허구가 실재와 평행임을 용납한 것이다.

그렇게 강력한 소화기관을 가졌으면서도 감각기관은 이토록 빈약한 이 창조물의 정신은 과연 어떻게 구성되었을까? 헛된 공상의 바람이 여러 번 스쳐갔다. 우리 개(蛙)의 둔탁한 머리로 몇 분 동안 생각해 보았으면 하는 것과 작은 날파리의 겹눈으로 세상을 보았다면 하는 공상이었다. 그러면 사물의 모습이 달라져 보였겠지! 벌레의 지능으로 사물을 해석하면 훨씬 많이 달라질 것이다. 발달하지 못한 그 인상의 그릇에 촉각과 미각의 교훈은 무엇을 가져다 주었을까? 준 것이 별로 없다. 거의 아무것도 주지 않았다. 이 애벌레는 가장 맛있는

---

1 곤충은 여기에 감각기관이 있다.

입자가 수렴제의 맛이라는 것과 공들여 대패질하지 않은 벽은 피부를 아프게 한다는 것을 알 뿐이다. 그에게는 이것이 후천적 지혜의 최종 한계이다. 이와 비교할 때 민감한 코를 가진 조각상은 그야말로 경탄할 만한 지식을 갖추었고 발명자로부터 아주 후한 혜택을 받은 모델이었다. 그 조각은 기억하고, 비교하고, 판단하고, 추리했는데 소화와 졸음 뿐인 뚱보 애벌레는 기억을 해낼 수 있을까? 둘을 비교하려는가? 추리해 보려는가? 나는 하늘소 애벌레를 걸어 다니는 창자 토막이라고 정의했었다. 참으로 진실한 이 정의가 애벌레는 창자의 한 토막이 가질 수 있는 감각의 기초 지식 모두를 가졌다고 답변해 온다.

이렇게 공허한 것이 신기한 예측 능력을 가졌다. 현재에 대해 거의 아는 것이 없는 그 창자 토막이 미래를 아주 분명하게 내다본다. 이 이상한 문제를 설명해 보자. 애벌레는 굵은 줄기 속에서 3년 동안 헤맸다. 오르내리고 이리저리 기웃거리며 먹던 노다지를 떠나 좀더 맛있는 광맥을 찾아간다. 하지만 안전도가 더 높고 따뜻한 심층에서 너무 멀리 가지는 않는다. 갇혀 있던 이 녀석에게 훌륭한 은신처를 떠나 바깥세상의 위험을 무릅쓸 수밖에 없는 어느 중대한 날이 온다. 먹는 게 전부가 아니다. 여기서 나가야 한다. 훌륭한 연장과 근육의 힘을 타고난 그로서는 나무를 뚫고 희망의 나라로 나가는 것이 별로 어렵지 않다. 그런데 짧은 시절일망정 공중에서 보내야 하는 미래의 하늘소도 같은 특전을 가졌을까? 줄기 속에서 긴 뿔(더듬이)을 달고 태어난 녀석이 해방의 길을 스스로 헤쳐 나갈 수 있을까?

이 난관이 애벌레의 기발한 착상으로 해결된다. 해맑은 나의 이성으로도 미래의 사정에 대해서는 그보다 덜 능통하다. 그래서 이 문제를 조사하려고 실험의 힘을 빌리기로 했다. 우선 하늘소가 줄기 속을 떠날 때 애벌레가 만들었던 통로를 이용하는 것은 절대로 불가능함을 확인했다. 그 통로는 아주 깊고 매우 불규칙하며 단단하게 다져진 나무 가루로 가득 메워진 미로였다. 지름은 막다른 골목에서부터 점점 줄어들었다. 애벌레가 줄기 속으로 들어갈 때는 가는 지푸라기만큼 가늘었는데 지금은 손가락 정도의 굵기이다. 3년 동안의 긴 여행 중 녀석은 제 몸 굵기에 맞춰 굴을 팠다. 아주 분명한 것은 애벌레가 돌아다닌 길은 성충 하늘소가 나오는 길일 수가 없다는 점이다. 좁고 구불구불한 통로는 성충의 지나치게 긴 더듬이, 긴 다리, 구부릴 수 없는 갑옷이 극복할 수 없는 장애물이 된다. 거기서는 톱밥을 치워야 하고, 또 통로를 넓혀야 한다. 새 나무를 공격해서 곧바로 파는 것이 되레 더 편할 것이다. 녀석에게 그럴 능력이 있을까? 어디 알아보자.

참나무 가지를 둘로 쪼갠 토막 안에 적당한 넓이의 독방을 만들었다. 최근에 탈바꿈한 번데기를 이 인공 방안에 하나씩 넣는다. 번데기는 지난 10월 쐐기로 빠개진 장작에서 나온 것이다. 다음, 두 토막을 다시 맞추어서 철사로 몇 군데를 묶어 고정시켰다. 6월이 되었다. 통나무 속에서 긁어 대는 소리가 들린다. 하늘소들이 나올까? 못 나올까? 내 생각에는 나무를 겨우 2cm만 뚫으면 되니 해방이 그리 힘들 것 같지는 않다. 그런데 나오는 녀석이 없다. 조용해지자 열어 보았다. 포로들은 첫째부터 마지막까지 모두 죽어 있었다. 그들이 긁어낸 것은 전부 해야 한 모금의 담배 가루만큼도 못되었다.

성충의 단단한 연장인 큰턱에서 아주 큰 것을 기대했으나 그 연장이 일꾼 몫을 하지 못했다. 뚫을 수 있는 도구였음에도 불구하고 갇혔던 녀석들은 기술이 없어서 내가 만든 방안에서 죽었다. 이번에는 녀석들이 태어난 독방과 지름이 거의 비슷한 갈대 토막 안에 번데기를 넣었다. 뚫어야 할 장애물은 별로 단단하지 않은 자연 상태의 격막으로 두께는 3~4mm였다. 어떤 녀석은 해방되고 어떤 녀석은 못했다. 가벼운 장벽에도 억세지 못한 녀석들은 막혀서 쓰러졌다. 하물며 두꺼운 참나무를 뚫어야 했다면 어떠했겠더냐!

이제는 확신을 갖게 되었다. 하늘소는 겉모습이 튼튼해 보였어도 나무줄기에서 스스로 빠져나올 능력은 없다. 그래서 애벌레가 그 창자 토막의 지혜로 탈출로 마련의 소임을 맡게 되었다. 연약한 파리를 위해 착암기를 가진 번데기가 응회암을 뚫는 우단재니등에(*Anthrax*)의 장엄한 행사가 여기서 다른 모습으로 반복된 것이다. 따라서 우리로서는 헤아릴 수 없는 수수께끼 같은 어떤 예감에 자극 받아 평온한 은신처이며 공략할 수 없는 성채인 참나무 속을 떠나게 해준다. 생명의 위험을 무릅쓰고 나무껍질까지 파내서 두께가 없는 정도의 얇은 껍질만 남겨진 연약한 장막을 만들어 준다.

때로는 무모하게 창문을 열어 놓기도 한다. 순대가 맛있다고 잡아 먹을 외적, 즉 딱따구리가 사는 밖을 향해 나가기 위함이었다.

이것이 성충 하늘소가 나오는 구멍이다. 장막을 떨어내려면 큰 턱으로 조금 줄질을 하고 이마로 받으면 된다. 창이 열렸을 때는 이런 조치도 필요 없는데, 열린 경우도 많았다. 기상천외한 깃털 장식[2]으로 거추장스러운 이 서툰 목수가 더운 계절이 오면 어둠 속에서 이 구멍을 통해 밖으로 나올 것이다.

미래에 대한 걱정 다음에는 현재에 대한 걱정이다. 방금 해방용 창을 뚫어 놓은 애벌레는 별로 깊지 않은 굴속으로 물러나 이번에는 출구 옆에다 번데기가 머물 방을 판다. 나는 아직까지 벽이 그토록 호화롭게 장식된 방을 보지 못했다. 납작한 타원형인데 길이는 80~100mm에 달한다. 양 단면의 축은 서로 달라 수평축은 25~30mm, 수직축은 훨씬 작은 15mm였다. 이렇게 가로축 방향으로 넓어져서 울타리를 뚫을 순간에 다다른 성충이 다리를 어느 정도 자유롭게 움직일 것이다. 미라 상자 안처럼 불편하면 그렇게 할 수가 없을 것이다.

문제의 울타리는 외부의 위험을 막고자 애벌레가 만들어 놓는 문인데 이중으로 되어 있으나 삼중일 때도 있다. 바깥은 파낸 나무 부스러기의 무더기인데 안은 한 조각의 하얀 백악질로 오목렌즈 같은 광물성 뚜껑이다. 항상 그런 것은 아니지만 이 두 바탕의 안쪽에는 대팻밥 같은 것이 한 겹 깔려 있다. 애벌레가 번데기를 위해서 여러 겹의 울타리 뒤에 조치를 취해 놓은 것이다. 헐어 빠진 벽은 그것이 작은

2 더듬이를 말하는 것이나 매우 길 뿐 깃털 모양은 아니다.

조각으로 잘려서 일종의 올이 풀린 목질섬유의 솜털을 만들어 준다. 부드러운 솜털이 생기는 대로 실내의 둘레에 붙여져서 적어도 1mm 두께의 펠트가 된다. 사방의 벽에 이렇게 곱고 부드러운 플란넬이 붙여지는데 순박한 애벌레가 연약한 번데기를 위한 섬세한 마음의 씀씀이다.

실내장식 중 가장 이상한 물건인 광물성 뚜껑을 다시 살펴보자. 타원형의 하얀 백악질 빵모자 같은데 석회암처럼 단단하다. 안쪽은 매끈하나 바깥쪽은 오톨도톨해서 도토리 깍정이 같은 모습이다. 벌레가 걸쭉한 것을 조금씩 토해 낸 것인데 바깥쪽은 손질할 수가 없어서 여러 돌기 모양으로 굳은 것이며 매끈한 안쪽은 손질이 가능해서 다듬어졌다는 표시이다. 내게 처음 보여 준 하늘소의 그 이상한 뚜껑은 어떤 성질일까? 얇은 석회암 조각처럼 단단하나 잘 부서지기도 한다. 냉질산에는 가스성의 작은 거품을 일으키며 녹는데 용해 속도가 느려서 작은 조각이라도 여러 시간 걸린다. 모두 용해되지만 노란 솜털 같은 침전물 몇 개는 남는데 아마도 이것은 유기적 성질인 것 같다. 광물성 뚜껑이 열에는 검게 되는데 이는 유기적 시멘트처럼 굳었다는 증거이다. 용액은 암모니아 수산염에 혼탁해지며 흰 침전물을 남긴다. 이것으로 석회 탄산염임을 알 수 있다. 번데기가 되면 매우 자주 나타나는 생성물, 즉 암모니아 요산염을 찾아보았으나 없었다. 무렉시드(Murexide) 반응(요산의 존재를 증명하는 반응)이 전혀 없었던 것이다. 결국 뚜껑은 석회 탄산염과 유기적 시멘트로 이루어졌는데 시멘트는 아마도 석회질 반죽을 굳혀 주는 단백질성 물질일 것이다.

만일 사정이 허락했다면 돌 성질의 침전물이 애벌레의 어느 기관에 들어 있는지 연구했을 것이다. 하지만 이미 확신이 서 있었다. 그것은 위장이다. 유미(乳糜)화 작업으로 고생하던 위였다. 위장은 돌 성질의 물질 식품에서 분리했는데 그대로 또는 수산염의 유도체로 분리한다. 애벌레 상태가 끝날 때 위 속의 다른 물질은 완전히 없앴지만 돌 성질의 물질은 토해 낼 때까지 간직했다. 나는 이 석재 공장을 이상하게 생각하지 않는다. 기술자가 바뀌면 그 공장에서 다양한 화학작용을 일으켜 준다. 탈바꿈한 남가뢰(Meloe)나 돌담가뢰(Sitaris)는 거기에 요산염만 남기고 조롱박벌(Sphex), 청보석나나니(Sceliphron), 배벌(Scolia) 따위는 거기서 고치의 호박단에 광을 내는 래커를 만든다. 이 다음의 연구에서는 틀림없이 이 친절한 기관의 생성물들을 풍부하게 수집할 것이다.

탈출 통로를 마련하고 방안에 우단을 입히고, 3중 방책을 치고 나면 재주꾼의 임무가 모두 끝난다. 녀석은 연장을 버리고 허물을 벗어 번데기가 된다. 배내옷을 입고 부드러운 잠자리에 누운 아주 연약한 벌레가 되는 것이다. 머리는 언제나 문 쪽을 향했는데 이것은 아주 사소한 문제 같아도 실제로는 대단히 중요한 일이다. 애벌레는 긴 방안에서 이리저리 몸을 돌려 눕는 것에 문제가 없다. 몸이 아주 유연해서 좁은 구석에서라도 자유자재로 돌거나 위치를 잡을 수 있다. 하지만 미래의 하늘소에게는 이런 특전이 없다. 각질 갑옷을 입어서 뻣뻣해진 몸을 앞뒤로 돌리지 못한다. 어딘가 갑자기 구부러져서 지나가기가 곤란해도 몸을 구부릴 수가 없다. 녀석에게는 정면에 문이 있어야 한다. 그렇지 않으면 방안에서 죽을 수밖에 없다. 만일 애벌레가 이 사소한 격식을 잊어버려서 안쪽으로 머리를 두고 누웠다가 번데기로 잠드는 날이면 끝장이다. 그의 요람은 영원히 벗어날 수 없는 감방이 되는 것이다.

하지만 이런 위험을 걱정할 필요는 없다. 창자 토막의 지식이 미래의 상황에 너무도 정통해서 머리를 문 쪽으로 두는 격식을 잊는 법이 없다. 봄이 끝날 무렵이면 모든 활기가 되살아난 성충이 태양의 기쁨과 광명의 향연을 꿈꾼다. 그리고 나오려 한다. 녀석의 앞에 무엇이 있을까? 대팻밥 뭉치가 있는데 갈퀴 발톱으로 휘저으면 쓸려 나간다. 다음에는 돌 뚜껑이 있는데 그것을 깨뜨릴 필요도 없다. 이마로 몇 번 받으면 테두리가 통째로 떨어져 버린다. 실제로 방문 근처에서 말짱한 뚜껑이 발견된다. 끝으로 두 번째 대팻밥 뭉치가 나타나는데 역시 첫번처럼 쉽게 제거된다. 이제는 길이 훤히 열렸다. 하늘소는 넓은 현관만 따라가면 틀림없이 출구로 가게 된다. 만일 문이 열려 있지 않으면 얇은 막을 쏠아 내면 되는데 그 역시 쉬운 일이다. 그렇게 밖으로 나온 녀석은 감격에 겨워 긴 더듬이를 흔들어 댄다.

그 녀석들은 우리에게 무엇을 알려 주었나? 성충 하늘소는 아무것도 알려 준 게 없는

붉은산꽃하늘소 주로 야산에서 5월부터 9월 사이에 각종 야생화에 모여든다.
시흥, 20. VII. '92

데 애벌레는 많은 것을 알려 주었다. 감각 소질 면에서는 그토록 하찮은 애벌레가 예감 면에서는 우리를 곰곰이 생각해 보게 한다. 미래의 성충이 참나무를 뚫고 스스로 길을 낼 능력이 없음을 미리 알고 자신이 위험을 무릅쓰며 길을 마련해 줄 생각을 한다. 성충은 뻣뻣한 갑옷 덕분에 몸을 돌려 출구로 갈 능력이 없음도 예감하고 머리를 문 쪽으로 향한 다음 번데기 상태의 잠에 들어가도록 마음 쓴다. 번데기의 피부가 연하다는 것도 알고 방안에다 부드러운 플란넬을 입힌다. 탈바꿈이 느리게 진행되는 동안 악당이 침입할지도 모른다는 것을 알고 있어서 그들의 계획을 저지할 성벽을 쌓고자 위장 속에 석회암 죽을 저장한다. 미래에는 분명한 시각(視覺)이 있다는 것도 안다. 아니, 분명하게 표현하자면 미래를 아는 것처럼 행동한다. 도대체 어디서 그런 행동의 동기를 얻었을까? 분명히 감각기능의 체험으로 얻지는 못했다. 바깥 사정에 관해서 무엇을 알고 있을까? 반복해 보자. 거기에 대해서 창자 토막이 아는 것만큼 안다. 그 빈약한 감각기능이 우리를 감탄시키지 않았더냐! 나는 재치 있는 논리학자가 어떤 조각상이 장미꽃 향기를 맡는다고 상상하는 대신 약간의 본능을 가지고 태어났으나 상상하지 못하는 것을 애석하게 생각한다. 하늘소는 사람을 포함한 동물이 감각에 의한 개념 외에 어떤 정신적 능력, 즉 선천적도 후천적도 아닌 어떤 영감을 가졌다는 것을 얼마나 일찍 알았더냐!

18 송곳벌에서의 문제

서양벚나무는 유럽병장하늘소(Petit Capricorne : *Cerambyx cerdo*)를 먹여 살린다. 이 하늘소는 검정색의 소형 종이나 형태와 기관은 유럽대장하늘소(*C. miles*)와 똑같아서 본능의 다양성을 알아보려는 습성의 연구 재료로 적합하다. 이 그룹(*Cerambyx*)에서는 난쟁이인 유럽병장하늘소들도 참나무 해충인 거인의 재주를 가졌을까? 만일 본능이 육신의 필연적 결과라면 두 곤충에서 똑같은 습성이 발견될 것이다. 반대로 본능이 기관의 도움을 받는 특수 적성이라면 그들 간의 업무에서 다양성이 나타날 것이다.[1] 후자인 경우는 다시 한 번 우리의 주의를 끌어낼 필요가 있다. 한 벌의 연장이 직업을 결정할까, 아니면 직업이 연장을 조절할까? 본능이 기관에서 파생되었을까? 기관은 본능의 봉사자일까? 벚나무 고사목이 답변해 줄 것이다.

큰 조각으로 들춰낸 너덜너덜한 벚나무 껍질 밑에는 한 무리의 유럽병장하늘소 애

---

[1] 역자가 볼 때는 석연치 못한 문장이다. 이 말대로라면 기관의 구조에 따라 다른 기능을 발휘해야 할 텐데 파브르의 생각은 이와 정반대가 아니던가?

유럽병장하늘소
실물의 1.25배

벌레가 우글거린다. 큰 것, 작은 것, 번데기도 함께 있다. 이런 크기는 애벌레의 생활이 3년간임을 입증해 주는데 이는 하늘소 무리에서 흔히 볼 수 있는 생육 기간이다. 줄기 속을 깊이 탐색하고 쪼개고 더 잘게 쪼개 보아도 안에는 벌레 한 마리 없다. 모두가 목질부와 껍질 사이에 들어 있는 것이다. 나무 가루가 꽉 차 있는 그곳은 엇갈리고 다시 엇갈려서 골목길처럼 좁아지기도, 광장으로 열리기도 하며 한편에는 하얀 목질부의 표면층을 건드렸고 다른 편은 속껍질 면을 건드려 구불구불한 굴 모양의 미로들이 있다. 이런 장소만으로도 분명해지는 것은 난쟁이와 거물 하늘소 애벌레 사이에 다른 취미가 있다는 점이다. 난쟁이 애벌레는 얇은 껍질 밑에서 3년 동안 줄기의 바깥쪽을 갉아먹는데 거물 애벌레는 깊은 은신처를 찾아 안쪽을 갉아먹었다.

번데기의 준비 과정은 훨씬 두드러진 차이를 보인다. 이때는 애벌레가 껍질을 떠나 나무 속으로 2인치 정도 깊이 뚫고 들어가며 뒤에는 넓은 통로를 남긴다. 건드리지 않은 뒤쪽 껍질은 통로의 바깥쪽을 가려 주게 된다. 넓은 현관은 미래의 성충이 해방되는 길이며 찢기 쉬운 껍질막은 출구를 가려 주는 베일이 된다. 드디어 나무 속에 번데기 방을 판다. 길이는 3~4cm, 너비는 1cm가량인 타원형 고콜[2]이다.

2 두메산골에서 밤에 관솔불을 켜 놓으려고 벽에 뚫어 놓은 구멍

벽에는 아무것도 입히지 않았다. 말하자면 참나무의 유럽대장하늘소처럼 올이 풀린 부드러운 섬유의 플란넬을 입히지 않았다. 입구는 먼저 가는 실 같은 톱밥 마개로 막고 다음은 우리가 이미 알았던 백악질 마개로 최소한 넉넉하게 막는다. 오목한 석회질 뚜껑에 나무 가루를 두껍게 한 겹 다져 넣어 장벽을 보충했다. 번데기가 되려는 애벌레가 머리를 문 쪽으로 향하고 누

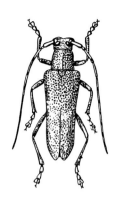

곰보긴하늘소
실물의 1.5배

워서 잠든다는 말을 또 할 필요가 있을까? 어느 누구도 이런 조심은 잊지 않는다.

결국 울타리의 격식은 두 종이 모두 같았다. 특히 돌 성질을 가진 오목한 마개를 눈여겨보자. 양쪽 모두 같은 화학적 구성이고 같은 도토리 깍정이 모양이다. 크기 말고는 두 작품이 같다. 하지만 내가 알기에는 다른 어떤 종류의 하늘소도 이런 솜씨를 발휘하지 않는다. 그래서 이들의 전형적인 특징으로 하나의 진단 형질[3]을 추가하고 싶다. 또 이들은 자신의 번데기 방을 석회암 판자로 막는다는 말도 덧붙여야겠다.

같은 구조임에도 불구하고 더는 닮은 습성이 없었다. 참나무의 하늘소는 줄기의 깊은 층에 살고, 벚나무의 하늘소는 표면에 산다. 탈바꿈 준비를 할 때 전자는 껍질 쪽으로 나오는데 후자는 나무 속을 향해 들어간다. 전자는 바깥의 위험을 무릅쓰는데 후자는 바깥의 위험을 피해

3 나눔의 기준이 되는 특징

알락하늘소 주로 7~9월에 키 큰 나무, 특히 버드나무류에 모여든다. 시흥, 28. IX. '87

서 안쪽 피신처로 찾아간다. 전자는 방안의 벽에 우단을 입히는데 후자는 이런 사치를 모른다. 작업 결과는 거의 같지만 적어도 진행 과정은 서로 반대였다. 따라서 두 종의 하늘소는 연장이 직업을 결정하지는 못한다고 말해 준 셈이다.

하늘소들의 증언을 다채롭게 펼쳐 보자. 특별한 종을 선택한 것은 아니며 우연히 발견된 것들의 이야기이다. 곰보긴하늘소(Saperde chagrinée: *Saperda carcharias*)는 흑양(버들)에 살고 긴하늘소(S. scalaire: *S. scalaris*)는 서양벚나무에 산다. 두 종도 같은 긴하늘소(*Saperda*) 무리이니 으레 그래야 하듯이 구조와 연장이 같다. 전자의 대체적인 습성은 참나무의 하늘소와 같아 줄기 속에 산다. 탈바꿈 시기가 가까워 오면 탈출공을 뚫는데 대문은 훤히 뚫려 있거나 껍질로 가려져 있다. 다시 발걸음을 돌려 거친 대팻밥 같은 것을 다져서 만든 장벽으로 통로를 막는다. 깊이는 약

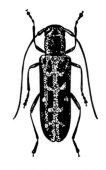
긴하늘소 실물의 2배

358

20cm가량으로 나무의 축과 멀지 않은 곳에 특별한 실내장식이 없는 번데기의 고콜을 판다. 방어 체제는 대팻밥으로 만든 긴 기둥뿐이다. 해방되려면 대팻밥을 한 아름씩 뒤로 밀어내기만 해도 이미 만들어진 길이 열리게 된다. 밖에서 보이지 않게 통로를 껍질막으로 막았으면 큰턱이 쉽게 처치할 것이다. 막은 연하고 별로 두껍지도 않다.

긴하늘소(*carcharias*)는 함께 사는 유럽병장하늘소의 풍습을 본받았다. 이 애벌레도 목질부와 껍질 사이에 살며 탈바꿈하려고 올라오는 대신 내려간다. 두께가 겨우 1mm인 껍질 밑의 하얀 목질부 속에 줄기와 평행한 원통 모양의 방을 파는데 양끝을 둥글게 목질섬유로 대충 다듬었다. 입구는 대팻밥 같은 마개로 두껍게 막았으며 뒤쪽에는 현관이 없다. 코앞에서 멀지 않은 껍질까지 가려면 문 앞의 부스러기를 치우면 되고 다음은 얇은 껍질을 뚫을 일만 남는다. 지금 우리는 같은 연장으로 다르게 일하는 두 전문가를 또다시 만난 것이다.

병들었거나 멀쩡한 나무를 하늘소나 긴하늘소처럼 파먹는 비단벌레(*Buprestidae*)도 같은 습성을 보여 준다. 청동금테비단벌레(Buprest bronzé: *Buprestis œnea*→ *Dicerca aenea*)는 흑양의 손님으로 애벌레는 목질부를 갉아먹는다. 번데기가 되려면 표면 가까이에 타원형으로 움푹 파 들어간 독방에 자리 잡는데 앞쪽은 짧고 약간 구부러진 현관으로 이어지며 뒤쪽의

청동금테비단벌레
실물의 1.5배

기다란 굴은 나뭇단으로 단단히 막혔다. 두께가 1mm도 안 되는 나무껍질이 현관 끝에 말짱하게 남겨진다. 또 다른 방어 수단, 즉 울타리나 쌓아 놓은 대팻밥은 없다. 탈출하려면 나뭇단을 치우고 껍질을 뚫기만 하면 된다.

아홉점비단벌레(*Ptosima→ Buprestis novemmaculata*)는 살구나무 속에서 흑양의 청동금테비단벌레처럼 행동한다. 애벌레는 목질부에 굴을 파는데 대개 줄기의 축과 평행이다. 표면에서 3~4cm쯤 되는 곳에서 갑자기 구부려 껍질 쪽으로 향하는데 전처럼 불규칙하게 구불구불 전진하는 게 아니라 가장 짧은 길로 곧장 파 나간다. 게다가 미래에 대한 섬세한 직감이 녀석의 끝에게 공사 설계를 변경하라고 충고한다. 성충은 원통 모양인데 애벌레는 가슴만 넓고 나머지 몸통은 바짝 줄어들어 마치 가는 가죽 끈이나 리본 같은 모습이다. 갑옷을 입어 구부릴 수 없는 성충에게는 원통의 통로가 필요한데 애벌레에게는 등 쪽 보행용 돌기를 천장이 받쳐 주는 아주 낮은 굴이 필요하다. 따라서 애벌레는 나무 파기 방법을 완전히 바꾼다. 어제는 두꺼운 나무 속 방랑 생활에 적합한, 즉 넓기는 해도 매우 낮아서 거의 갈라진 틈새 모양 굴이었으나 오늘은 나사송곳도 그보다 더 정확하게 파내지는 못할 만큼의 원통 같은 통로이다. 미래의 성충을 위해 길 만드는 방식을 이렇게 바꾸니 우리는 다시 한번 창자 토막의 훌륭한 예감을 곰곰이 생각해 보게 된다.

원통 모양 출구는 목질부의 가장 짧은 선을 따라 지나오는데 수직과 수평선을 잇는 완만한 굴곡 다음에는 거의 편안하게 지나온다. 굴곡부의 지름은 충분히 넓어서 비단벌레가 어렵지 않게 돌

수 있다. 이 길은 껍질에서 2mm도 안 되는 곳에서 막다른 골목으로 끝난다. 애벌레가 성충의 임무로 남겨 놓은 일은 얇은 목질막과 껍질을 갉는 것이 전부였다. 이렇게 준비한 다음 애벌레는 뒤로 물러간다. 하지만 나무 막을 가는 나무 가루로 강화하면서 간다. 둥근 방안까지 오는데 이 방은 완전히 막힌 납작한 굴로 연장된다. 거기서 특별한 실내장식은 무시하고 머리를 출구 쪽으로 향한 채 번데기가 되려고 잠이 든다.

땅에 박혔으나 겉은 단단하고 속은 푸석푸석해져 목질부가 부싯깃(부시의 불똥을 받는 쑥잎)처럼 부드러워진 늙은 소나무 그루터기에는 팔점박이비단벌레(*B. octoguttata*)가 많다. 애벌레는 송진 냄새가 나는 그 가운데서 일생을 보낸다. 애벌레가 탈바꿈하려면 가운데의 기름진 곳을 떠나 단단한 나무 속으로 뚫고 들어간다. 거기서 약간 납작한 타원형 방을 파는데 길이는 25~30mm이다. 방의 장축은 언제나 수직이다. 여기서 넓게 탈출로가 이어지며 출구는 나무가 잘린 부분이나 옆구리에 있는데 위치에 따라 통로가 똑

배나무육점박이비단벌레
성충은 5~8월에 활동하며 주로 활엽수 목재가 쌓인 산 주변에서 볼 수 있다. 시흥, 7. Ⅵ. '92

바르기도, 구부러지기도 한다. 탈출로는 거의 언제나 완전하게 파였고 탈출공은 직접 바깥으로 뚫려 있다. 아주 드문 경우는 너무 얇아서 반투명한 나무막을 성충이 뚫도록 남겨 둔다. 성충은 나가기 쉬운 길이 필요해도 번데기는 그에 못지않게 안전을 위한 보호용 성벽이 필요하다. 그래서 애벌레는 보통 나무 부스러기와는 아주 다른 나무를 씹어서 만든 고운 반죽으로 통로를 막는다. 한 켜의 바닥 반죽은 열심히 살아갈 방과 납작한 굴을 분리시킨다. 확대경으로 보면 방안 벽에 아주 가늘게 쪼개고 짧게 자른 목질섬유를 세워서 마치 우단처럼 입혀 놓은 것이 확인된다. 참나무의 하늘소가 첫 예를 보여 주었던 부드러운 플란넬로 방안을 장식한 것은 비단벌레든, 하늘소든 나무 속에 사는 곤충에게는 제법 흔한 관습인 것 같다.

나무의 가운데서 표면 쪽으로 나오는 곤충 다음에 표면에서 안으로 들어가는 곤충의 예를 들어 보자. 서양벚나무에 피해를 주는 소형의 과수목넓적비단벌레(*Anthaxia nitidula*)는 애벌레 시절을 목질부와 껍질 사이에서 보낸다. 탈바꿈 시기에는 이 꼬마 역시 미래의 요구와 현재의 요구에 신경 쓴다. 성충을 돕고자 우선 외피로 된 베일은 그대로 놔두고 껍질 아래쪽을 갉아 내 나무 속을 수직으로 파낸다. 다음, 입구를 푸석거리는 나무 가루로 막는다. 이는 미래를 위한 작업으로 허약한 성충이 지장 없이 나갈 수 있게 해놓은 것이다. 마개의

과수목넓적비단벌레
실물의 약 5배

고운 가루가 잘 붙어 있도록 아교질 액체를 써서 천장을 만들고 나머지 부분은 더 공들여서 가공한 구멍, 즉 현재의 바닥은 번데기의 방이 될 것이다.

서양벗나무의 껍질과 목질부 사이에서 더욱 활기차게 살아가는 넉점박이넓적비단벌레(*Chrysobothris chrysostigma*)[*]는 준비 과정에 노동력을 덜 들인다. 방은 수수하게 광을 낸 벽이 있을 뿐 그저 보통 굴을 늘여서 연장한 것에 지나지 않는다. 꾸준하게 일하지 않는 성향의 애벌레는 나무를 뚫지 않는다. 껍질의 겉 부분은 건드리지 않고 그 두께 속에 비스듬한 구멍을 파는 것으로 만족한다. 성충은 겉 부분을 직접 갉아 내면 된다.

이렇게 종별 연장만 보아서는 해석할 수 없는 독특한 방식과 직업적 기교가 나타난다. 이런 아주 작은 항목들이 제법 중대한 결과를 가졌기에 나는 서슴없이 그 항목을 다시 반복하련다. 그러면 우리 탐구에 맡겨진 주제가 더 분명해질 테니 다시 하늘소 무리에게 물어보자.

늙은 소나무 그루터기에 사는 녹슬은넓적하늘소(*Criocephalus→ Arhopalus ferus*)의 굴은 밖으로 넓게 벌어졌는데 출구는 그루터기가 잘린 자리나 옆에 나 있다. 통로는 깊이가 약 2인치가량 되는 곳에서 거칠고 긴 대팻밥 같은 마개로 막혔다. 다음, 움푹 파인 곳에 솜털 같은 목질섬유로 부드럽게 치장된 원통 모양 번데기 방이 온다. 아래쪽으로는 애

녹슬은넓적하늘소
실물의 1.3배

벌레의 복도가 이어지는데 안에는 소화된 나무 가루가 꽉 들어찼다. 나오는 길의 노선을 눈여겨보자. 처음에는 줄기의 축과 평행이다. 그런데 출구가 그루터기의 옆구리일 때는 길이 약간 구부러지면서 가장 가까운 거리를 통해 밖으로 나오고 절단면에 열렸을 때는 표면까지 직선으로 이어진다. 또 껍질이 있을 때는 이것까지 포함해서 탈출로가 완전히 뚫린다는 것에도 유의하자.

껍질이 벗겨진 털가시나무 장작에서 목가는하늘소(*Stromatium strepens→ unicolor*)를 발견했다. 탈출 방법이 같았고 바깥과 가장 가까운 쪽을 향해 약간 구부러진 길도 같았으며 방 위쪽에 대팻밥 같은 바리케이드가 쳐진 것도 같았다. 껍질에도 똑같은 통로를 마련했을까? 통나무의 껍질은 벗겨져 나갔으니 이 점에서는 내가 무식한 채로 남겨질 수밖에 없구나.

서양벚나무를 뚫는 호랑줄범하늘소(*Clytus tropicus*), 산사나무를 뚫는 벌줄범하늘소(*C. arietis*), 어리북자호랑하늘소(*C.→ Xylotrechus arvicola*) 따위의 출구는 원통 모양인데 갑자기 구부러졌고 바깥쪽 베일은 단지 껍질뿐이거나 겨우 1mm 두께의 목질부뿐이다. 표면과 멀지 않은 곳에 부풀은 번데기 방이 있는데 애벌레가 살던 집과는 빽빽한 나무 가루로 분리되었다.

단조로움의 계속적 반복은 불필요한 남용이며 이상의 몇몇 자료로 일반적인 법칙이 아주 분명하고 명확해진다. 즉 나무 속에 사는 하늘소와 비단벌레의 애벌레들은 성충의 탈출로를 준비하는데 성충은 때에 따라 대팻밥이나 나무 가루 방책을 넘어가고 어느 때는 나무나 껍질의 얇은 막을 뚫기만 하면 된다. 여기서는 일반적으로 통용되는 권한이 이상하게 뒤바뀌어 어린애 시기에 힘세고 강력한 연장으로 줄기차게 일하며 성년이 되면 재주나 직업 없이 한가롭게 빈둥거리며 소일하는 시기가 된다. 어린애는 어머니 품에서 낙원과 구세주를 얻는데 여기서는 어린애가 어미의 구세주가 된다. 애벌레는 바깥세상의 위험에도, 단단한 나무를 뚫어 힘들게 탐색하는 것도, 고난을 참아야 하는 이빨에도 싫증 내지 않고 무한한 기쁨의 햇빛을 향해 나간다. 즉 어린것이 어른에게 즐거운 생활을 마련해 주는 것이다.

겉보기에는 그렇게 튼튼한 갑옷을 입은 성충이 무능한 녀석들이란 말인가? 내게 수집된 모든 종의 번데기를 각자 본래의 방 넓이로 나무에 파서 받침이 되도록 거친 종이를 안쪽에 바른 유리관에 넣었다. 녀석들이 뚫을 장애물은 1cm 두께의 코르크 마개, 썩어서 아주 연해진 포플러 나무 마개, 싱싱한 나무토막 따위로 아주 다양했다. 포로 대부분이 코르크와 연한 나무는 쉽게 뚫는다. 이는 그들이 무너뜨려야 할 울타리나 뚫어야 하는 껍질막에 해당한다. 하지만 어떤 녀석은 공격선 앞에서 쓰러진다. 단단한 나무 앞에서는 모두가 헛된 시도 끝에 죽어 버렸다. 특히 가장 힘센 유럽대장하늘소마저도 인공 참나무 방안에서, 그리고 격막으로 막힌 갈대 토막 속에서 죽어 갔다.

성충은 힘이 없다. 아니 그보다는 인내력이 없다. 그래서 재주를 더 많이 타고난 애벌레가 그들을 위해 일하는 것이다. 애벌레는 굽힐 줄 모르는 끈기로 갉는데 이런 끈기는 강자들에게도 성공의 조건이 된다. 그들은 우리를 경탄시키는 예감으로 나무를 파낸다. 또 미래에 만날 형태가 타원형인지 둥근지를 알고 그 형태에 따라 본에 맞는 통로를 뚫는다. 또 성충이 광선을 매우 찾아가고 싶어함을 알고 가장 가까운 길로 인도한다. 나무 속에서 방랑 생활을 하던 시절에는 겨우 지나가기에 충분할 정도의 납작하고 구불구불한 통로를 좋아했었고 보다 맛있는 식료품 광맥이 있는 곳에서나 조금 머물도록 넓혔었는데 지금은 한 번의 구부림만으로 밖과 통하는 짧고 넓으며 규칙적인 통로를 만든다. 기분 나는 대로 방랑하던 때는 시간을 마음대로 쓸 수 있었으나 성충이 되면 살아갈 날이 많지 않아 시간 여유가 없다. 그래서 될수록 빨리 나가야 하며 안전이 허락하는 한 가장 짧고 가장 장애물이 적은 길이 필요하다. 수평 통로와 수직 통로를 갑자기 연결시키면 몸이 뻣뻣해서 구부리지 못하는 성충이 걸린다는 것을 미리 알고 바깥쪽을 완만한 곡선으로 경사지게 한다. 깊은 곳에서 올라오는 애벌레는 어디에선가 방향을 바꿀 굴곡 부분을 만나는데 번데기 방이 표면과 가까우면 아주 짧게 깊은 곳에 있으면 상당히 길게 뻗는다. 긴 경우는 애벌레가 지나온 노선이 너무도 규칙적이어서 그 작품을 기하학에 맡기고 싶다는 생각이 들 정도였다.

도구가 충분치 못해서, 탈출로가 너무 짧아서 내가 컴퍼스로 정확히 조사하기에는 적합치 않은 하늘소와 비단벌레의 탈출로밖에 보지 못했다면 이 굴곡 부분이 물음표의 암흑 속에 그대로 남겨졌을 것이다. 다행히도 뜻밖의 발견으로 원하는 요소를 얻게 되었다. 그것은 죽은 포플러였는데 줄기의 몇 미터 높이에 연필 굵기의 둥근 구멍이 수없이 많이 뚫려 있었다. 땅위에 아직 서 있는 이 값진 서까래를, 모든 정성을 다 들여서 뽑아다 연구실로 옮겼다. 그리고 목공소의 연장을 써서 길이로 잘라 편평하게 대패질을 했다.

나무의 외형은 그대로 보존되었으나 느타리버섯 균사 덕분에 상당히 물러졌고 안쪽은 벌레가 먹어서 헐었다. 바깥층은 수없이 많이 구불구불 지나간 길 말고는 10cm 이상의 두께로 성한 상태였다. 줄기의 절단면에는 이미 사라져 버린 벌레들의 굴이 우아한 하나의 전체를 이루었는데 그 모습은 보릿단이 제법 충실하게 표현해 줄 것이다. 즉 중심부에는 서로 평행으로 거의 곧바른 다발로 모여 있는 굴이 위쪽에서는 구부러져서 넓은 꽃다발처럼 퍼지며 각각이 표면의 구멍에 이른다. 구멍은 통로의 다발로서 밀 이삭처럼 위쪽은 하나가 아니라 여기저기 사방으로 높낮이가 다른 수없이 많은 구멍을 쏟아 낸 것이다.

나는 이 훌륭한 연구 재료로 매우 기뻤다. 대패질을 한 번 할 때마다 그 한 층에서 발견되는 곡선이 보여 주는 것은 내가 원하는 것을 훨씬 능가했다. 곡선이 놀랄 만큼 규칙적이었다. 컴퍼스의 정확한 계측을 충분히 요구할 만했다.

기하학을 개입시키기 전에 가능하면 이 아름다운 회랑의 조각가가 누구였는지를 확정 짓고 싶었다. 포플러 속에 살던

나의 운명은……

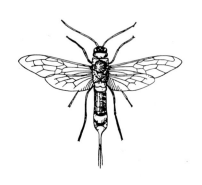

점쟁이송곳벌

벌레들은 느타리의 균사가 증명하듯이 오래전에 사라졌다. 곤충이 갉아먹어서 뚫린 구멍에 은화식물이 속속들이 침범한 것은 아니다. 그런데도 일부 약한 녀석은 거기서 나오지 못하고 죽었다. 균사로 꽉 둘러싸인 곤충의 유해를 발견한 것이다. 느타리가 녀석의 배내옷을 꽁꽁 묶어 놓아 부서지지 않았다. 미라의 붕대 밑에서 완전한 성충 상태의 천공성(穿孔性) 벌인 점쟁이송곳벌(Sirex→ Urocerus augur)을 알아볼 수 있었다. 그리고 중요한 미세 항목은 모든 유해가 예외 없이 바깥과의 연결 통로가 없는 지점에 머물렀다는 점이다. 어느 때는 유해 저쪽에 구부러진 통로가 시작될 나무가 그대로 남은 경우도 있었고 또 어느 때는 중심부에 나무 가루로 막힌 직선 굴 끝에 송곳벌이 있는데 그 앞쪽은 전혀 길이 나지 않았다. 앞에 출구가 없는 유해는 송곳벌이 비단벌레나 하늘소는 이용치 않는 방법으로 탈출함을 분명히 말해 준다.

눈앞에 보이는 것으로 일이 어떻게 진행되었는지 대강 알 만하다. 즉 애벌레가 탈출로를 마련하는 게 아니라 성충이 직접 나무를 가로질러 통로를 뚫는 것이다. 애벌레의 존재는 빽빽한 나무 가루로 확인되는데 녀석들은 기후 변화의 영향을 덜 받으며 보다 조용하게 살 수 있는 줄기의 중심부를 떠나지 않았다. 탈바꿈은 미완성의 굽은 통로와 직선 굴이 만나는 지점에서 일어난다. 성충은 그 앞의 10cm가 넘는 두께를 뚫어서 출구를 만든다. 통로가 빽빽한 나무 가루로 막힌 게 아니라 푸슬푸슬 부서지는 부스러기로 막혀 있음이 발견된다. 균사 수의를 벗겨 낸 곤충은 나무를 뚫는 도중 기운이 빠져 제대로 활동하지 못한 것이다. 더 이상 길이 없는 것은 일꾼이 파 내려가다 죽어서이다.

자료가 보여 주듯이 성충이 직접 탈출 통로를 뚫어서 문제가 더욱 까다로운 성질을 띠게 된다. 만일 성충이 그토록 일생이 짧은, 그렇게도 싫어하는 암흑에서 빨리 떠나고 싶었다면, 애벌레는 줄기 속 생활에 만족하며 시간 여유도 많았다면, 애벌레가 짧은 길을 만들어서 미래에 쉽게 빠져나갈 수 있게 해야 하지 않을까? 그런데 성충이, 특히 성충이 좀더 짧은 노정의 도로에 능통해야 한다. 캄캄한 나무의 중심에서 햇빛이 보이는 껍질 쪽으로 나오려는 성충은 왜 직선 길을 따르지 않았을까? 그 길이 가장 가까운데 말이다.

컴퍼스로는 그렇다. 하지만 나무를 뚫는 자의 입장에서는 안 그럴지도 모른다. 뚫고 지나온 길이가 완성된 일과 소비된 행동의 유일한 총량의 요인은 아니다. 극복한 저항도 고려 대상에 포함되어야 한다. 저항은 더, 또는 덜 단단한 층의 깊이, 목질섬유의 가로 자르기와 세로 쪼개기 등의 공략 방식에 따라 달라진다. 값을 명확히 따져 보아야 할 이런 조건에 따라 나무를 뚫고 통과할 때 역학적으로 힘이 덜 드는 곡선이 있을까?

나는 벌써 깊이와 방향에 따라 저항이 어떻게 변할 것인지를 찾아서 극소 값의 미분과 적분을 궁리하고 있었는데 그때 마침 아주 간단한 생각이 그동안 까다롭게 쌓아 올린 궁리를 무너뜨렸다. 여기서는 변화를 계산하는 게 전혀 필요치 않은 것이다. 곤충은 수학자의 이동하는 물체도 아니고 그의 진로가 오로지 물리적 원동력과 통과에 따른 저항력에만 좌우되는 것도 아니다. 곤충 자신을 지배하는 내적 조건도 있다. 성충은 어느 방향이든 마음대로 구부릴 수 있는 애벌레의 특전을 갖지 못했고 뻣뻣한 갑옷으로 둘러싸인 하나의 원기둥 같다. 설명의 편의상 그를 구부릴 수 없는, 즉 융통성 없는 직선 토막으로 취급하자.

회전의 중심축(軸)에 집약된 송곳벌을 추상적으로 다시 살펴보자. 탈바꿈은 줄기의 중심 근처에서 이루어진다. 곤충은 줄기의 세로 방향으로 놓여 있고 머리는 위로 향했으나 아주 드물게는 아래로 향했다. 녀석은 가능한 한 빨리 바깥으로 나가야 한다. 융통성 없는 직선 토막으로 불린 성충이 제 앞을 조금 갉아서 몸을 바깥쪽으로 약간만 기울이기에 충분한 넓이의 짧은 통로를 판다. 너무나도 작은 한 걸음을 내디딘 것이다. 같은 갉기, 같은 방향, 같

얼룩송곳벌 몸길이는 25mm 정도이며 검은색 바탕에 황갈색 내지 갈색 무늬 부분이 많다. 성충은 가을에 나타나며 벚나무, 오리나무, 호두나무, 팽나무 등의 줄기에 산란한다. 내장산, 28. IX. '92

은 기울기의 결과 두 번째 걸음이 뒤따른다. 요컨대 각각의 매우 작은 이동에는 구멍의 넓이를 약간 초과함으로써 생길 수 있는 매우 작은 이탈이 수반된다. 이런 이탈은 항상 같은 방향을 향한다. 자신의 위치에서 방해를 받아 자기(磁氣)가 떨어진 바늘은 어떤 저항에 일정한 속도로 움직이면서 원래의 위치로 돌아오려는 경향이 있는데 벌의 저항에서는 자석의 바늘보다 약간 큰 지름이 얻어진다는 것을 상상을 해보자. 송곳벌은 거의 이렇게 행동했다. 그의 자극(磁極)은 바깥의 빛이며 이빨이 느끼지 못할 정도의 이탈로 빛을 향해 파 나가는 것이다.

이제 송곳벌 문제는 해결되었다. 진로는 서로 변함없는 각거리(角距離)를 유지하는 것과 동등한 요소로 이루어졌다. 그것은 아주 가까운 앞과 다음의 접선이 같은 기울기를 유지하는 곡선, 즉 접속 각이 일정한 곡선이다. 이 특징으로 원주(圓周)가 인식되는 것이다.

이론이 실제와 어긋나는지 여부를 알아볼 일이 남았다. 그래서 투명한 종이로 20개가량의 굴을 정확히 투사(透寫)했는데 길이가 컴퍼스로 조사하기에 적합한 것을 골라서 했다. 이론과 실제가 일치했다. 즉 10cm가 넘는 깊이에서 컴퍼스가 그린 줄이 곤충이 그린 줄과 겹쳐질 때도 있었다. 추상적 진리의 완전한 정확성과는 현격하게 차이가 나서 양립할 수 없는, 즉 물리 분야에서는 기대할 수 없는 부조화의 작은 변동을 넘어서지는 않았다.

송곳벌의 탈출로는 결국 넓게 벌어지는 원의 활 모양인데 아래쪽 끝은 애벌레의 통로와 이어졌고 위쪽 끝은 일직선으로 연장되어 수직이나 비스듬한 입사각으로 표면까지 이른다. 연결된 커다란 활은 곤충이 방향을 바꿀 수 있게 해준다. 나무의 축과 평행인 자세에서 조금씩 가로의 자세로 넘어가면 벌이 가장 짧은 길인 직선으로 여정을 끝내게 된다.

이 경로가 작업을 가장 적게 시킬까? 곤충이 처해 있는 상황에서는 그렇다. 만일 애벌레가 번데기 시기를 준비할 때 방향에 신경 써서 머리를 줄기의 세로 방향 대신 껍질과 가장 가까운 방향으로 향했다면 성충은 탈출이 훨씬 쉬웠을 것이 분명하다. 자신의 앞쪽을 곧장 갉아 내면 가장 얇은 곳을 뚫고 나갈 것이다. 하지만 애벌레만이 알 수 있는 어떤 적절성의 동기로, 어쩌면 중력의 요구로 수평 자세 전에 수직 자세였다. 성충은 다른 자세로 넘어가려고 활 모양으로 진로를 바꾼다. 자세의 변화를 얻은 다음에는 일직선을 따라 여정이 끝난다.

출발을 앞둔 송곳벌을 살펴보자. 몸이 단단해서 뒤집기는 점차적으로 할 수밖에 없다. 거기는 모든 게 기계적으로 결정되어 있을 뿐 곤충이 자발적으로 할 수 있는 것은 없다. 하지만 제 몸의 축을 돌려서 나무의 이쪽이나 저쪽 면을 자유롭게 공격할 수는 있다. 따라서 각기 다른 면의 일련의 연결궁형(連結弓形)을 통해 얼마든지 여러 형태의 역전을 시도할 수 있다. 몸을 빙글빙글 돌리면서 구불구불한 곡선, 한 바퀴의 나선, 방향이 바뀐 활 모양, 즉 길 잃은 자가 방황한 모습의 복잡한 진로를 방해하는 것은 하나도 없다. 어쩌면 구불구불한 미로를 헤매고, 이리저리 가 보고, 오랫동안 더듬다가 성공하지 못할 수도 있을 것이다.

하지만 송곳벌은 더듬지 않고 아주 잘 성공한다. 통로는 항상 같은 평면에 놓여 있는데 이것은 일을 최소화하는 첫째 조건이다. 게다가 처음의 엉뚱한 자세에서 생길 수 있는 여러 수직면 중 하나, 즉 나무의 축을 따라서 펼쳐지는 면은 저항을 가장 적게 받은 면이든, 많이 받은 면이든 서로 일치한다. 결국 송곳벌이 아주 많은 면 중에서 여정에 최소치와 최대치의 중간 값을 가진 어느 것 하나에 길을 내는 데 방해하는 것은 없다. 그런데 이 곤충은 모든 길을 거절하고 언제나 나무의 축을 따라가는 길을 택했다. 물론 가장 단거리 쪽이다. 결과적으로 송곳벌의 굴은 나무의 축과 출발점을 따라 방향이 정해진 면 안에 있다. 이 면의 두 지점 중 가장 작은 면으로 통로가 뚫린다. 몸이 단단하기 때문에 강요된 상황에서 포플러 안에 갇혀 있는 그는 가장 적은 역학적 노동으로 해방된다.

광부는 미지의 깊은 땅속에서 나침반으로 방향을 잡고 뱃사람도 미지의 대양의 고독 속에서 그렇게 한다. 그런데 나무 속 곤충은 굵은 나무줄기 속에서 어떻게 방향을 잡았을까? 녀석에게도 나침반이 있을까? 가장 빠른 길로 들어선 것을 보면 그런 것 같다. 녀석의 목적은 빛이다. 한가한 애벌레 시절에는 무질서하게 구불구불한 통로 속을 빈둥거리며 돌아다니다가 빛으로 나오려고 갑자기 경제적인 진로를 택한다. 몸을 돌릴 수 있도록 활처럼 구부리고 가까운 표면으로 머리를 향해 수직으로 돌아서서 가장 가까운 곳으로 곧장 나간다.

아무리 이상한 장애물이라도 그가 머문 면이나 곡선에서 빗나가게 할 수는 없다. 그만큼 그의 안내자는 절대적이다. 필요하다면 가까이서 느껴지는 빛에서 등을 돌리기보다는 차라리 금속이라도 쏠아 버린다. 학사원에 보관된 곤충학 고문서에는 루리송곳벌(*S. juvencus*, 일명 남색송곳벌)°이 구멍 낸 총알이 담긴 탄약 상자에 대한 내용이 있다고 한다. 얼마 후 그르노블(Grenoble)의 병기창에서는 잣나무송곳벌(*S.→ Urocerus gigas*)°이 총알을 뚫어 출구를 개척했다고 한다. 탄약통 상자의 나무 속에 애벌레가 들어 있었는데 성충이 된 녀석은 탈출로 개척에 충실해서 납까지 뚫었다는 것이다. 가장 가까운 햇빛이 그 장애물 뒤쪽에 있었던 것이다.

탈출로를 준비하는 여러 애벌레도, 직접 뚫어야 하는 송곳벌 성충도, 탈출에 이용되는 나침반을 가졌음에는 의심의 여지가 없다. 그 나침반은 어떤 것일까? 아마도 이 문제는 언제까지나 뚫리지 않는 암흑으로 둘러싸여 있을 것이다. 우리에게는 곤충이 인도되는 동기를 짐작해 볼 감각의 지각 수단조차 없다. 여기는 우리의 감각기관이 느끼지 못하는 다른 감각 세계, 즉 이해되지 않는 세계이다. 우리 눈은 암실을 볼 수 없어도 자외선은 물체의 사진을 찍는다. 마이크로폰은 우리가 못 듣는 소리를 듣는다. 물리학의 장난감도, 화학의 화합물도 우리

잣나무송곳벌

의 감각기능을 초월한다. 인간의 감각 분야에 속하지 않아 우리 지식에는 알려지지 않은 요인이라도 연약한 곤충은 몸속에 그 적성을 가진다고 인정하는 게 무모한 짓일까? 이 질문에는 어떤 대답도 명확하게 나올 수 없다. 의심만 할 뿐 그 이상은 없다. 하지만 적어도 우리에게 닥쳐올 틀린 생각 몇 가지는 물리칠 수 있을 것이다.

나무가 그 구조로 성충이나 애벌레에게 방향을 알려 줄까? 섬유를 가로로 갉아먹으면 나무가 어떤 모습의 인상을 주고 세로로 갉아먹으면 다른 인상을 줄 것이다. 나무를 파는 곤충에게 방향을 알려 줄 무엇이 있지 않을까? 아니다. 그루터기에 뚫린 출구들이 빛의 근접 정도에 따라 어느 때는 섬유의 길이를 따르는 직선 길에서 갈라져 수평으로 뚫리고 어느 때는 섬유를 가로지른 곡선 길로 해서 옆구리에 뚫렸으니 말이다.

나침반이 화학적, 전기적, 열 등의 영향을 받을까? 역시 아니다. 서 있는 나무에서 언제나 그늘인 북쪽 면에서도, 끊임없이 햇빛을 받는 남쪽 면에서도 똑같이 탈출했으니 말이다. 탈출구는 다른 조건 없이 바깥과 가장 가까운 쪽으로 향했다. 온도가 원인일까? 그것도 아니다. 덜 따뜻한 그늘 쪽도 해가 드는 쪽과 똑같이 이용되었다.

소리일까? 그것도 아니다. 고독하고 고요한 나무 속에서 무슨 소리란 말인가? 또한 밖의 소음이 1cm[4] 내외의 두꺼운 나무를 통해서 어떻게 달리 퍼지겠는가? 중력일까? 역시 아니다. 포플러 줄기는 여러 송곳벌이

---

4 10cm를 잘못 쓴 것 같다.

머리를 아래로 향해 거꾸로 된 자세에서 곡선 길을 조금도 바꾸지 않고 나오는 것을 보여 주었다.

그러면 안내자가 도대체 무엇이란 말인가? 나는 모른다. 내게 제기된 난해한 문제가 이것이 처음은 아니다. 내 계략으로 자연의 자세에 방해를 받고도 나무딸기 토막에서 탈출하는 삼치뿔가위벌 (*Osmia*→ *Hoplitis tridentata*)[5]을 다루면서 물리학 문헌이 남겨 놓은 모호함을 알아차렸었다. 다른 해답을 찾아낼 수가 없어 특별한 민감성, 즉 자유로운 공간에 대한 민감성을 내세웠었다. 송곳벌, 비단벌레, 하늘소에게서 배운 다음, 이번에도 어쩔 수 없이 그것을 내세운다. 무지는 어떤 언어로도 이름을 가질 수 없다는 나의 표현에 집착해서 그런 것이 아니다. 이 표현은 어둠 속에 갇힌 녀석들이 가장 짧은 길로 빛을 찾아낼 줄 안다는 뜻이다. 모든 선의의 관찰자가 이런 사실을 똑같이 나누어 가짐으로써 무지에 대해 창피하지 않게 하려는 나의 고백이다. 본능을 진화론으로 해석하는 것이 헛된 일임이 알려졌으니 우리는 내 연구의 간결한 요약에 용기를 북돋아 주는 다음과 같은 아낙사고라스(Anaxagore)[6]의 생각에 도달할 것이다.

정신은 삼라만상(森羅萬象)을 다스린다.

---

5 꿀벌상과 중 종명 *tridentata* 는 *Andrena*속과 *Dioxys*속에도 존재하는데 이 종들은 Dufour & Perris(1840)이 명명한 뿔가위벌류가 아니다. 그동안 뿔가위벌 종 대부분은 *Osmia*속으로 처리되어 왔는데, 프랑스 곤충학회에서는 그 중 삼치뿔가위벌을 *Hoplitis*속으로 분류하였다. 『파브르 곤충기』 제2권과 제3권에서 이 종이 무척 자주 등장했는데 제3권이 출간될 때까지 문헌 조사를 하지 못해서 부적절한 이름으로 써 왔다.

6 기원전 500~428년. 그리스 철학자. 피타고라스 학파

찾아보기

379

기타

전문용어/인명/지명/동식물

도판

🍄 기타

동식물 학명 및 불어명/전문용어

『파브르 곤충기』 등장 곤충

숫자는 해당 권을 뜻합니다. 절지동물도 포함합니다.

395

396

402